你若不勇敢 谁替你坚强

升级版

中国纺织出版社

内 容 提 要

人生旅途中，我们经常会感到迷茫和胆怯，踌躇而不知如何前行，甚至害怕跌倒和失败，害怕被社会打磨得过于世故圆滑，害怕成为自己曾经最讨厌的那种人。

本书正是立旨于此，着力为读者解决人生路上的困惑、纠结和苦恼，让每个人都能直面自己的内心和现实状况，用最勇敢的姿态、最坚强的内心去面对生活中的风风雨雨，成为最好的自己。

图书在版编目（CIP）数据

你若不勇敢　谁替你坚强：升级版 / 海波编著.--2版
--北京：中国纺织出版社，2017.12（2018.8重印）
ISBN 978-7-5180-4466-5

Ⅰ.①你…　Ⅱ.①海…　Ⅲ.①人生哲学—通俗读物
Ⅳ.①B821-49

中国版本图书馆CIP数据核字（2017）第313614号

责任编辑：闫　星　　特约编辑：李　杨　　责任印制：储志伟

中国纺织出版社出版发行
地址：北京市朝阳区百子湾东里A407号楼　邮政编码：100124
销售电话：010—67004422　传真：010—87155801
http：//www.c-textilep.com
E-mail：faxing@c-textilep.com
中国纺织出版社天猫旗舰店
官方微博http：//weibo.com/2119887771
三河市宏盛印务有限公司印刷　各地新华书店经销
2014年11月第1版　2017年12月第2版　2018年8月第3次印刷
开本：710×1000　1/16　印张：17.5
字数：241千字　定价：38.00元

凡购本书，如有缺页、倒页、脱页，由本社图书营销中心调换

前　言

曾经有首歌是这样唱的：“每一次都在徘徊孤单中坚强，每一次就算很受伤也不闪泪光。”我们的生活，并不是每天都是晴天，都充满阳光，有时它也会刮起狂风，下起暴雨，让你失魂落魄。人生难免遇到危险与陷阱，但你若不勇敢，谁又能替你坚强呢？也许，坚强是一场戏剧，能让人们破涕为笑；也许，坚强是一片镇静剂，能让垂头丧气的人精神立刻为之一振；但更也许，它是一曲催人奋进的乐章，指引着我们在人生的道路上，勇敢地越过种种磕磕碰碰，努力向未来冲刺。

莎士比亚曾说：“患难可以试验一个人的品格；非常的境遇方才可以显出非常的气节；风平浪静的海面，所有船只都可以齐驱竞胜；命运的铁拳击中要害的时候，只有大勇大智的人才能够处之泰然。”冰心也曾说：“成功的花儿，人们只惊羡它现时的明艳。然而当初它的芽儿，浸透了奋斗的泪泉，洒遍了牺牲的血雨。”一个人，在遭遇磨难时如果还能用奋斗的英姿与之对抗，他的人生就是精彩的。其实，“痛苦”本不是一件坏事，其背后镌刻着的是勇敢、坚强。然而，也有一些人，在痛苦面前不能很好地调整心态，而是把自己关起来，自怨自艾，认为自己是全世界最倒霉的人。这样一来，原本一丁点儿的痛苦，被他放得很大很大。从而，使他一直沉浸在痛苦中。那些坚强的人，他们也会有痛苦，或许比你的痛苦更多，但他们的脚步仍是那么轻盈，遇到困难、逆境，扬一扬眉毛，甩一甩头发，刚才的不愉快，就会随着微风，烟消云散。

其实，摆脱痛苦有时就这么简单！不需要安慰，不需要哭泣，更不需要心理咨询师帮你解除，你只需微微一笑，告诉自己要勇敢。

勇敢是一种品质，更是一种理智和智慧，它告诉我们如何去享受生活，如何去调节自己的心情，找到让自己快乐的秘籍。面对挫折和磨难，我们不应该过分地沉迷于痛苦和悲伤之中，不应该迷茫或迷失方向，更不要指望别人对你伸出援助之手，谁也不是谁的救世主，你若不勇敢，谁替你坚强？灰心丧气，自卑绝望，自弃沉沦，那将会使你错失良机、终身遗憾。

人都是脆弱的，但决不能懦弱，面对命运的打击和挑战，面对别人的非言非语，你应该做的不是哭泣，而是坚强和勇敢，保持清醒冷静的头脑，坦然面对生活，从容面对现实，改变我们能改变的，接受我们所不能改变的。只有这样，我们才有希望演绎出辉煌的成就和个性的自我，才能成为一个无坚不摧的人！

朋友们，当你感到痛苦时，请坚强一点，相信总有那么一大，你会看见，蓝蓝的天，白白的云，还有你嘴边甜甜的微笑……抬头望望天，那是雄鹰直刺云霄，划破苍穹的壮美；低头看看地，那是芳草茁壮成长、自强不息的坚强。翻开本书，你将获得让自己无比坚强的力量。

编著者

2017年10月

目　录

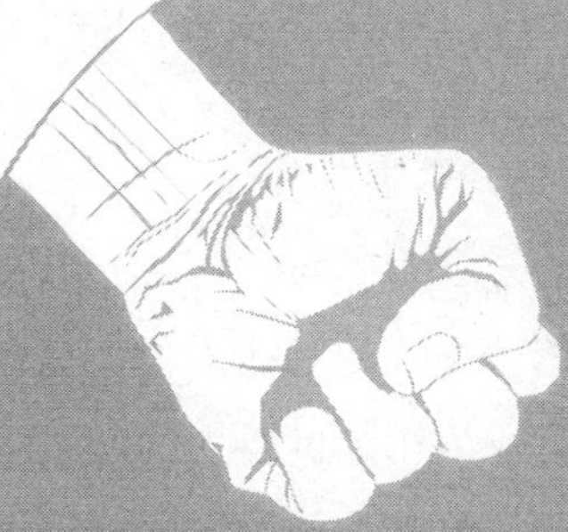

第 1 章

在失意的人生里，奋起直追

命运藏在思想里，躲在努力中

“滴自己的汗，吃自己的饭。自己的事，自己干。靠人靠天靠祖上，不算是好汉。”我国著名教育家陶行知编的这首《自立歌》对于现在的年轻人仍具有极强的激励作用。其在强调自立的同时，也在告诉我们一个道理：命运掌握在自己的手里。

被誉为美国文明之父的爱默生有句名言：“靠自己成功。”这句话影响了一代美国人，那些原来英国殖民统治下的人们也在典型的美国个人英雄主义影响下，迅速把这个国家建设成为当今世界上的超级强国。企业家吉姆·克拉克也曾经给年轻人忠告：不要凡事都依靠别人，在这个世上，最能让你依靠的人是你自己。在大多数情况下，能拯救你的人，也只能是你自己。在一个人的一生中，会不可避免地遭受许多来自外部的打击，但这些打击究竟会对你产生怎样的影响，最终的决定权在你手中。

记得小时候，爷爷常常哄着我嬉戏。这一天，爷爷把我叫到身边，用纸给我做了一条神采奕奕、栩栩如生的长龙。长龙腹腔的空隙很小，仅能容纳几只蝗虫，淘气的我找来几只，把它们投放进去，不久后它们都在里面死了，无一幸免！爷爷说：“蝗虫性子太躁，除了挣扎，它们没想过用嘴巴去咬破长龙，也不知道一直向前可以从另一端爬出来。因而，尽管它有铁钳般的嘴和锯齿一般的大腿，也无济于事。”

说完，爷爷捉来几只同样大小的小青虫，把它们从龙头放进去，然后关上龙头，奇迹出现了：仅仅几分钟，小青虫们就一一从龙尾爬了出来。

同样的环境，不同的虫子，走出了不同的命运。原来，是生还是死，不在于别人的操控，全在于自己的选择。哲人说，命运一直藏匿在我们的思想里。许多人走不出人生各个不同阶段或大或小的阴影，并非因为他们天生的个人条件比别人差，而是因为他们没有要将阴影的纸龙咬破的想法，也没有耐心慢慢地找准一个方向，一步步地向前，直到眼前出现新的洞天。

在我们的周围，你经常会听到某人被夸赞十分聪明，聪明的人确实数不胜数，而最后能不落平庸的，却也总是不多。很多聪明人之所以不能成就一番大业，就是因为他们在已经具备了不少可以帮助自己走向成功的条件时，还在期待能有一条通向成功的捷径展现在他们的面前，奢望命运能够给他们更多的恩赐。

而某些天生贫穷且表面上看不出如何机灵的人，却在懂得生活的艰辛、人生的坎坷时，也懂得了命运为何物。消极者把命运交给神灵或上帝，积极者则把它紧紧地握在自己的手中。

有一个穷孩子，住在郊区的一个垃圾场附近，生活得一直很贫困。小学三年级的时候，他在路上捡了一只易拉罐。这时，一个收废品的人正巧路过，他做了有生以来的第一笔交易，这笔交易的纯利润是一角钱。

从此，他发现满地被人弃置的东西都可以是金钱。从小学三年级到高三，他卖了8745公斤废纸、4762个易拉罐、3143个酒瓶、981公斤塑料包装袋。无论同学们如何嘲讽和挖苦，他都认为真正傻的不是自己，而是那些见到易拉罐不捡的人。10年间，他没向家里要过一分钱，没有因捡废品而使学业受到丝毫的影响。相反，他因增加了阅历而使自己的成绩总是名列前茅。后来，他顺利地考入广州的一所经贸大学。

在大学里，他重操旧业，不过这一次他只做了3个星期，因为在捡一只易拉罐的时候，他被站在别墅阳台上的一位外商发现，外商请求他把门前草坪上的一只易拉罐捡走。他走近别墅，外商用赞许的语言鼓励他。这时，外商惊奇地发现，这位捡垃圾的小伙子竟能听懂他讲的英语。外商异常兴奋，因为他的夫人正需要一位懂英语的草坪保洁员。第二天，他就走进了这位外商的家，帮忙修剪草坪、喷洒药剂，他的周薪是50美元。后来经他们的介绍，他又成了另外3个家庭的草坪保洁员。

大学4年间，他利用星期天挣了4万美元。临毕业时，他申请成立了广州第一家草坪保养公司。现在他的业务已从外商家庭的草坪延伸到住宅小区的草坪，经营范围也从单一的护理发展到兼营肥料、除草剂和除草机械。

前不久，他提出口号：“你游玩，我们干”，召集了400名大中小学生在暑假期间云集在他的麾下，包揽了广州市70%的草坪养护工作。一些建筑商也纷纷登门，因为他们发现小区有绿油油的草坪，可以使房屋的租金或售价提高2%～3%。如今，那位曾经捡易拉罐的小男孩早已是广州的一位百万富翁。据说，现在他的办公桌上还放着一只用纯金做成的易拉罐。

放在办公桌上的那个纯金的易拉罐不仅仅是为了显示主人的财富，它更是一个人与自己的命运搏击，并最终改变命运的见证。以往，也许你常听到在困境中坚韧不屈、奋发图强，以致最后获得突破和成功的事例。这些人身上有许多“不安分”的因子，他们层出不穷的想法、敢作敢为的精神，推动着他们不断跨越命运给自己设置的一个个障碍，在改变现状时，也改变着未来。每个人一出生就有一个背景，在人生的坐标轴上，时间与成就显示出复复的曲线状。不管你出身如何、以前如何，你要懂得，过去不等于未来。过去你曾怎么想、怎么做、经历了怎样的遭遇都不重要，重要的是今后你怎么想、怎么做。

很多人是看上不看下、扶正不扶歪的，如果你跌倒了，自己灰心丧气，那么别人可能会因你的跌倒而更加看轻你。

“思路决定出路”的口号已经被人们高喊了许久，它的另一层含义就是：命运的轨迹是由想法铺筑的。

走自己的路，走出别人没走过的路

现实生活中，人们往往将人分为两种：成功者与失败者。毫无疑问，人人都向往成功，人人都不希望自己成为失败者。那么，如何定义成功呢？失败者又失败于何处呢？失败者就败在总是习惯于把他们的生命消耗在老路上，他们苦苦地拼搏，久久徘徊于自己是否能实现梦想的困惑和迷惘之中。而一个生活中的幸运儿就在于他能够发现山那边横亘着一条宽广而平坦的路，那条路似乎就是为他而建的，等待着他驰骋于心中的理想之境。

古希腊大哲学家苏格拉底曾被人贬为“让青年堕落的腐败者”。美国职业足球教练文斯·伦巴迪当年曾被批评“对足球只懂皮毛，缺乏斗志”。贝多芬学拉小提琴时，技术并不高明，他宁可拉他自己作的曲子，也不肯做技巧上的改善，他的老师说他绝不是个当作曲家的料。如果这些人不是“走自己的路”，而是被别人的评论所左右，怎么能取得举世瞩目的成绩呢？

你的使命终究还是要靠自己来完成，你的人生目标是独一无二的，专属于你自己的。它神秘而又绚烂，值得你用一生去追求。

在女性时装方面的成功并没有让世界服装设计大师皮尔·卡丹就此停止前进的步伐。酷爱钻研的他又开始思索另一个问题：时装作为人类的装饰物，不应该仅仅为女性所独有。但在当时的法国时装界，有一种沿袭多年的传统看法：真正的服装设计师只能设计女装，而设计男装则会被人们指责为离经叛道。但是强烈的创作欲望没有使皮尔·卡丹的脚步被羁绊，反而促使他立志设计出优秀的系列男装。

1959年，皮尔·卡丹在巴黎举办他的时装展示会。展示的服装既有女装，也有男装。他的这一举动在巴黎时装界掀起了一场轩然大波，业界人士纷纷将矛头对准了他，一时之间，皮尔·卡丹成为众矢之的，在名誉和经济上遭受了双重打击。

然而，皮尔·卡丹并没有因为世人的唾弃而退缩，他依旧坚持着自己的初衷，认为如果女装可以涉及最高层次，那么男装又为何不可呢？在强烈的信念驱使下，他继续着自己设计男装的道路，而且坚持聘请时装模特做表演，并不断扩大规模。果然，没过多少年，皮尔·卡丹便迎来了男装市场的春天，由他设计的系列男装迅速占领了法国男装市场的半壁江山，并且很快风靡全球。

人要从没路的地方走出一条路来，不要泯灭了自己的个性，不能一味模仿别人。那样只会迷失自我，连自己的命运都无法自己把握。“走自己的路，让人们去说吧！”我们对这句名言并不陌生。可是，我们在生活中是否信奉它、实践它呢？

要知道，在这个世界上，生活着60多亿具有不同特质的人，在他们各自的生活轨迹中，至少也存有上亿种成功模式。当我们每一个人特定的优势与劣势、需要与理想是如此的与众不同时，怎么可能存在一种放之四海而皆准的成功模式呢?

而且，如同我们每一个人有不同的生活轨迹一样，我们每一个人对成功的定义也是截然不同的。成功的定义并不取决于你渴望的目标，而是取决于你达到目标后的满意程度。也就是说，每一个人都应该有自己的人生，有自己的成功之路，在这条成功之路上，都应该有属于自己的成功底牌，打拼出自己不一样的人生。

古时候，在一望无垠的沙漠深处，有一座埋藏着无数宝藏的古城。要想获得宝藏，就要穿越整个沙漠，还必须战胜沿途数不清的陷阱和机关。沙漠里缺水，没有旅店，想穿越无疑是件困难重重的事，更别说逾越、战胜那些陷阱和机关了。

许多人都十分向往沙漠古城里价值连城的财宝，却没有十足的勇气去征服沙漠中的陷阱和机关。这些珍宝，就这样在沙漠古城中埋藏了许多年。

有一年，一个勇敢的人得知了这个消息后，独自踏上艰辛而漫长的寻宝之路。为了在返程之时不会迷失方向，这位寻宝者每走完一段路，都要做一个明显的标记。他在沙漠中不断行走，不断摸索。然而，当他依稀看到古城之时，却不小心掉入了陷阱，眨眼间便被毒蛇咬成白骨。

过了许多年，又有一位勇敢的寻宝人踏入了这片渺无人烟的沙漠，当他看到前人留下的标记时，心想：这条路一定有人走过，沿着别人指引的道路行进，一定没有错。他高兴地沿着前人留下的标记走了一段路，果然没遇上什么危险。可就在他大胆向前迈进时，稍不留神，也掉进了陷阱之中。

又过了几年，又一位勇敢的寻宝人走进了沙漠，他选择的同样是前面两人走的道路。结果，他的命运也同样悲惨。

最后，一位智者走进沙漠来寻宝，当他看到前人留下的醒目标记后，心想：这些标记不一定就十分可靠。前人指引的道路，不一定就是一条安全、正确的道路。不然的话，那些寻宝者为什么会一去不复返呢？智者在一望无际、险象丛生的沙漠中，重新开辟了一条崭新的道路。他每迈一步都十分小心。最终，他克服了重重困难，抵达了埋藏宝藏的古城，获得了无价之宝。

智者临终之时，曾对自己的儿孙说：前人走过的路，并不一定就是一条通向成功的正确道路。前人的路标指引的方向，也不一定就是正确的方向。要想获得人生的宝藏，需要大胆去探索、开辟一条属于自己的路。被众人走过的宽敞大路，绝没有无价之宝等待着你们去挖掘。即使真有宝藏，也被那些早先踏上这条道路的寻宝人夺走了。

这个故事带给我们这样的启发：世上的路并不是走的人越多越平坦、顺利，沿着别人的脚印走，不仅走不出新意，有时还可能跌进陷阱。其实生活中，我们有很多时候又何尝不是在重复着别人的老路，别人说你这样做不对，便不敢去做；别人都去做的事，便一定要亦步亦趋地去追随，这就是我们生活中大多数人的真实写照。

跟在别人的脚步后面，永远走不出自己的道路。试想，如果当你年老时，回首你的人生道路上，每一步脚印都不过是对前人的重复，这样的人生，有什么意义呢？俄国作家契诃夫说得好："有大狗，也有小狗。小狗不该因为大狗的存在而心慌意乱。所有的狗都应当叫，就让它们各自用自己的声音叫好了。"

人生只属于自己，一味遵循他人的思想、不敢面对真理是懦弱的表现，这样的人生是一种悲哀。我们应该成为主宰自己生命的人，走自己的路，走出自己的风格，走出自己的个性。只有这样，我们的人生才会是独特的，才会是精彩的。

自我拯救是造就自己的最好方式

人生恰似海上行船，时而会遭遇到风浪，甚至触礁的危险。人生变幻莫测，又有多少人能够预测厄运的突袭呢？一位哲人说过这样一句话："自救是摆脱厄运唯一的武器。"是的，当你身遭痛苦与不幸之时，你可以诅咒命运的不公，但绝不可以放弃心中的勇气和希望。不要总是依赖别人，把一切希望都寄托在别人身上，而要依靠自己解决问题，最能依靠的人只能是你自己。

很多人之所以不能迈出人生的关键一步，就是因为每当他感到有压力的时候，就会一蹶不振，很难把失败的痛苦当做不断前进的动力。任何想要成功的人，首先要学会的就是经历苦难。经历苦难是一种历练，因为苦难常常使人走投无路、寸步难行，苦难还常常使人失去生活的乐趣甚至生存的希望。但有过苦难体验的人，都不会忘记在生活泥潭里奋力挣扎的情景。当你战胜苦难之后，这由苦难带来的痛苦往往也会变为千金难买的人生经历与财富。

有句话说得好，“命运掌握在自己手里”。如果一味地将自己的命运交由别人主宰，在逃避掉所有的责任与打击的同时，我们还将失去作为一个人的自信，还有依靠自己的努力获得成功之后的幸福感和成就感。我们要敞开胸怀接纳社会赋予我们的一切，要用自己的全部努力化悲伤为力量，从过去的苦难中汲取智慧和勇气，然后用这些力量、智慧和勇气去开拓属于自己的生活和事业，掌握自己的命运！

美国前总统罗斯福曾是一个性格有缺陷的人，小时候他在学校课堂里总显露一种惊惧的表情，他呼吸就好像大喘气一样。如果被喊起来背诵，他立即会双腿发抖，嘴唇也颤动不已，回答问题时吞吞吐吐、含糊不清。然而，缺陷促使罗斯福更加努力地奋斗。他没有因为同伴对他的嘲笑而减少勇气。他用坚强的意志，咬紧自己的牙床使嘴唇不颤动而克服惧怕。凡是能克服的缺点他便克服，不能克服的他便加以利用。

由于罗斯福没有在缺陷面前退缩和消沉，而是顽强抗争。不因缺陷而气馁，甚至将它变为资本加以利用，在晚年，已经很少有人知道他曾有严重的缺陷。

德国伟大的诗人歌德在他的不朽名著《浮士德》中说：“凡是自强不息者，终能得救！”其实，世上真正的救世主不是别人，而是自己。在缺陷面前绝不要退缩和消沉，要凭着良好的心态战胜困难。当我们有想法但不能实现时，要自立自强，这样才能发现自己的潜能，冲破困境，走向胜利。

生命在不同的环境下就会有不同的意义。只要看重自己，自珍自爱，生命就有意义、有价值。大多数人的命运史表明，无论你从事的是什么职业，无论你是在较高层次的平台上演绎人生，还是在一般层次上努力求索，尽管所遇到的困境、逆境及诸种矛盾的状况不一，但有一点是共同的，即必须依靠自己点燃与命运搏斗的激情之火，依靠自我去抓住可行的机遇，挖掘自身的潜能，开拓创造新的命运之路。

歌德在《诗与真理》中写道：“人们在所有事情上最终只能求助自己。”这的确是人生至理。人生的主流是百折不挠的执著和追求，执著总是与孤独和寂寞为伴，追求总是与失败和痛苦为伍。世上没有救世主，能拯救自己的，只有自己。

作为举世瞩目的成功者，李嘉诚曾说：“其实，每个人都是优秀的，差别就在于如何认识自己、如何发掘和重用自己。”李嘉诚曾谈到：每个人都可以拥有巨大的雄心及高远的梦想，区别只在于有没有能力实现这些梦想。当梦想成真的时候，能否在成功的台阶上更加努力进取？当梦境破灭、无力转败为胜时，是否在自怨自艾的枷锁里、在万念俱灰的沮丧中无法自拔呢？一个再有学识再成功的人，也要能抵御命运的寒风。虽然我在事业上一直比较顺利，但和大家一样，我也有达不到的梦想，也有做不到的事，也有说不出的话，也有愤怒、不满、伤心的时候，我亦会流泪。这就是人生。

靠什么顶住命运的寒风、不断拼搏向前？李嘉诚说只能靠自己拯救自己。他的诠释是：人生是一个很大、很复杂和常变的课题，我们只有靠自己才能拯救自己。

事实上，所谓靠自己拯救自己，在很大程度上首先所突破的就是自己对自己的不信任。正是无端的自我疑虑、自我打击，将一个又一个前景非常看好的希望和一个又一个具有远大前途的成功者扼杀在摇篮中。实际上，任何一个成功的人都是绝对自信的，而那些碌碌无为的人，只要偶尔遇到一点挫折，他们就会心灰意懒、一蹶不振。失败的人之所以失败，就是因为他们从来都不相信自己。古人曾说：“哀莫大于心死，而身死次之。”没有自信的人是很难成功的，就像没有脊梁骨的人很难站得挺直。

有一则西方谚语说：“上帝只拯救能够自救的人。”成功属于愿意成功的人。成功需要有明确的方向和目的。不愿成功，谁拿你也没办法；自己不自救，上帝也帮不了你。

谁若不能主宰自己，谁就永远是一个奴隶。凡是天性刚强的人，必定有自强不息的力量。精诚所至，金石为开。自强不息的精神是每个人获取成功的基础。有了自强不息的精神，就会产生信心，排除千难万险，突破人生的困厄走向成功。

命运在自己手里，不在别人的嘴里

只要有人的地方就会有是非，只要人家有嘴巴，就会有意见和批评，所以想要做快乐的人，就不要太在意别人的非议。一个没有主见的人，必定会被他人所摆布。跟着他人的脚步走，有时候确实可以起到明哲保身的作用，然而，你的人生也将永远隶属于他人。如果只会跟着他人的指挥棒走，就会失去想象力、创造力和进取心，同时也会失去自我生存的能力。

没有了自我，一切的快乐都是虚伪的假象。即使人家批评你、否定你、攻击你，也不代表你的自我受到否定，唯一能否定你的人，只有你自己。喜欢评头品足的人很多，你随时可能遇到讥笑和嘲讽，不要让它们左右你，该干的就干，而且力争干得最好。别人说你不行不代表你真的不行。能力可以培养，习惯可以改变，素质可以提高，成就可以创造。记住爱默生的话："信心是成功的首要秘诀。"你的将来肯定会比过去更强。

总之，嘴巴是别人的，人生是自己的，对于习惯性被人家嘴巴"虐待"的人，请动脑仔细想一想："为什么我要当人家嘴巴的奴隶？为什么要这么在意别人的想法呢？"

从前，有一位画家想画出一幅人人见了都喜欢的画。画完了，他拿到市场上去展出。画旁放了一支笔，并附上说明：每一位观赏者，如果认为此画有欠佳之处，均可在画中做上记号。晚上，画家取回了画，发现整个画面都涂满了记号——没有一笔一画不被指责。画家十分不快，对这次尝试深感失望。

画家决定换一种方法去试试。他又摹了一张同样的画拿到市场展出。可这一次，他要求每位观赏者将其最为欣赏的妙笔标上记号。当画家再取回画时，他发现画面又被涂遍了记号——一切曾被指责的笔画，如今却都涂上了赞美的标记。

"哦！"画家不无感慨地说道，"我现在发现了一个奥妙，那就是：我们不管干什么，只要使一部分人满意就够了；因为，在有些人看来是丑恶的东西，在另一些人眼里可能恰恰是美好的。”

生活就是这样，你不能企求尽善尽美、人人满意。使一部分人满意就足够了，否则，你将可能无所适从。一旦寻求赞许成为一种需要，要做到实事求是几乎就不可能了。如果你感到非要受到夸奖不可，并常常做出这种表示，那么就没人会与你坦诚相待。同样，你也不能明确地阐述自己在生活中的思想与感觉，因为你会为了迎合他人的观点与喜好而放弃你的自我价值。

人的许多不必要的烦恼，往往来自于没有把握好心灵这杆秤，把重要的事情看得太轻，把不重要的事情又看得太重。如果一个人善于在生活中转化感受，把一些事情的意义、价值、利害在自我心理上做一种积极的转换，换一种角度去调整生活、享受生活，他就能比别人活得轻松快乐一些。当挫折与不幸来临时，他也能更快地从中解脱出来 。

我们获得的结果明显地验证了一个事实，即成功人士不依赖于他人的批评或认可去追求自己的事业或奋斗目标。他们不顾社会压力，坚定不移地沿着自己的想法勇往直前；他们倾心于自己的挚爱，而不是投他人之所好；他们不会因一时一地的挫折而畏缩不前，也不会将差错归咎于别人，而是不屈不挠地追求事情的结果。做你自己，不要时时企求他人的指引，用你自己的眼睛看人生的风景，它会分外美丽。

一位成功学训练专家在演讲中讲到他自己的一个故事：有一天，我去拜会一位很有成就的朋友，闲聊中谈起了命运。我问他说：这个世界上到底有没有命运？他说：当然有啦。我再问他：命运到底是怎么回事？既然有命运，奋斗还有什么用？他没有直接回答我的问题，而是笑着抓起我的左手说：“不妨我先来帮你看看手相，帮你算算命。”接下来他就跟我讲了一通命运线、爱情线、事业线等诸如此类的话。突然他对我说：“你先把手伸好，跟着我来做一个动作。”他的动作就是举起他的左手，慢慢地而且越来越紧的抓住拳头。他问：“抓紧了没有？”我有一些疑惑，但还是说：“抓紧了。”他又问：“那些命运线在哪里？”我说：“在我的手里啊。”他再次追问：“请问命运在哪里？”这时，我感觉被当头棒喝，恍然大悟：命运在自己的手里。这时他很平静，继续说道：“不管别人怎样跟你说，不管算命先生如何给你算命，请记住命运在自己的手里，而不是在别人的嘴里，这就是命运。”……我就在那里静静地坐着，静静地思考，只觉得心扉如清泉流过。

其实，每个人的命运都如同握在你手中的小鸟，它就在我们自己的手心。人生的发展方向和生死成败，完全取决于我们的人生态度。你只有积极进取，努力拼搏，才可能获得令自己满意的结果。如果只是一味地等待机会，就如同躺在床上等待小鸟飞到你的手掌心，这样的话，伴随你的也只有一次次的失望甚至绝望了。

况且，大千世界，芸芸众生，天下何人不被说？每个人都少不了别人对自己的评头论足，这是人生现实，是一种避无可避的现象。喊出属于自己的声音，走出属于自己的道路，这就够了，何必非要人理解？只有弱者才把渴求理解看得比什么都重要，在不被理解的情况下痛苦得无法自拔，从表面上看，这是在寻求“理解”，实质上却是在企求怜悯和同情。这样的人，他们终日沉浸在观察别人对自己的态度上，无精打采、忧心忡忡、碌碌无为，他们很难有属于自己的理想、自己的生活和自己的路，因而，他们也很难创造出属于自己的价值。

毫无疑问，我们只有摒弃“别人会怎么样说”的顾虑，才能树立自信，才能把命运掌握在自己手里。所以，要牢牢记住：你的最高仲裁者是你自己！不要因为盲目迎合别人，而葬送了自己！

依靠他人，怎能成就杰出的自己

人生在世，总要或多或少地依靠来自自身以外的各种帮助，比如父母的养育、师长的教诲、朋友的关爱、社会的鼓励……可以说，人从呱呱坠地那一刻起，就已开始接受他人给予的种种帮助。然而，许多人把自己立身于社会的希望完全寄托在父母和朋友的身上。这样的人，显然不可能在生活上自立自强、在事业上有所作为。有句话说：靠吃别人的饭过日子，就会饿一辈子。而现实中的有些年轻人，他们在家靠父母，工作靠单位，稍有挫折便会一蹶不振。

假如你现在正处于一个十分不利的位置，那么你必须丢掉幻想。这世上锦上添花者多，雪中送炭者少。如果你坚强，别人也许愿意拉你一把；如果你懦弱，看客多数会袖手旁观。从艰苦卓绝的环境中脱颖而出的人，他们最初的处境并不见得就比我们强多少。所以，我们要成就事业，必须丢掉幻想，自强不息，奋力游向胜利的彼岸。

人生路需要自己走，求人不如求己，总想着依靠他人帮助的人，是无法成就任何伟大事业的。只有自主的人，才能傲立于世，才能力战群雄，也才能开拓自己的天地。潜能激励专家魏特利曾说过这样的话："没有人会带你去钓鱼，要学会自立自主。"

在魏特利9岁的时候，有一天一个朋友说："周日早上五点，我带你到船上钓鱼。"魏特利听了兴奋不已。周六晚上，为了确保不迟到，他甚至穿上了网球鞋上床睡觉。一大早，他就爬出卧室，备好渔具箱，还带了备用的鱼钩及鱼线，将钓竿的轴上好了油。四点整，他就怀着满腔的热情坐在屋门口摸黑等着他的朋友出现。但是朋友失约了。魏特利这时并没有爬回卧室生闷气或懊恼不已，相反，他认识到这可能就是他学会自立自主的关键时刻。

于是，他跑到附近的售货摊，花光帮人除草所赚的钱，买了一艘心仪已久的橡胶救生艇。近午时分，他将橡胶艇充上气，顶在头上，里面放着钓鱼的所有用具，活像个原始狩猎人。魏特利摇着桨，将橡胶艇滑入水中，假装自己在启动一艘豪华大油轮。那天，他钓到了一些鱼，又享用了带去的三明治，用水壶喝了一些果汁。

魏特利回忆那天的情景时说：那是他一生中最美妙的日子之一，是生命中的一大高潮。朋友的失约教育了他，凡事要自己去做。

拥有独立自主的个性和自立能力是立足社会、参与竞争的基础。人，要靠自己活着，而且必须靠自己活着。在人生的不同阶段，要尽力达到理应达到的自立水平，拥有与之相适应的自立精神。要勇于驾驭自己的命运，这是成功的要义。如果总是任人摆布自己的命运，让别人推着前行，摆脱不了对别人的依赖，那么你将永远是一个弱者。

或许你总是抱怨上帝没有给你机会，没有为你的成功创造各种条件……但你是否真的想过，逆境是对你的一种磨炼，条件也可以由自己创造，你没有获得成功的原因并非是你抱怨的这些，而恰恰是你不愿意面对的——你自身的原因，你的不努力。

成功者的成功很大程度上也归功于他们从不抱怨环境的恶劣，从不咒骂上天的不公，他们在别人抱怨或咒骂的时候，已经开始为摆脱困境而奋斗，并且在情况改变之前奋斗不止。没有谁能够左右你，成为第一还是甘于现状，一切都取决于你自己的奋斗。

法国著名的小说家小仲马，年轻时喜欢创作，头几年写的作品统统被编辑退回。他的父亲大仲马怕儿子受不了打击，便建议说："你如果能在寄稿时告诉编辑你是大仲马的儿子，或许情况就会好多了。"小仲马固执地说："不，我不想坐在你的肩头上摘苹果，那样摘来的苹果没有味道。"年轻的小仲马不但拒绝以父亲的盛名做自己事业的敲门砖，而且不露声色地给自己取了十几个其他姓氏的笔名，以免让那些编辑把他与大名鼎鼎的父亲联系起来。

小仲马面对一张张冷酷无情的退稿笺，没有沮丧，他对自己说："我能成功，一定能成功！"他的长篇小说《茶花女》寄出后，终于以其绝妙的构思和精彩的文笔震撼了一位知名的编辑。这位编辑曾和大仲马有过多年的书信来往，他发现《茶花女》投稿人的地址和大仲马的地址丝毫不差，怀疑是大仲马另取了笔名来投稿。但作品的风格和大仲马的迥然不同。他带着这些疑问去拜访大仲马。

令他大吃一惊的是，《茶花女》这部伟大作品的作者，竟是大仲马的儿子小仲马。"你为何不在你的稿子上署上你的真实姓名呢？"这位编辑不解地问小仲马，小仲马说："我只想拥有自己真实的高度。"

别人所给予的永远都不会属于自己。一个想要成功的人，不应满足于送入口中的食物，而应该努力掌握自己捕猎的技能，找寻开启这个世界的钥匙。没有什么神明能保佑你，能帮助你摆脱现状的唯有自己——你就是自己的主宰！

懂得为自己奋斗的人，决不会满足于目前的成就，也不会因为他人的夸奖而沾沾自喜。他们总是不停地向前行进，在他们的眼中，下一次的努力永远都可能创造更高的成就。

生命不息，奋斗不止。每个人都可以成为自己的主宰、自己的圣人，命运掌握在自己手中，世界也将在你的奋斗过程中慢慢向你展现。每个向往成功、不甘沉沦者，都应该牢记先哲的这句至理名言：“最优秀的就是你自己。”

可以败给别人，不能输给自己

在通向成功的人生征途中，必定会荆棘丛生、困难重重。当你走在这条征途上时，是否会因为遇到困难而畏缩不前？是否会因为遇到挫折而自暴自弃？成功始于自信，这个道理人人皆知，但并非人人都能做到。试问：当艰巨的任务摆在你面前时，你能够充满信心地勇敢上前吗？当经受了许多次挫折后，你仍然能对自己最终达到目标的信心毫不动摇吗？当周围的人都瞧不起你，认为你是个“废物”、“无能之辈”时，你仍然能坚信“天生我材必有用”吗？……

莎士比亚曾说：“假使我们自己将自己比作泥土，那就真要成为别人践踏的东西了。”很多时候，我们总是不敢相信自己，总是认为别人比我们要强很多，一件事情要得到别人的肯定才是正确的。我们羡慕着别人的才能、幸运和成就，同时，我们最大化地浪费着自己。

我们生活在竞争如此激烈的社会中，与天斗，与人斗，每个人都想获得胜利、出人头地。但是，要经过多少次的失败，我们才真正明白，那个最终使我们受伤的强大的敌人，深深地隐藏在我们自己的心中，这个世界上真正能够打败你的人，唯有你自己。在人的一生中想得最多的是战胜别人，超越别人，凡事都要比别人强。其实，人一生中面临的最大困难和敌人就是自己。战胜了自己，你将战胜一切！

苏格拉底在风烛残年之际，知道自己时日不多了，就想考验和点化一下他的那位平时看来很不错的助手。他把助手叫到床前说：“我的蜡烛所剩不多了，得找另一根蜡烛接着点下去，你明白我的意思吗？”

“明白，”那位助手赶快说，“您的思想得很好地传承下去……”

“可是，”苏格拉底慢悠悠地说，“我需要一位优秀的传承者，他不但要有相当的智慧，还必须有充分的信心和非凡的勇气……这样的人直到现在我还未见到，你帮我寻找和发掘一位好吗？”

“好的，好的。”助手很温顺、很尊重地说，“我一定竭尽全力地去寻找，不辜负您的栽培和信任。”

苏格拉底笑了笑，没再说什么。

那位忠诚而勤奋的助手，不辞辛劳地通过各种渠道开始四处寻找了。可他领来一个又一个人，都被苏格拉底一一婉言谢绝了。有一次，当那位助手再次无功而返地回到苏格拉底的病床前时，病入膏肓的苏格拉底硬撑着坐起来，抚着那位助手的肩膀说：“真是辛苦你了，不过，你找来的那些人，其实还不如你……”

半年之后，苏格拉底眼看就要告别人世，最优秀的人选还是没有眉目。助手非常惭愧，泪流满面地坐在病床边，语气沉重地说：“我真对不起您，令您失望了！”

“失望的是我，对不起的却是你自己。”苏格拉底说到这里，很失望地闭上眼睛，停顿了许久，才又不无哀怨地说，“本来，最优秀的人就是你自己，只是因为你不敢相信自己，才把自己给忽略了，不知道如何发掘和重用自己……”话没说完，一代哲人永远离开了他曾经深切关注着的世界。

那位助手非常后悔，甚至后悔、自责了后半生。

虽然这只是一个传说，但其中深刻的寓意让我们每一个人感慨不已。成功属于自信的强者。自信的树立与巩固，与人生的不断收获是分不开的。自信不是天生的，也不是想达到什么程度就能达到什么程度。当人们在具体的职业上，经过不断地学习，增添了新的技能并在实践中加以良好运用，而不断取得新的成效，有所进步、有所发展时，自信心就会不断地提升，长此以往，才会形成一种自觉的心理态势，达到“自信人生二百年，会当击水三千里”的境界。

要领悟到，向命运的高峰挺进中的每一高度的跃升，都是最终实现人生理想的一种积淀。要善于把这种积淀化为增加自信的新源泉。培根曾说过：“人人都可以成为自己命运的建筑师。”当我们面对前进路上的荆棘，不要畏缩，因为通往云端的路只会亲吻攀登者的足迹；当我们面对人生路上的挫折，不要灰心，因为试飞的雏鹰也许会摔下一百次，但肯定会在第一百零一次试飞时冲入蓝天。

失败是人生的熔炉。它可以把人烤死，也可以让人变得坚强自信。这就要看你面对失败的心态是否乐观。若你不战自败，那你就彻底陷入失败的沼泽中了。此时，你输给的不是别人，而是自己。

疯狂英语的创始人李阳，他的英语不是说出来的，而是喊出来的。李阳在读大学时，英语成绩一塌糊涂，尤其是听力和口语。一次，李阳被老师叫起来回答一个简单的问题，李阳知道这个问题的答案，可就是说不出来。于是他对老师说："我可以写在纸上再给你看吗？"同学们哄堂大笑。老师生气地说："这么简单的句子都说不出来，你还是大学生吗？"接着老师又转过身去对同学们说："如果你们不好好学习口语，就会像李阳这样。""就像李阳这样"，这句话深深地伤害了他。从那时起，他就下定决心，非要把口语练好不可！

于是，他开始了勤奋练习。他每天早晨坚持到学校后面的小山上练习口语，练习的时候，不是说，而是大声地喊出来，更让人不可思议的是，他的嘴里竟然含着石头。李阳认为，口语不好，主要有两个原因：一是胆子小，不敢说；二是发音不准，说出来别人也听不清楚。喊英语，能练胆子；含石子，能练发音。就这样，李阳坚持不懈地练习口语，风雨无阻。遇见熟人，也不怕别人耻笑，即使别人骂他疯子，他也不在乎。

功夫不负有心人，奇迹出现了，三个月后，李阳不仅能流利地回答出英语老师的问题，甚至还为老师纠正部分错误的发音。时至今天，"李阳疯狂英语"成了英语学习产品当中最响亮的一种。

命运往往就是这么奇怪，它在赐予一个人成功之前，大都要设置下一道道屏障，来考验一个人的毅力与勇气。因此，那些怯懦者，只能在失望和抱怨之中走过一生。而只有那些知难而进、勇于和厄运搏击的人，才能最终品尝到命运之神的精美馈赠。

在很多时候，一个人在成功路上的最大障碍恰恰就是自己。因而，你应该努力学会清除前进路上的荆棘。自私自利、贪图安逸、傲慢无礼等都是阻止自己前进脚步的障碍；怯懦、怀疑和恐惧则是自己最大的敌人。所以，你要时时警惕自己身上的弱点，拥有了征服自己的勇气，就会征服一切困难。

人生最强大的敌人就是自己，最大的挑战就是挑战自我。自信方能自强。只有自信，才能做到知难而进，才能有临渊不惊、临危不惧的英雄本色。很难相信一个连自己都不敢肯定的人能够得到别人的认可，只有真正相信自己，才能够得到别人的信任，也才能够创造出事业上的奇迹。

理想不是被现实磨平的，而是被心埋没的

一个人在经历了挫折和失败后，面对问题时会产生无能为力的心理状态和行为。当我们说“理想已经被现实磨平了”的时候，当我们说“现实带给我的是一次次打击，我终于放弃”的时候，我们的表现就是“习得性无助”。而当一个人产生无助感以后，操作活动和智力活动都会减弱，并且整个生活都会罩上一层灰暗的阴影。

我们有许多人就是生活在这样的框框中，许多人都在过着这样的人生。年轻的时候，他们意气风发，屡屡尝试，但屡屡失败。几次失败以后，他们便开始不是抱怨这个世界的不公平，就是怀疑自己的能力，他们不是不惜一切代价去追求成功，而是一再地降低成功的标准，即使原有的限制已取消，但他们早已经被撞怕了，不敢再跳，或者已习惯了，不想再跳了。人们往往因为害怕去追求成功，而甘愿忍受失败者的生活。

曾经有这样一个著名的实验：在一个玻璃杯里放进一只跳蚤，跳蚤立即轻易地跳了出来。又重复几遍，结果还是一样。接下来科学家再次把这只跳蚤放进杯子里，不过这次放进后立即在杯子上加一个玻璃盖。

“嘣”的一声，跳蚤跳起来后重重地撞在玻璃盖上，但它不会停下来，因为跳蚤的生活方式就是“跳”。一次次跳起，一次次被撞，跳蚤开始变得聪明起来，它开始根据盖子的高度来调整自己所跳的高度。后来，这只跳蚤再也没有撞击到这个盖子，而是在盖子下面自由地跳动。

一天后，科学家把这个盖子轻轻拿掉，跳蚤不知道盖子已经去掉了，它还

在原来的高度继续地跳；三天以后，这只跳蚤还在那里跳；一周以后，这只可怜的跳蚤还在玻璃杯里不停地跳着——此时它已经无法跳出这个玻璃杯了。

跳蚤还能跳出这个杯子吗？其实让这只跳蚤再次跳出这个玻璃杯的方法非常简单，只需拿一根小棒子突然重重地敲一下杯子，或者拿一盏酒精灯在杯底加热，当跳蚤热得受不了的时候，它就会"嘣"的一下跳了出去。人有些时候也是这样。因为自我设限，很多人不敢去追求成功，不是追求不到成功，而是因为他们的心里也默认了一个"高度"，这个高度常常给自己的潜意识暗示：成功是不可能的，这个是没有办法做到的。

"心理高度"是人无法取得伟大成就的根本原因。我们能不能跳过这个高度？能不能成功？能有多大的成功？这一切问题都取决于自我设限和自我暗示。一个人在自己生活经历和社会遭遇中，如何认识自我，在心里如何描绘自我形象，也就是你认为自己是个什么样的人，成功或失败的人，勇敢或懦弱的人，将在很大程度上决定自己的命运。你可能渺小，也可能伟大，这都取决于你对自己的认识和评价，取决于你的心理态度如何，取决于你能否靠自己去奋斗。

但是，在遭受挫折和打击时，并不是所有的人都会产生无助感。古今中外，有很多决不轻言放弃的人，他们也绝不会被挫折所击倒。失败对他们而言，是学习和吸取教训的机会，是下一次努力的台阶。这样的人克服了内心的恐惧和障碍，从而具备了顽强的意志和高远的智慧。他们不是"屡战屡败"的愚人，而是"屡败屡战"的斗士，他们就是成功者。

数千年来，人们一直认为要在4分钟内跑完1公里的路程是一件绝对不可能的事情，不过在1954年5月6日，运动员班尼斯特将它变成了可能。他是怎么做到的呢？每天早上起床后，他便大声对自己说："我一定能在4分钟内跑完1公里！我一定能实现我的理想！我一定能成功！"大喊100遍后，在教练的指导下进行艰苦的体能训练。终于，他用3分56秒多的时间打破了1公里的长跑纪录。有趣的是，在随后的一年里，竟有37人打破了这项世界纪录，在那以后打破这项纪录的人更是数不胜数。

人生所能达到的高度，往往就是人们在心理上为自己界定的高度。将思想聚集在"怎么可能"的怀疑上，你就会被自己的智力潜能压抑，把可能实现的东西扼杀在摇篮之中。将思想聚集在“怎么才能”的探索上，你的脑力机器才会开动起来，把各种“不可能”变为可能！

只有突破限制，跳出框框，你才能以跳跃式的行动大步向前迈进。自古以来，每一个创造性发明，每一次革命性突破，每一个平凡人的成功，都是勇于突破框框，向原本以为不可能的事挑战的结果。土耳其谚语说：每个人的心中都隐伏着一头雄狮。中国古语说：人皆可以为尧舜。这些鼓舞人心的话语，是人对自身价值应有的判定。

据资料分析，人的潜能开发几乎是无穷无尽的。著名的心理学家奥托指出：“一个人所发挥的能力，只占他全部能力的4%。”据说像爱因斯坦这样的天才，其潜能的发挥也还不到10%。我们要努力抛弃自卑的想法、无所作为的想法、甘居下游的想法，充满自信地去发挥自己、推销自己、实现自己。成功者就是那些拥有坚定信念的普通人。成功的程度决定于你的信念程度。

信心多一分，成功多十分。自信是迈向成功的起点，世界上任何一个伟大的人物无不以其坚强的自信为先导。有了自信就有了勇气与热情。信心起作用的过程是这样的：每当你相信“我能做到”时，自然就会想出“如何去做”的方法。

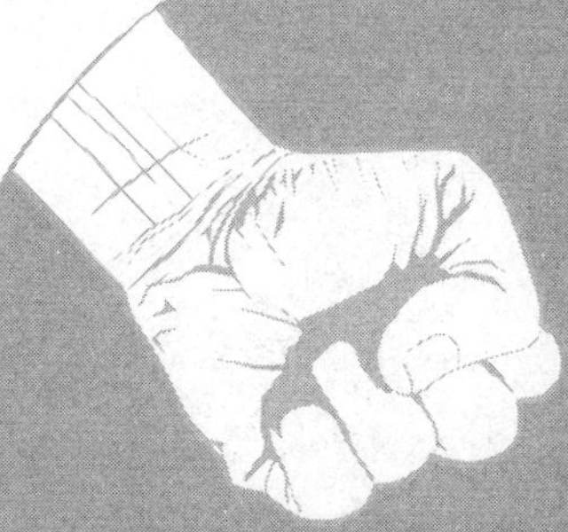

第 2 章

你最惧怕的，全藏在你的内心

恐惧源于想象，折磨来自内心

世界上自杀最多的人是诗人、画家、哲学家，并不是因为他们面对了更多的折磨，而是因为他们感知折磨的心最敏感。内心不敏感，就不足以捕捉生活中的异相从而成就作品；内心过于敏感，则更容易感知痛苦与折磨，更容易厌世。

折磨分为两个方面，一方面是肉体、心灵实际受到的折磨，一方面是内心对这种折磨的感知程度。我们内心的屈辱、恐惧、绝望就是一个放大镜，它会将你受到的实际折磨无限扩大，直到觉得无法承受。一个人最大的敌人就是自己，最大的折磨就是内心的感知。这并不是要我们麻木无知，而是要我们锻炼心理的承受能力。既然折磨是我们人生中不可缺少的一部分，那就应该让自己享受折磨，在折磨中变得更加坚强，更加沉着和成熟，收获更加坚韧丰富的人生。

因此，我们面对折磨要有宽广的心胸。俗话说“心底无私天地宽”。我们要有更加宽广的心胸，才能够更加客观地看待生命中的折磨。知晓折磨是每个人的生命中必定经历的、不可缺少的，我们就能够更加坦然地去面对它。

著名诗人食指在他的一首诗《我从冰天雪地中走来》中写道“人生就是场冷酷的暴风雪，我从冰天雪地中走来”。他写道自己面对折磨的心路历程，“化雪时冷得令人出奇的清醒，清醒明白得叫你说不出话来，哆嗦得下齿止不住地磕碰上牙，乖乖顺从了大自然作出的安排。雪化后的泥泞使你向前迈一步都一身大汗却是寸寸相挨。”少有诗人有这样的勇气，敢于直面惨淡的人生，绝不逃避。这是因为他内心坚韧，对未来充满无限希望。

心胸宽广的人不会执著于眼前的折磨困境，他们的眼界更远大，他们心里装的不仅仅是个人的利弊得失，而是着眼于所有人生命中的磨难。那么，相对于所有人的磨难来说，自己受到的折磨只不过是过眼云烟罢了。很多革命先烈以解除天下百姓的痛苦为己任，即使把牢底坐穿也丝毫不能动摇他们的决心。革命先烈瞿秋白被捕以后，虽然在牢狱之中，依然为看管他的狱卒的母亲治好了困扰已久的病。这样宽广的心胸，怎么可能为个人的一点得失，受到一点折磨，就灰心丧志，以为人生无望呢？

虽然平凡的我们没有救国救民的大志，但也不要以自己为中心，受到一点磨难委屈，就以为世界末日降临，生活暗淡无光，人生再无意义。让心胸宽广一点，再宽广一点，就会更加从容淡定，少受外界的影响。

此外，还要有坚强的意志。孟子说“天将降大任于斯人也，必先苦其心志，劳其筋骨，饿其体肤，空乏其身……”老天折磨我们正是要降我们以大任。如果我们在折磨中能够保持乐观的心境，磨炼更加坚强的意志，那等到机会到来的那一天，我们才能从容淡定，沉着应对。如果我们一直待在安乐窝里，那么面对机会时，我们就会感到茫然而无所适从，面对困难我们就会退却，失去成就大事的基本素质。所以，面对折磨，我们要锻炼更坚强的意志。

现在有些年轻人，心理承受能力差，意志薄弱，遇到一点挫折就心灰意懒甚至自寻短见，这是不可取的。毕业于名牌大学的25岁青年孙丹勇，曾在深圳某科技集团担任保管一职，2009年7月底，孙丹勇保管邮寄的16部工程样机少了一部，因此受到公司的调查，调查中受到非法搜查、拘禁，因为难以承受巨大的精神压力，不堪能承受屈辱跳楼自杀。固然，孙丹勇的自杀是因为公司某些人的非法羞辱、折磨，但同时也反映了他心理的脆弱。如果他能够顶住压力，遇到不合法的事向警方报告，相信迟早有真相大白的一天。那时，不但能够还自己清白，事业也会更上一层楼。即使此事不了了之，最坏的结果就是离开公司，另寻工作，也能重新开创一片新天地。因此，我们平时就要有意识地磨炼自己的意志，增强自己的心理素质。在面对挫折时，才会更加坚强，才能顶住生活和事业中的磨难。当大任来时，我们才能从容面对，成就大业。

另外，无论何时都要心存希望。顾城在他的诗中写道：“黑夜给了我黑色的眼睛，我却用它来寻找光明。”我们要知道，无论遇到怎样糟糕的情况，我们对于未来都要有美好的希望。希望给我们勇气，给我们力量，对于光明的期望、对于未来的信任能够让我们在面对折磨时更加勇敢。

南非前总统曼德拉曾经有过18年的监狱经历，那时他是监狱的重点政治犯，每天都要在罗本岛监狱的采石场做苦工，在持枪看守的监督下拼命搬运石头，动作稍慢就有被毒打的危险，一旦踏出采石场的边界就会被无情射杀。而且因为石灰石在阳光的照射下有极强的反光性，以至于他的视力逐渐下降。然而，就是在这样非人的折磨下，他却向监狱长提出了在监狱的院子里开辟一片菜园的要求，经历了无数次的否决，五年之后他终于实现了愿望。正是那一片菜园以及菜园中的番茄给了他和监狱中的犯人们无数的希望，使得监狱中囚犯和狱警们的关系逐渐和谐起来。

一颗乐观、充满希望的心灵，即使身处磨难重重的人间地狱，也能够开垦出人生的伊甸园。有了对未来的希望，我们就能对苦难甘之如饴。

总之，人生最大的磨难，不是生活给了你多少折磨，而是你的内心怎样对待它。只要我们拥有宽广的心胸、坚强的意志、乐观的精神，就能够乐观面对任何苦难和折磨，甚至能把折磨我们的地狱变成天堂。不要再让狭隘的心灵折磨我们，不要再让软弱的意志向苦难投降，只要我们拥有广阔、坚强的内心，就能够战胜世俗的折磨，走向人生的辉煌。

惧怕现实，人生中就只剩下“逃避”二字

如果我们惧怕人生中的磨难，不敢面对现实，那么我们的人生中就只剩下了“逃避”。鲁迅先生曾说：“真正的勇士，敢于直面惨淡的人生。”我们也要学会面对现实，生活中不乏磨难和陷阱，这个世界也不是十全十美的，有它黑暗的一面，我们要敢于承认这样的现实，更要对这个世界充满希望。这样，我们才能更客观、更冷静地对待磨难，才能有尊严、不哭泣，才能够在跌倒中迅速爬起，寻找世界上的光明，寻找我们人生的意义。

面对磨难，逃避没有任何意义，也没有任何结果。磨难是一个软弱的行刑

者，如果你哭泣着躲避，他反而更加折磨你，他喜欢看犯人们的哭泣、求饶、哀号、投降。相反，你咬紧牙关，无畏地迎上去，他反而会被你的无畏镇住。也许他会选择放过你，也许你会继续受到鞭打，不过这种鞭打迟早会结束，你会在这种鞭打中赢得尊严，赢得敬佩，赢得钢筋铁骨。

生活常常强加给我们很多不如意的事，与其哭着躲避，不如笑着面对。“生活中，不如意事常十有八九”，那如意事就只剩下一二，我们要常想一二，才能够苦中作乐；我们要笑面八九，才可能把生活这杯酒喝下去。生活就是一杯酒，苦、辣是它的主味，只有在慢慢回味中才有一丝甜头，但只要你一饮而下，腹中就会升起一股暖意，帮你抵挡外界的风寒。

古时候，有很多避世的文人，他们不满强权，隐于山林，避得有智慧、有风度，值得崇拜，却很难效仿。“阮籍猖狂，哭穷途于末路”是说阮籍常常驾车远行，一直走下去，直到没有路可走了，就会坐在路的尽头大哭一场，以表示对世情的愤慨。他的好友嵇康，因为不满司马氏专权，退隐山林，以打铁为生，司隶校尉钟会想结交嵇康，衣轻乘肥，率众而往。嵇康与向秀在树荫下锻铁，对于钟会不予理睬。等候很久也没有回音后，钟会准备离开。嵇康开口问：“何所闻而来，何所见而去？”钟会回答：“闻所闻而来，见所见而去。”嵇康对权贵的不屑，为他赢得了很大的声名。还有鼎鼎大名的五柳先生陶渊明，不肯为五斗米折腰，于是辞官归故里，写出了《桃花源记》这样的出世名作，为历代文人所向往。他们的避世，是由于对现实官场的不满，因此积极逃避，这样的逃避，是对官场的厌倦，却不是对世情的逃避。他们热爱生活，热爱普通的民众，只是不满统治者的黑暗。因此，嵇康有“广陵散”传世，陶渊明有“采菊东篱下，悠然见南山”的名句流传。这样的热爱生活、不喜强权、不屑强权也不畏强权就是生存的大智慧，与那些消极逃避是有天壤之别的。

对于平凡的我们来说，不喜欢职场，回家种地去；不喜欢商场，打工为生去；不喜欢官场，隐居山林去，这些就是一个笑话。我们没有那样的环境，更没有那样的资本，时时想着隐退，就是一种幼稚的想法。每个人都有不喜欢的人、不喜欢的事、不喜欢承受的世情，但我们只有坚定地面对这些，才能成就伟大的人生。

人人都会因世情受心灵的煎熬，都会在不同的时期遭到不同的打击折磨。不同的是勇敢的人用笑容去面对，事情虽然不一定会解决但也不会更坏；软弱的人则用哭泣来面对，但哭泣不能解决任何问题，事情也不会更坏；而懦弱的人，用厌世来逃避，不但事情不能解决，还会得到更糟的结果。

面对折磨，我们可以笑，那我们是生活中的勇士；我们也可以哭、挣扎，那我们是生活中的弱者。但我们不能选择逃避，因为那就是生活中的懦夫。面对生活中的磨难，我们都会郁闷，都会痛苦，能够笑着面对的勇士毕竟不多。我们都是平凡人，我们有哭的权利，但我们没有逃避的必要。面对痛苦，我们都有逃避的本能，也都有承受的能力。生命中，没有不可承受的折磨。俗话说：“没有受不了的罪，却有享不了的福。”我们不要轻易向痛苦投降，因为我们的生命可以承受的比我们能够想象的还要多。我们也不要恐惧，因为恐惧不会给我们带来任何益处。面对生活中的痛苦折磨，我们要尽量无惧无畏，坦然面对，这样我们的心灵才会更强大。战胜自我，我们才能成为真正的勇士和智者。

逃避现实是没有用的，无论你怎样逃避，现实都不可能改变，它会随时随地纠缠你。“抽刀断水水更流，举杯消愁愁更愁”，正像我们无法把水流截断一样，我们同样无法把生活中的折磨痛苦消灭掉，唯一的办法就是去面对它，解决它。无论你今天是下岗了、失业了，还是工作中遭受到了排挤、打压，商战中输给了对手，或者是生活中、爱情中遭遇了挫折，你的内心都会遭受折磨，煎熬。惧怕这种煎熬，借酒消愁、麻痹自我、逃避现实是于事无补的。我们要做的就是让自己从自我麻痹中迅速清醒过来，让这种锥心之痛来锻造自己，让我们战胜自我、提升自我，学会更多的处世技巧，重新追求光明的生活。

面对生活中的磨难，我们不妨像高尔基诗篇中的海燕一样，高喊一声：“让暴风雨来得更猛烈些吧！”这才是真正的勇者。

重要的不是折磨本身，而是被折磨之后得到什么

我们中的大多数人都能够承受一定程度的折磨，但我们中的很多人从没想

过被折磨后我们能够得到什么。如果固执的依旧固执，不驯的仍然不驯，不能体会到自己为什么遭遇折磨，不能改变性情，接受教训，那么，我们就可以说一无所获，白白遭受了折磨。

小时候，我们犯了错误，通常会受到惩罚，惩罚后，很多家长、老师都会问一句“知道错在哪了吗？”长大后，我们也会犯错误，这样的错误也许仅仅因为我们的做事方式不符合世俗的规则，或者那规则在我们心中是错的。但我们会受到它的惩罚，惩罚过后，我们都问自己错在哪了吗？还是把自己不合世俗的错误归结于世俗的污浊、规则的错误、人们的媚俗、世态的炎凉？年轻人通常喜欢把自己的愤世嫉俗、青涩、憨直、内向的性格当成一种优点，即使因此受到挫折、折磨也不知道改过，不知如何塑造让自己成功的性格。

人们的性情是在不断改变、不断塑造的。虽然说“江山易改，本性难移”，但是我们的人生大多会经历三个阶段，“看山是山，看水是水；看山不是山，看水不是水；看山是山，看水是水”。就是说小时候我们觉得世情都是可爱的，觉得对就是对，错就是错；黑就是黑，白就是白。随着我们逐渐长大，我们对世界有了进一步的看法，开始觉得这世间黑白经常颠倒，对错不分，觉得人们折腰媚俗，世间不再公平，努力得不到回报，高洁得不到赞同。当我们进一步成熟，我们就知道这世间的一切其实都是公平的，我们就有了一点对世俗的洞见，对于世事也有了一些从容坦然、淡定自如。如果你不再斤斤计较于绝对的公平和眼前的小利，你就会觉得一切都是值得的，正确的努力必会有结果，人们的小世俗、小狡猾不过是为了自保、生存。我们就又“看山是山，看水是水”了，这时的山也从容、水也淡定，世间一切皆欢喜。那是我们在一次又一次的跌倒中逐渐成熟才能够达到的境界。如果在年少的时候，我们在折磨中多一点对世情清醒的认识、对世俗的豁达，我们就能更加成熟稳重，处世手腕更加圆融。那么，我们也就能少受一点折磨痛苦，这也是在受到折磨后我们能够得到的最大的益处。

性情的改变是一点一滴的，今天的你也许性格豁达，也许乐观，也许圆融，也许憨直。无论怎样的性情，我们都会遭遇挫折磨难，不同的是有的人知道改变，使自己的性格适应于环境需要；有的人则死不悔改，认为自己就是对的，自己的认知就是标准，因此在生活中撞得头破血流。有的人认识得快，改得也快；有的人认识得慢，改得也不彻底，因此不断碰壁，慢慢改变自己。“识时务者为俊杰”，我们在不违背原则的基础上，可以使自己的性格更委婉一点，为人处世更圆滑一点，那么我们就会更容易适应环境，我们遇到的折磨也会少很多。做一个不伤害别人、不讨人厌的人，对我们是有益无害的。人人都有趋利避害的本能，不要总认为自己是正义的使者，不要在大家面前充英雄，这样你不仅得不到回报，还可能会得到加倍的伤害。

因此，在磨难中，我们要学会改变自己的想法和为人处世的方法，练就沉着冷静的性格，这就是磨难带来的最大的收获。

我们在磨难中还要锻炼自己坚强的意志，得到更强大的内心，能够从容面对以后更大的挑战，这是我们得到的又一大收获。人的意志都是在磨难中不断锻炼起来的，这是其他的经历不能够带给你的。一个永远都处于顺境中的人，往往不能够承受大的打击。这就是为什么近年来，一些青少年心理素质较差的原因。这一代的青少年大多是在家长们的呵护中长大的，很少遭遇挫折磨难，因此，偶尔有一点不顺心，就会灰心丧气，意志动摇，伴随而来的还有骄横之气，以及以自我为中心的缺点。如果我们有意识地在折磨中反省自己的弱点，磨炼自己的意志，我们就能够比同龄人多一分自信，多一分坚强，也就多了一分机会，多了一点成功必需的素质。这也是我们被折磨后能得到的第二点收获。

人人都追求进步，我们在磨难中如果认识到了自己的不足，汲取了经验教训，不断磨炼自己，增长知识、经验，使自己的能力得到长足的进步，超越了以往的自我，就是另一项大的收获。经验往往从挫折中得来，网易CEO丁磊说过一句著名的话：“人生是个积累的过程，你总会有跌倒，即使跌倒了，你也要懂得抓一把沙子在手里。”能够从磨难中汲取教训，才是最重要的。折磨、困难并不可怕，可怕的是受到折磨却没有汲取教训，让自己再犯同样的错误，受同样的折磨。拒绝总结和反思自己的问题，对自己未来的道路不仅没有帮助，还会造成更多的阻碍。很多人之所以无法避免磨难，就是因为他们没有真正汲取经验教训，没有从自身找原因。也有很多人找到了原因，却不肯承认是自己的错误，只怪社会环境不好，或世态炎凉、人们势利眼等。这样我们怎能找到自己真正的错处呢？不思悔改，不肯从他人的角度思考问题，不肯承认自己的错处，我们就不能汲取教训，更不能避免折磨、减少折磨。一个不肯接受教训的人会受到更多的折磨。

无论我们曾受到或者正在受到怎样的折磨，我们都可以承受，关键是在折磨中我们得到什么。我们能否反思自己的错误，能否改变对自己和世界的看法，在折磨中适应环境；能否使自己的意志更坚强，更能接受未来的考验；能否吸取教训，总结经验，不会“好了伤疤忘了疼”，才是折磨对我们的意义所在。在折磨中提升自己、超越自我，才是我们遭受折磨后能够得到的最好的补偿。

改变现状，你必须调整自己的消极想法

美国教育学家戴尔·卡耐基调查了许多名人之后认为，一个人事业的成功，只有15%是由于他们的学识和专业技术，而85%靠的是心理素质和善于处理人际关系。而据心理学家分析，幸运儿的一些特征如下：第一是外向，他们更容易与人相处，乐于花时间参加聚会，喜欢跟人打交道；第二是不敏感，不愉快的事不是不发生在他们身上，而是他们比较健忘。所以，如果我们要改变现状，取得成功，就要保持积极乐观的状态。

积极乐观能够为我们带来朋友，拓展人脉，还能够增强我们的心理素质，让我们更容易接近成功。相反，消极的想法会让我们对待工作敷衍应付，对待朋友、同事自私冷漠，时时刻刻以自己为中心衡量世事，因此得到人情冷暖、世态炎凉的结论。

消极的人，他们认为世界是黑暗的，他们会对世界的黑暗面做无限的扩大，总是以负面的态度看待社会。比如，汶川大地震之后，很多名人向地震灾区捐款捐物，有的演员明星为受灾群众举行义演募捐，有的甚至亲赴灾区去看望他们。积极善良的人会受到感动，认为他们的义举值得赞美、值得崇敬。而消极自私的人会认为他们只不过是在惺惺作态，想借机扩大自己的影响和名气，他们的捐献不足他们收入的1%，用1%的收入换取免费的广告，他们当然是乐意的。这样的人在看待世界时，处处从消极黑暗的一面出发，他们认为上

司在有意排挤自己，同事间的关心不过是虚情假意，自己会做事而不会做人，因此处处不顺心。其实，不是他的境遇比别人更差，而是他的心境比别人糟糕。心理学中给“变态”一词的定义是：真实地执著地寻求伤害自己和他人的元素。消极是极轻微的变态，如果我们不加控制，就会永远从负面看待世界，我们的情绪就会是负面的，会伤害自己和别人。消极想法的害处比骗人、杀人更甚。如果我们从消极的一面去看待世界，看待我们的生存、工作环境，看待人们之间的关系，我们就会变得自私、冷漠、无情。而这样的人，即使有再高的智商也不容易获得人们的认同、尊敬，更不容易成功。

消极看法会贬低自我和他人，觉得凡是属于自己的都不好。上了大学嫌大学不够知名；进了单位觉得单位差；结了婚，觉得对象不够完美；有了孩子觉得看着不顺眼；连对自己的相貌都没有自信，因此处处不顺心，事事不如意，更何况是遇到折磨呢？即使没有遇到任何磨难，消极的人可能都觉得所有人、所有事都跟自己过不去，日日生活在内心的煎熬下，时时处在自我折磨中，内耗严重，又怎么拿得出精力干工作，怎么能成就大业呢？

基于这种消极的想法，我们对待工作就会冷漠、敷衍、应付。因为工作“既无聊，又难以应付，还时时出现各种状况，并且我们的薪酬又不足以安慰我们付出的代价”，所以我们在工作中就会得过且过，出现“当一天和尚，撞一天钟”的应付状况。这样应付，怎么能够把工作做好呢？更不用说自己从工作中得到满足，从处理难题中得到自信了，一个人连自己的工作尚且不热爱，更不用提业余爱好、情趣、志向了。

若我们对于人事多疑、猜忌、冷漠、自私，我们的人脉怎么能够拓展，人际关系怎么会和谐？自己尚且不能信任和尊重他人，别人怎么会信任我们，尊重我们，又怎么会看重我们？我们做事必然处处充满障碍。

如果连为人处世都不能顺利，更谈不上出人头地。每个人都有一些消极的想法，都有消极的时候。如果我们要让自己做得好，就要比别人想得积极，情感比别人乐观，才能够让自己的社会关系更融洽，工作能力比别人更强，工作比别人更顺利。

每个人都有遇到困难折磨的时候，在顺境中，我们的能力往往是不分伯仲的，关键在逆境中，我们的心理素质，会让彼此拉开很大的差距。心理学家认为，一个人心理素质的好坏最容易从他应对挫折的方式中看出来。如果在挫折面前，别人积极，很快站起来，解决了问题，继续前行，而你还沉浸在挫折带来的痛苦中不能自拔，那当你收拾好心情上路时，就会发现别人已经走出了很远，这段距离是不容易追上的。如果你还不能尽快调整自己的消极想法，你就会永远落在别人的后面。当人生的九九八十一难过去，别人已在遥远的山巅，你还在山谷徘徊。消极的你，也许会想“人死平等，我们终究会平等的”。但他人留在后世的就是一个光辉的形象和学习的榜样，你不过留给后世一个模糊的影子，甚至没有任何痕迹，你觉得这是平等的吗？是你所追求的吗？

如果你追求的是事业的成功，那么你除了要付出比别人更多的努力，找到比别人更正确的做事方法，还要调整自己的消极想法，让自己更热情、更积极乐观，才能更快地靠近成功。适当控制自己的负面情绪，才能改变现状，成就大业。

庸庸碌碌，你甘心这样度过一生吗

在《钢铁是怎样炼成的》一书中，主人公保尔·柯察金说道：“人最宝贵的就是生命，生命对于每个人来说只有一次。人的一生应该这样度过：回首往事，他不会因为虚度年华而悔恨，也不会因为碌碌无为而羞愧。”一个人最糟糕的就是庸庸碌碌地度过一生。

庸庸碌碌这个词，“庸庸”指平庸，没有目标，或有目标无计划地生活；“碌碌”指忙忙碌碌但是碌碌无为，整天都在忙，没有闲暇，却没有成果，没有作为。那么庸庸碌碌都有哪些表现呢？第一，没有人生目标，无事忙；第二，没有生活热情，乐趣少；第三，对生活控制能力差，常常陷入空虚之中。

你经常感到疲惫吗？你经常对自己的未来感到迷茫、不知所措吗？你在工作中感觉不到乐趣吗？你经常陷入空虚和绝望吗？你经常陷入杂乱无章的冥想中吗？你做事没有章法，经常陷入混乱吗？如果你的生活没有章法，常常陷入一片混乱之中；如果你感到每天都有做不完的事，却没有明显的成果，那么，你正在过一种无效，至少是低效率的生活，也就是庸庸碌碌的生活。

事实上，我们中的很多人都在过这样的生活。你对未来有明确的规划吗？你每天都有计划地做事吗？你对自己的工作是了然于胸、有条有理的吗？你很享受自己现在的生活，并且努力追求更好的生活吗？不！我们中的大多数人都不能够做到，或者做得都不够好。正像如果你想增加财富、留住财富，就要学会理财、学会有计划地花钱一样，如果你想自己的人生更加充实，更加有意义，永远朝着更加美好的方向前进，你也要学会打理自己的生活。

那么怎样才能拥有充实的生活呢？

第一，专注于自己的目标，有计划地做事。没有目标就等于没有前进的方向，没有方向，即使你有再好的快马，储备了再多的资本，也会离你的本意越来越远。不能专注于自己的目标，就如同一匹马，一会儿向东走，一会儿向西跑，永远不能到达目的地。

一个刚刚毕业的学生，他很喜欢摄影，于是进了一家报社当记者，尽管他的摄影水平并不是很好，但凭着他对于文字的敏感，总编辑决定试用他，并要求他在摄影技巧方面多多练习。因为刚刚毕业就找到了如此好的工作，他很得意，于是又托同学找了一份短信编辑的工作，还开始准备考研复习的资料，却把总编辑对他练习摄影技巧的要求忘在了脑后。短短的试用期很快过去了，报社最终没有聘用他。他感到无比后悔，此时，他才明白自己最想要的其实是做一个出色的记者。目标的迷失让他早早尝到了人生的苦果。

除了明确的目标以外，我们还应该有计划地做事，才能避免“无事忙”，避免整天忙忙碌碌，却没有成果。一个人决定在星期天打扫卫生，于是他开始整理书桌，整理到半途中发现自己的楼梯扶手也脏了，就扔下书桌去擦扶手。擦到一半，又发现自己应该从擦玻璃开始整理房间。不久，又去扫地，结果一天过去了，他的屋子还是又脏又乱，丝毫看不出整理过的痕迹。而另一个人恰巧相反，他做事之前就会规划一下应该怎样做才会节省精力，有条有理地做事。如果他决定打扫卫生，他就会首先整理，然后擦洗，最后清扫，一整套事做下来，处处有章法、有秩序，从来不混乱，结果他总是花最少的时间，做最多的事。

有目标有计划地做事，能够节省我们的精力，使自己始终处于有规律的生活之中，避免“无事忙”，落入庸庸碌碌的生活。

第二，有一份自己喜欢，并且努力为之奋斗的工作或事业。

无论我们是在为别人打工，还是有自己的事业，对于工作的热爱，都能够让我们的生活更充实、更有意义。每个人都喜欢玩乐，但我们要清楚，人生的意义不是在娱乐中体现出来的，而是在你为世界做出的贡献中体现出来的。热爱工作可以使我们更充实、更幸福。一个人除了吃饭睡觉，大部分的时间都在工作，如果你不喜欢自己的工作，就等于大部分时间处在折磨之中。如果对工作没有热情，就不可能有成效，更别提成就大业了。热情洋溢地工作，并在工作中获得乐趣和进步，是我们充实生活的关键。

第三，有生活情趣，有一个和自己有共同爱好的伴侣。

这是每个人都追求的生活，对生活中的所有事都有极大的兴趣，会享受人生，就不会陷入空虚和绝望，不会陷入无意义的冥想。很多人都说日子无聊，情绪郁闷。如果我们看看孩子们尽情地玩耍，少女们充满生气和阳光的笑脸，我们就会高兴起来。常常带着好奇和兴奋的目光观察我们的生活，就会发现很多惊喜，人生也会充满乐趣。

第四，有自己的追求。

一个人对于事业、对于更加美好的生活的追求，是一个人努力的动力。拥有了这样的动力，我们才会充满活力。有些人总是对任何事都提不起兴致，所以才会萎靡不振，有气无力。恋爱中的人，通常都会精神奕奕，那是因为对于爱情的追求使他们快乐。任何时候，做一个有理想、有追求的人，都会让你的生活更加生机勃勃。

有悲有喜，有巅峰，有低谷，有痛苦，有喜悦，才是人生。尽管人生并不完美，尽管有时我们不得不承受很多的折磨，遭遇很多磨难，但只有这样的人生才是真实的，才是充实的。一个人最糟糕的就是无风无浪，庸庸碌碌地度过自己的一生。

不惧经历，人生总是先苦后甜

经历过折磨的痛苦，才能体会到获得的喜悦。这句话可以通过下面一个小故事诠释出来。

一个男人，有了一份小小的事业，于是，他面临了很多花花草草的诱惑。他决定与他交往了七八年的女人分手。他开始寻找女人的缺点，个子高大，一点也不懂温柔，甚至脸上还有一颗碍眼的黑痣。打定了主意之后，他去车站接女人回来。时间慢慢过去了，他没有接到女人，却听到了一个令他震惊的消息，她所在的那个山城下了很大的暴雪，导致一辆客车出了车祸。他顾不得危险，马上去了那个城市，找到了收容车祸伤者的医院。结果，他没有找到她，痛苦折磨着他的心，他不禁想起了她以前种种的好，她总是默默地支持着他的工作，他有胃病，她让他一定要吃早餐，甚至为他学会了煮豆浆。“她为什么不是那个只擦伤了一点皮的女人，为什么不是那个断了腿的女人，甚至为什么不是那个成了植物人的女人？”他想，如果她还活着，他一定好好对她，让她成为最美丽、最幸福的新娘。她甚至在电话中还暗示过他们的婚礼，自己却因为犹豫，没有正面回答她，他的心里充满了悔恨。

当然，不久他接到了她的电话，因为暴雪，她留在了一位同学家中，而且山里面信号不好，她没能及时打电话给他。巨大的重新获得的喜悦冲击了他的大脑，他握着话筒泪如雨下，最后他们幸福地生活在了一起。

如果没有那场车祸，如果没有失去的折磨，这个男人永远不知道自己有多喜欢自己的女友，永远不知道珍惜自己所拥有的幸福。

对于我们来说也一样，只有经历过折磨的痛苦，我们才更能体会到获得的喜悦，才更能珍惜自己所拥有的一切。生来富足，没有经历过磨难的人，即使获得了巨大的成功，也不会感觉到无比的喜悦。第一，他觉得一切都是理所应当的，顺理成章，顺境让他没有体会到成功必须付出的代价；第二，他没有付出比别人更大的努力；第三，没有磨难作为对比，没有体会到折磨的痛苦，没有心理落差，他的喜悦就没有那么巨大。

事实上，这样幸运的人实在少见。人们通常都是经过一番折磨、一番痛苦才收获成功的。所谓“不经一番寒彻骨，哪得梅花扑鼻香”，只有经历了生命中的冬天，经历了生活无情的磨砺，才知道成功的不易、获得的喜悦。

唐僧取经，历经九九八十一难才取得真经。有人说，那只不过是神话，事实上，唐玄奘从中国陕西徒步到印度去，经历的艰难险阻和困难折磨，只会比神话中描述的更多，不会更少。他要穿越危险的丛林和干旱的沙漠地带，古代的交通不发达，他绕了很多远路，历经了很多危险才到达印度，把印度佛法带到中国来。与此相似的还有著名的鉴真大师，他八次渡海才到达日本，历经了海上的风浪危险，鉴真大师的一双眼睛因此而失明。日本大昭寺中，受万人敬仰的鉴真大师，不是平白无故就得到世人敬重的。日本人的傲慢世人皆知，他们肯对一个平凡的中国人膜拜，不是没有原因的。因为他历经磨难，把中国先进的佛法和建筑文化带到了日本，因为他是坚强意志和善良本性的化身。

事实上，我们要获得成功，历经的艰难绝不会比他们多。因为，社会越来越进步，我们的条件越来越优越，只要我们坚持奋斗，我们就更容易获得成功。但是我们也要看到，随着社会的进步，大家都在追逐成功，追求卓越，竞争也越来越激烈。商人要争取大生意，几年前就会开始准备，打通人际脉络，收集情报，训练人员，事事争先。而为了争取更好的职位，职员们更是加倍努力修炼自己，比能力，比做事效率，人人争先。在这样的竞争中，我们要想出人头地，也不是随便就可以做到。在这过程中，谁更有远见卓识，更有智慧，谁更早行一步，谁在面对折磨时更加冷静清醒，更早站起来，谁就能比别人拥有更多优势，就能更快到达人生的巅峰。

人生中有很多苦难，但所有的苦难中，几乎都藏匿着成长和发展的种子。在欢喜状态时，人们通常不会自我反省，也没有上进心。相反，在苦恼挫折的折磨中，我们反而会经常进行自我反省，不断进步，超越自己。因此，我们往往会在忧患中得到进步，得到成功的机会，而这才是真正的幸福和欢乐的开始。

没有磨难，就意味着没有进步。你没有进步，别人却在不断进步中，你就会离成功越来越远。因此，磨难的痛苦，反而意味着获得的喜悦。我们要欢迎这种磨难，享受这种磨难，就像享受收获一样。

俗话说：“饿了吃糖甜如蜜，饱了吃蜜蜜不甜。”有了痛苦折磨的对比，收获的喜悦才会更加显著，如果我们一直沉浸在喜悦之中，反而不能够体会成功带来的成就感、快乐感，我们的快乐就会打折。

人世间总是先苦后甜，“宝剑锋从磨砺出，梅花香自苦寒来”。没有磨砺的痛苦，没有苦寒的折磨，甚至连自然界的一切都将失去了它们的魅力。明白了这个道理，我们就会更乐意体验折磨的痛苦，体会进步、收获带来的快乐。有苦有乐，才是人生；有失有得，才能成就大业。

是知足常乐，还是给自己一片危崖

刚刚走出校门的青年人，多数都怀有远大的理想。但在社会上打拼几年之后，特别是那些没有较大发展的人，他们渐渐感受到衣食住行等实际需要的重要性，在获得了一个稳定的饭碗时，往往会在时间的消耗下失去进取的锐气，无奈地满足于眼前的一切。

哲人说，自己是最大的敌人。人有时最难突破的，就是自身的局限性。很多时候，一个处于困境中的人往往比那些已经取得温饱条件的人更有作为。想迈开脚步大干一场，又不舍得抛开自己现有的温饱的保障，如此瞻前顾后，必定无所作为。

一位教授讲过这样一个故事：

有一个小孩子，见一只蝙蝠掉在地上，挣扎了好大一会儿也没有飞起来，心里就开始纳闷儿了：奇怪呀，蝙蝠是非常灵巧的动物，怎么落到地上之后就飞不起来了呢？

带着这个疑惑，小孩子去找他父亲。父亲把他带到了一个山洞里面。只见山洞的洞顶和洞壁倒悬着无数的蝙蝠，没有一只是栖落在地面上的。

见小孩子一副不解的样子，父亲就说：这是蝙蝠在给自己一片危崖。

蝙蝠为什么要给自己一片危崖呢？小孩子还是不解，它这样做岂不是让自己每时每刻都处在危险中了吗？

父亲笑着告诉他：蝙蝠一旦脱离了攀附的洞壁，就会直接摔掉在地上。为了避免坠落而亡，蝙蝠只有尽全力地扑打着翅膀，努力使自己向上、再向上，所以我们才看到了灵巧飞翔的蝙蝠……

可是，为什么蝙蝠掉到地上之后，就再也飞不起来了呢？

父亲接着解释道：蝙蝠一旦掉在了地上，就再也没有悬挂在洞壁时那种“生的危险，死的威胁”的感受了。没有这种生死攸关的感受，蝙蝠也就不可能再尽全力地去飞了，而正是因为没有尽全力地去飞，才使得它永远也飞不起来了！

给自己一片没有退路的悬崖，从某种意义上来说，正是给自己一个向生命高地发起冲锋的机会。当一个人面临后无退路的境地，他就会集中精力奋勇向前，从生活中争到属于自己的位置。出路还没打探明白的时候，就先开始筹划退路，这势必会影响他们开拓新生活的冲劲，进三步退两步，很难有根本性的改变。

中国私营企业领军人物、新希望集团总裁刘永好，曾是四川省机械厅干部学校讲师。在他还没有创业时，也是一个生活不是很富裕的人，后来，他与三位兄弟相继辞去公职，卖掉自己的自行车、手表等一切值钱的东西，凑足1000元人民币，到川西创业，办起良种场。

万事开头难，刘氏兄弟的第一笔生意就差点让良种场夭折。当时，资阳县一个养鸡专业户向他们预订了10万只良种鸡。由于种种原因，对方后来只要了2万只，剩下的8万只鸡怎么办？打听到成都有市场后，他们连夜动手编竹筐，此后四兄弟每日凌晨4点就开始动身，先蹬3个小时自行车，赶到20公里以外的集市，再用土喇叭扯起嗓子叫卖。等几千只鸡卖完，拖着疲惫的身子蹬车回家时，早已是月朗星疏了。这样，十几天下来，四兄弟个个掉了十几斤肉，但所幸的是8万只鸡苗总算全脱手了。

回顾这段经历，刘永好说，为了创业我投下了一切赌注，如果干不下去，我的公职、财产将一无所有，所以再苦再难，也要往前走。再艰辛，压力再大的事，只要沉下心来去做了，这一关就总能挺过来。

在这个时代，墨守成规、缺乏勇气的人，迟早会被时代所抛弃。处处求稳，时时都给自己留有退路，这是一种看似安全其实却充满潜在危机的生存方式。

有退路的人可以随时回避艰险，所以很难保证他前进的决心有多大，而自己把一切撤退的后路都封死，就等于封死了自己瞻前顾后的可能性。美国的企业家协会信条是这样一句话：我是不会选择去做一个普通人的，如果能够做到的话，我有权成为一位不寻常的人，我寻找机会，但我不寻找安稳。

不管在世界的哪一个角落，那些曾经赤手空拳成功创业的人，血液里都有一种共同的“不安分因子”。切断退路，四处出击，这与中国人传统的“知足常乐”的行为准则不合，于是一些人对世事表现出一种不平的心态，他们既渴望成功，又害怕失败，偏爱坐而论道，缺乏果敢的行动。

新经济时代，胆量决定财富，四平八稳不是富人的脾气，机遇面前，敢拼才会赢。山穷水尽的背水一战，常常是富人的必修课程，尽管他们清楚这种决断之后的道路会十分艰险，但是没有这一步，人生就是一潭死水，淹没的是一个人的挑战性和创造性。

当然，大部分人同样明白机遇往往和风险相伴随的道理，只是在他们的理想之中，一直想寻找一个进可攻、退可守的山头。事实上，怀着撤退的心思打仗的人，在气势上已先输了一阵，最终也难逃随波逐流、混一口粗茶淡饭的格局。

有新的开始，才有修正过去的机会

面对折磨，我们只有站起来，才有机会修正自己所犯的错误，减轻心里的内疚、悔愧，才能够从折磨中解脱出来。

不管造成麻烦、痛苦的原因是什么，我们总能够在自己身上发现一些事实的或想象出来的错误。这些错误使得我们内疚、悲哀、陷入绝望。我们也许都曾被内疚和忧患击倒过，我们有种种逃避折磨的办法：借酒消愁，操起毫无意义的嗜好或者没精打采地转悠，消磨时光，任自己沉浸在痛苦中无法自拔。但是只有重新振作起来，我们才能够摆脱痛苦和折磨，修正自己犯过的错误。如果我们无法修正，就要尽量弥补错误带来的后果。那么，怎样开始我们的第一步，从而一步步摆脱折磨呢？

首先，结束毫无意义的逃避，反省自己的错误。逃避，是我们麻痹自己的一种方式，在这样的麻痹中，我们会失去自我，变得迷迷糊糊、浑浑噩噩。只有结束这种麻痹，我们才能够变得清醒，只有直接面对那种锥心的痛苦，我们才会振作起来。痛，会刺激得我们跳起来，也会让我们更清醒地认识到自己的错误。只有清醒着，我们才能重新站起来，开始新的生活。

其次，摆脱痛苦，结束折磨。要想驱赶痛苦，并不是很容易的事，但只有我们挥剑斩断自己的烦恼痛苦，才能够无牵无挂地继续上路。怎样摆脱痛苦呢？有下面几种方法：

第一，学会向别人倾诉，宣泄自己委屈、内疚的情绪。

向人倾诉是从痛苦中解脱的好办法，通常我们陷入悲伤之时，找一个知心好友倾听自己的心事，要比在孤独中自己舔舐伤口更能够摆脱哀伤。聊天可以让我们快乐，向一个可以推心置腹的朋友倾诉痛苦，可以让我们有松一口气的感觉。

李某是一个喜欢独自承担痛苦的人，他信奉的原则是，如果你不高兴，请不要把这种情绪传染给别人。但是，生活中他并不快乐，朋友们也不是很喜欢他。一次，他遭受了巨大的打击，很长时间都无法从痛苦中解脱出来。于是，一个朋友建议他去看心理医生，他拒绝了，因为他不喜欢把自己的隐私透露给陌生的人。于是那位好友说："如果你相信我，向我诉诉苦吧。"李某一边喝酒一边向朋友尽情地发泄悲痛，尽管朋友一句劝慰他的话也没说，但他感到自己好像放下了一个大包袱，轻松了很多。这样的倾诉，并没有给朋友带来任何烦恼，相反，他们的关系更融洽，更友好亲密了。

印度诗人泰戈尔曾说："与朋友分享痛苦，痛苦就变成了半个；和朋友分享快乐，快乐就变成了两个。"倾诉痛苦不但让我们宣泄了负面情绪，而且能够让我们与朋友间的关系更亲密。所有人都喜欢坦诚的朋友，倾诉痛苦，正是一种坦诚的表现，是重视别人的表现。如果你已经不能承受麻烦所带来的折磨，那么向朋友倾诉吧，那将是你摆脱痛苦的开始。

第二，到唤起记忆的地方去，倾听新生和重新生活的声音。

如果你陷入极度迷茫的困境中，回到你曾经生活的地方，能够得到意想不到的欢乐和力量。很多人在遇挫时，都喜欢故地重游。例如，自己高考失利了，如果能回到当初学习的教室，就能回忆起很多求学时美好的情景，就会重新燃起斗志，为复读备战，也同时摆脱了痛苦，站了起来。

第三，回到众人中间去。

如果害怕别人的嘲笑甚至同情刺伤我们的自尊，我们的确需要孤独。但我们也要适时地放弃孤军作战，回到众人中间去。在众人中间才能感受到真实世界的美好热情；从别人的鼓励中，我们能够收获力量；在热爱生活的、乐观的人们中间，我们会被快乐的力量所感染，恢复重新生活的勇气。重新生活的路最终要通过我们与别人的亲密关系和共同努力才能获得，回到众人中间去，是唯一一条和他人建立共同努力关系的道路。

如果你能做到这些，就能够很快摆脱痛苦，结束折磨。折磨结束之后，我们要开始新的生活，那么从什么地方开始自己的第一步呢？

第一，从原谅自己和别人开始。

原谅自己的错误，因为用自己的失误来惩罚自己是不明智的。同时，不要责备别人对你做的事，别人对你的伤害，如果是你应得的，你就要从中学到一些东西；如果是委屈了你的，不如忘掉它。宽容自己并原谅他人，是我们重生的第一步。

第二，从修正自己的错误、弥补自己的过失开始。

如果我们能迅速修正自己的错误，就会减轻自己后悔的心理。如果错误是不可改正的，它已经造成了很严重的后果，我们就要试着从其他方面弥补自己的过失，减轻愧疚之情。某公司的一位经理，因为自己的过失，给公司造成了很大的损失。虽然没有人埋怨他，但他依然陷入了痛苦，直到他为公司作出了另一项贡献，才止住自己的愧疚之情。改正自己犯下的错误，弥补自己的过失，可以减轻我们的心理负担，得到安慰，得到重新生活的勇气。

第三，从最简单的事做起。

如果我们刚刚遭受到了巨大的痛苦，做困难的事会影响我们重生的热情，让我们更加惧怕站起来。

为了唤起这种热情，我们要从最简单的事做起，才能一步步坚定自己的信念，重新站起来，走出去。一个人突然失明了，于是他陷入了绝望，直到他遇见另一个失明的人，对他说道："哦，你可以从自己洗袜子开始。"简单的事，可以增加我们的勇气，有了开始的几步，你会在重生的路上走得更稳、更远。

有开始，才有机会修正错误，弥补过失。从现在开始，摆脱痛苦，重新开始生活吧。这会让我们获得弥补自己过失的机会，而如果我们没有勇气站起来，就会一直沉浸在犯错的内疚中。让我们勇敢地摆脱困境，重新回到生活的正常轨道上来吧。

迎战痛苦，更能体会幸福

境由心生，痛苦本身不是问题，如何对待它才是最大的问题。有时候，拥抱痛苦一样可以幸福。人生不如意事常十之八九，如果我们总从消极的一面去看待生活，我们就会陷入无边的折磨。如果我们以一颗乐观的心来对待生活，即使遭遇磨难，我们也同样可以幸福。

《果核里的时间》的作者、科学大师霍金，为世人所推崇，不仅是因为他的智慧，还因为他是一位人生的斗士。在一次学术报告会上，一位年轻的女记者跃上讲坛，问这位在轮椅上生活了三十多年的科学巨匠："霍金先生，卢伽雷病将您永远地困在了轮椅上，您不认为命运让您失去的太多了吗？"霍金依然用他坦然的微笑，面对着这个尖锐的问题。他用自己还能活动的手指，艰难的叩击着键盘。不久，宽大的投影器上出现了这样醒目的几行字：

我的手指还能活动；

我的大脑还能思考；

我有终生追求的理想；

我有我爱和爱我的亲人和朋友；

对了，我还有一颗感恩的心……

短暂的安静之后，掌声雷动。人们纷纷涌到台前，向他表示由衷的敬意。霍金先生在轮椅上度过了他人生的大部分时间，他用自己的智慧和乐观赢得了前后两位妻子，他用自己的坚强写下了许多不朽的学术著作。病魔困住了他的躯体，却并没有困住他自由的灵魂。他并非从来没有为失去感到过痛苦折磨，只是他更看重自己拥有的，更重视快乐，所以，他才有更卓越的人生。

拥抱，是爱的一种外在表现。我们说拥抱明天，拥抱快乐，实际上就是爱明天，爱快乐，珍惜和热爱我们拥有的，就会让我们感到幸福。对于痛苦来说，热爱痛苦，我们同样可以幸福。

人生来拒绝痛苦和磨难，但谁又可以真正不经受痛苦呢？有时我们甚至还要自找一些痛苦来折磨自己。有谁在练琴中没有受到过折磨？那咿咿呀呀的难听的声音，那一遍遍无聊的重复，都让我们的耳朵、手和心灵备受折磨，可还是有越来越多的人加入到练琴的行列中来。小时候，我们为练习写字牺牲了很多玩耍的时间，那时，看着窗外自由自在的小鸟，对于我们也是一种难以忍受的折磨。但我们还是义无反顾一日一日地练下去，甚至直到成年还有人为自己当年没有好好学习而后悔。学习是快乐的吗？恐怕对于我们中的大多数人来说都不是，尤其对于那些我们不感兴趣的科目。但我们都有理智，让自己热爱学习。因为我们知道，尽管它是痛苦的，但它有用，我们必须热爱它。也许，在日复一日的痛苦中，我们终于能体会到被折磨的快乐。当我们能够完整地弹奏一首曲子时，当我们的字终于练得龙飞凤舞时，当我们能够随着音乐翩翩起舞时，那种心满意足的喜悦，是无可比拟的，自己连日来受到的痛苦、折磨、委屈都烟消云散了，辛苦、劳累终于都有了价值。所以，拥抱痛苦，同样可以让我们感觉幸福，甚至我们可以主动地享受痛苦。

人人都知道“生于忧患，死于安乐”，一个国家常常因为安乐而走向灭亡，一个人的人生也常常因为安于快乐而不思进取，走向失败。虽然身处在忧患中，有些人却能不断反省自己，获得进步，取得成功。所以，人生要有忧患意识，事实上我们每个人都有一定的忧患意识，害怕自己遭到社会的淘汰，不断学习；唯恐自己遭到公司的淘汰，不断进修；恐惧青春老去，不断地参加某些保持美丽的课程。每个人担忧的都不一样，遭受到的痛苦也是不一样的。但有一样却是相同的，那就是我们把精力放在了哪里，收获就在哪里。

第3章

岂能随波逐流，永远不做大多数

改变命运从改变想法开始

想法是大脑的活动，人的一切行为都受它的指导和支配。想法虽然看不见、摸不到，但它真实地存在着。有什么样的想法，就会有什么样的命运。如果你的想法和自信、成功、乐观联系在一起，那么你会有一个圆满的人生；如果你总是想到自卑、失败、忧愁，那么你的命运也不会好到哪里去。

一个人想在事业上取得一定的成就，光靠一些老想法、老套路是很难成功的。当你站在一条已经有无数人走过的路上，遥望着难以企及的成功目标时，你应该早点觉悟，转变想法去寻找另一条更近、更省力的新路，而不要倔强固执地在这条困难重重的老路上浪费时间。

有人经常说："我忙得没有时间去想。"然而，就是"没时间去想"这五个字，却成为成功与失败的分水岭。平庸的人只知道"埋头拉车"，成功的人却能"低头去想"，为事情的解决想出更好的方法。其实，所有伟大的人的成就在开始时都不过只是一个想法罢了。

有一位才华横溢的年轻画家，早年在巴黎闯荡时一直默默无闻、一贫如洗，连一张画都卖不出去，因为巴黎画店的老板只寄卖名人的作品，年轻的画家根本没机会让自己的画进入画店出售。

但是这一天，画店来了一位顾客，向老板热切地询问有没有那位年轻画家的画。画店老板拿不出来，最后只能遗憾地看着顾客满脸失望地离去。

在此后的一个多月里，不断有顾客来店里询问那些年轻画家的画作，画店老板开始为自己的过失感到后悔，他多么渴望再次见到那位原来如此"有名"的画家。

就在老板十分焦急之时，这位年轻画家出现在了画店老板的面前，他成功地拍卖了自己的作品，并因此而一夜成名。

原来，当这位画家兜里只剩下十几枚银币时，他想出了一个聪明的方法：他雇佣了几个大学生，让他们每天去巴黎的大小画店四处转悠，每人在临走的时候都要询问画店的老板：有没有这位画家的画？哪里可以买到他的画？

这个充满智慧的年轻画家便是毕加索。

金子不是在哪里都会发亮的，譬如当它还埋在沙土中的时候；同样，也不是每一位有才华的人都一定会飞黄腾达，当机遇没有来到的时候，怨天尤人也无济于事。

这时，我们不妨学一学毕加索，动一动脑筋，想一个聪明的办法来创造自己的机遇。那么，成功说不定也就不期而至了。

方法从根本上讲，是“想”出来的。只有敢“想”、会“想”的人，才会成为成功者的候选人。作为一个成功者，就应该善于转换想法，把别人难以做成的事做成，把自己本来做不成的事做成。当别人失败时，你如果可以从他人的失败中总结经验，得出正确的想法，并付诸行动，你就可能成功。当你自己失败了，如果你能够吸取教训，把思想转换到新的正确的想法上，再付诸行动，你同样可以获得成功。

人们总是很容易陷入到固有的思维模式里去，有时候明明某种想法对解决问题没有很好的效果，却非得按照常规去做，结果白白地耗费了时间和精力。人一旦形成了思维定势，就会习惯地顺着固有想法思考问题，不愿也不会转个方向、换个角度想问题。很多人都有这样的愚顽的“难治之症”，所以走不出宿命般的可悲结局。

其实，这个时候最需要做的应该是改变自己的想法，哪怕改变的只是很小的一点，也可能起到很好的效果。而在人生的许多转折点，一旦能调整思路，换个想法，也许就可以看到许多别样的人生风景，甚至可以创造出人生的奇迹。

在一眼看不到尽头的大海上，一艘远洋海轮不幸触礁沉没了。八名船员奋力与海水搏斗，终于登上一座孤岛，才得以暂时脱离危险。但接下来的情形更加糟糕，岛上除了石头还是石头，没有任何可以用来充饥的东西，更让人不堪忍受的是，在烈日的暴晒下，每个人都口渴难耐，缺少可以饮用的淡水成为困扰他们的最大难题。

等啊等，没有任何下雨的迹象，除了海水还是一望无边的海水，没有任何船只经过这个死一般寂静的小岛。渐渐地，其中的七名船员因为支撑不下去，相继渴死在孤岛上。

当最后一名船员快要渴死的时候，他想，与其像其他船员那样渴死在孤岛上，不如尝尝这海水的味道，说不定这里的海水能喝，可以救自己一命。于是他扑进海水里，“咕嘟咕嘟”地喝了一肚子水。这名船员喝完海水，一点儿也感觉不出海水的咸涩，相反，他觉得这海水又甘又甜，非常解渴。于是他每天就靠喝这岛边的海水度日。有了海水的补给，这名船员继续同命运抗争着，终于被过往的船只解救了。

后来，人们化验这里的海水发现，这里由于有地下泉水的不断涌出，海水实际上是可口的甘泉！

谁都知道“海水是咸的”，根本不能饮用。七名船员就是因为脑海里存有这样的生活经验和思维定势，所以不敢去突破，不敢去做新的尝试，结果活活渴死了。只有最后一个船员大胆地改变了想法，终于打破了思维的旧框，从而救了自己一命。

如果一个人的想法总是停留在某一个点上，就永远无法开拓自己的视野和思路。你应该经常将眼光放远，产生一些新的想法。当然，你在想象的同时，应该把焦点指向一个全新固定的目标。否则，极容易将自己的思路陷入空想和妄想之中，这样也会阻碍你的创造力的发展。

人活一世，生存环境不断变迁，各种事情接踵而来，因循守旧是无论如何都行不通的。生活中有一些人总是失败，就是因为他们按图索骥，过于墨守成规，从而把自己的道路堵死，结果导致自己寸步难行。其实一些旧想法、旧规矩是可以打破的，只要我们做事灵活而不失原则，这样就更能符合时代的变迁和社会的发展。

对于敢“想”、会“想”的人来说，这个世界上不存在困难，只存在着暂时还没想到的方法，然而方法终究是会想出来的。所以，会转换想法的人只有一个归宿，那就是成功。

“雄心”是所有奇迹的萌发点

人没有雄心终不能成大事。“雄心”本身并没有对错之分，对或错的标准只在于你所追求的目标是什么，只要你所追求的东西是正常的，那拥有一份强烈的“雄心”对自己来说就是一件好事。美国加利福尼亚大学的心理学家迪安·斯曼特研究发现，“雄心”是人类行为的推动力，人类通过拥有“雄心”，可以有力量攫取更多的资源。

某些人之所以贫穷，大多数是因为他们缺乏雄心。他们所追求的只是一种平常、闲适的生活，有的甚至只要温饱就行，这就恰恰使他们一辈子成为不了富人。因为他们的目标就是做穷人，当他们拥有了最基本的物质生活保障时，就会停滞、不思进取、得过且过，所以没有雄心让他们贫穷。

是的，穷人、平庸的人就是缺少一些欲望、一些雄心，缺少的就是敢想、敢做的精神。一个没有欲望的人，他也许是一个甘于淡泊的好人；一个没有雄心的人，他也许是一个踏实诚恳的人。但是，没有欲望，何来动力？没有雄心，何来目标？没有雄心，何来成功？

巴拉昂是一位年轻的媒体大亨，以推销装饰肖像画起家，在不到10年的时间里，迅速跻身于法国50大富翁之列。1998年，巴拉昂因前列腺癌去世后，法国《科西嘉人报》刊登了他的一份遗嘱。他说，我曾是一个穷人，去世时却是一个富人。在去世前，我不想把我成为富人的秘诀带走，现在秘诀就锁在法兰西中央银行我的一个私人保险箱内，保险箱3把钥匙在我的律师和两位代理人手中。谁若能回答“穷人最缺少的是什么？”而猜中我的秘诀，他将能得到我的祝贺。当然，那时我已无法为他的睿智而欢呼，但是他可以从那只保险箱里幸运地拿走100万法郎，那就是我给予他的掌声。

遗嘱刊出之后，《科西嘉人报》收到大量的信件，人们纷纷寄来了自己的答案。在48561封来信中，人们的答案各不相同：绝大部分人认为，穷人最缺的是金钱；还有一部分人认为，穷人最缺少的是机会，一些人之所以穷，就是因为没有遇到好时机；另一部分人认为，穷人最缺少的是技能，一些人之所以成为穷人，就是因为学无所长；另外还有一些其他的答案，比如说穷人最缺少的是漂亮，是皮尔·卡丹外套，是《科西嘉人报》，等等。

有一位叫蒂勒的小姑娘猜对了巴拉昂的秘诀，她的答案很简单：穷人最缺的是雄心！即成为富人的雄心。

一语道破天机，可是谁能想得答案竟是如此简单！穷人表面上最缺的是金钱，本质上最缺的却是雄心。不论处在什么样的社会环境中，只有树雄心、立壮志，才能干出一番轰轰烈烈的事业。有了崇高的目标，就会产生进取心，奋发图强，而且有雄心，也有竞争性，因而在事业上也较为成功。一切就是如此简单。

拿破仑在军事院校就读时曾立誓要做一名卓越的统帅并吞并整个欧洲，由此他的勃勃雄心可见一斑。在学校期间，他将自己定位在一个很高的标准，严格要求自己，最终以优异成绩做了一名炮兵，开始了他的霸业之旅。成吉思汗扬言大地是他的牧场，有雄鹰的地方就有他的铁骑，这造就了成吉思汗时代。翻开历史史册，名垂青史的成功者又有哪个没有“雄心”？

要知道，人的思考是源于某种心理力量的支持。一个连内心都懒洋洋的人，即使他有什么愿望，这些愿望对他来说也永远只能是漂浮的肥皂泡，甚至连肥皂泡都不算，因为愿望对他并没有什么美好的诱惑力，他也没有丝毫力量去思考达到愿望的详细步骤。

当人有了某种愿望后，就要去渴望达到或追求实现这些愿望，而不要总是找理由来打击自己的“雄心”。

松下电器王国不是凭运气缔造的。作为这个王国的决策者，松下幸之助有许多过人之处。在松下幸之助辉煌的一生中，最具决定性的日子是1917年5月15日。这一天，他做出了一个令人震惊的决定——辞掉了令人尊敬的检查员的工作。

他15岁进入电灯公司，由于技术精湛，22岁就当上了检查员，该公司还没有像他这样年轻的检查员。

其实，松下幸之助从见习生涯开始，就有了创业的雄心。

松下幸之助认定电气是个极具发展前景的行业，因而在技术上更加精益求精，并且立下了“要以此发迹”的雄心。

那时的电气工都以求知为新潮，他也下决心读夜校，经过一年的努力拿到了预科文凭。接着，他又进入电机科就读。

松下幸之助在学习过程中感到极为困难，因为，他只接受过四年正规的小学教育。他想知难而退。

这时，他的父亲松下正安慰他："只要做成大生意，你就可以雇佣许许多多有学问的人为你服务，因此，不要在乎你有多少知识。"

后来，松下幸之助确实做到了这一点。

他由一个普通的学徒，一步一步建立了松下电器王国，成为闻名遐迩的企业家。

松下幸之助的成功源于一个主要因素，那就是他有强烈的雄心。他的雄心就是要建立日本最大的电器生产公司，做行业的老大，并且以此为毕生追求的目标，努力进取，积极实现目标。

有句话是这样讲的：如果你把箭对准月亮，那么你可以射中老鹰；但如果你把箭对准老鹰，你就只能射中兔子了。是的，生活需要一些渴望，需要不断展现自己。没有渴望就没有全新的体验，犹如一潭死水，激不起半点涟漪。尽管一生富贵未必是一种幸运，但一生平淡无疑是一种遗憾。

生活中，很多人在陌生的城市中打拼了几年，或者在学校里郁闷了多年，发现自己没有了激情和目标。生活中除了无聊和郁闷，似乎没有别的色彩了。每天的生活就是闲聊、发呆、看无聊的电视或沉迷于网络，对自己不懂的东西已经没有任何好奇心了，甚至都不能短时间静下心来读一本书。

如果这个人就是你，那你该醒醒了，该找回自己的"雄心"了！也许你并不是这么糟，你仍然有激情和憧憬，有梦想和渴望，那么就好好珍惜，塑造自己的"雄心"，开始奋斗吧！别等到你的这些激情和梦想消失殆尽的时候再枉自叹息，更别等到风烛残年的时候再慨叹往事不堪回首。

拥有成功的"雄心"，你才能够充满激情地工作和生活。而且，成功的"雄心"，会时刻提醒你去奋斗，引导你去奋斗；一颗奔腾不息的"雄心"，会时刻为你点燃希望的烛火，时刻让你与众不同！

先有超人之思，后有惊人之业

提起思考，并不是科学家、发明家和伟人的专利，普通人同样有思考的权利。那些演艺明星、社会名流、商业巨子为什么能够实现自己的人生价值，并能取得大大小小的成功？答案就是他们有独特的思考技巧。所以，从这个意义上说，人的成就首先是"想"出来的，是在正确思考后，采取行动干出来的。每一个追求成功的人，几乎都能意识到：思考是打开成功大门的钥匙，因此他们都希望自己养成思考的好习惯。

但是，在生活中，仍有一些人不会思考，没有养成思考的习惯。特别是当一些成功的经验被定格在"习惯"上之后，一旦面对新问题，就会做出消极的反应：不想再做新的思考，一切都显得理所当然，不愿改变现状。

一个养成思考习惯的人，往往不会满足于现状，不会因循守旧，不会迷信经验，不会盲从别人。他们遇到问题时，首先不是去接受别人的观点，而是多问一些"是什么"、"为什么"、"怎么样"等。有了这样的习惯，他们就不会只做一个机械的操作工、搬运工，因为他们习惯了思考、观察，敢于突破条条框框的束缚，寻求新的思路，这样才有机会成为成功人士。

日本松下公司准备从新招的三名员工中选出一位做市场策划，于是，对他们进行例行上岗前的"魔鬼训练"，予以考核。

公司将他们从东京送到广岛，让他们在那里生活一天，按最低标准给他们每人一天的生活费用2000日元，最后看他们谁剩下的钱多。

剩下是不可能的，一罐乌龙茶的价格是300日元，一听可乐的价格是200日元，最便宜的旅馆一夜就需要2000日元……也就是说，他们手里的钱仅仅够在旅馆里住一夜，要么就别睡觉，要么就别吃饭，除非他们在天黑之前让这些钱生出更多的钱。而且他们必须单独生存，不能联手合作，更不能给人打工。

第一位先生非常聪明，他用500日元买了一副墨镜，用剩下的钱买了一把二手吉他，来到广岛最繁华的地段——新干线售票大厅外的广场上，扮起了"盲人卖艺"，半天下来，他的大琴盒里已经有满满的钞票了。

第二位先生也非常聪明，他花500日元做了一个大箱子放在最繁华的广场上，箱子上写着：“将核武器赶出地球——纪念广岛灾难四十周年暨为加快广岛建设大募捐”。然后，他用剩下的钱雇了两个中学生做现场宣传讲演，还不到中午，他的大募捐箱就满了。

第三位先生像是个没头脑的家伙，或许他太累了，他做的第一件事是找了个小餐馆，要了一杯清酒、一份生鱼、一碗米饭，好好地吃了一顿，一下子就消费了1500日元。然后钻进一辆被废弃的丰田汽车里美美地睡了一觉……

广岛的人真不错，第一位和第二位先生的“生意”都异常红火，一天下来，他们对自己的聪明和不菲的收入暗自窃喜。谁知，傍晚时分，厄运降临到他们头上，一名佩戴胸卡和袖标、腰挎手枪的城市稽查人员出现在广场上。他摘掉了“盲人”的眼镜，摔碎了“盲人”的吉他；打破了募捐人的箱子并赶走了他雇的学生，没收了他们的“财产”，收缴了他们的身份证，还扬言要以欺诈罪起诉他们……

当第一位和第二位先生想方设法借了点路费，狼狈不堪地返回松下公司时，已经比规定时间晚了一天，更让他们脸红的是，那个“稽查人员”已在公司恭候。

原来，他就是那个在饭馆里吃饭、在汽车里睡觉的第三位先生，他的投资是用150日元做一个袖标、一枚胸卡，花350日元从一个拾垃圾的老人那里买了一把旧玩具手枪和一把化装用的络腮胡子。当然，还有就是花1500日元吃了顿饭。

在充满竞争的社会里，要想成功，你必须有能力战胜别人，否则就会被别人“吃掉”，被社会“埋没”。在你的事业中，时时刻刻都会出现机会，也许只需要你灵机一动，事情的结果就会不一样。

不同的思考方式决定不同的行为目标，思考未来的方式为你创造一种未来的新形象；要想取得突出的成绩，思考是你必不可少的。如果你想要迅速致富，那么你最好去找一条捷径，不要到摩肩接踵的人流中去拥挤，更要丢弃“不可能”、“办不到”、“多么愚蠢”的消极念头。

将自己的思维和视野努力变得开阔起来，善于从习以为常的事物中发现新的契机，主动反常逆变，去认识和发现新的事物。

正确巧妙的思考技巧，对于成功来说，无异于机器内部的硬件。大多数人并不缺乏知识与才能，但却没有一个正确巧妙的思考技巧。拿破仑·希尔在遍访当时美国最成功的500多位富翁之后得到一个结论："思考即财富。"中国一位传奇的民营企业家也有句名言："没有做不到的，只有想不到的。"可见我们思考方法的匮乏是妨碍成功的又一大障碍。只要养成善于思考的习惯，就会常常获得意想不到的效果。

美国有一个优秀的商人名叫杰瑞，有一天杰瑞和儿子说："我已经选好了一个女孩，做你的妻子。"儿子很生气地回答："我自己要娶的新娘我自己会决定。"杰瑞说："但我说的这个女孩可是比尔·盖茨的女儿呀！"儿子欢呼起来："我同意！"

在一个聚会中，杰瑞跟比尔·盖茨说："我来帮你的女儿介绍个好丈夫。"比尔·盖茨说："我要尊重我女儿的选择！"杰瑞又说道："但我说的这个年轻人可是世界银行的副总裁哦。"比尔·盖茨大吃一惊："那太谢谢你了……"

接着，杰瑞去找世界银行的总裁，杰瑞说道："我想介绍一个年轻人来当贵行的副总裁。"总裁说："我们已经有几十位副总裁，够多了！"杰瑞说："但我说的这年轻人可是比尔·盖茨的女婿哦！"总裁激动地叫道："请那位年轻人马上上班……"最后，杰瑞的儿子娶了比尔·盖茨的女儿，又当上了世界银行的副总裁。

杰瑞真是一个会思考的人，他以自己的超人之思，终于如愿以偿，皆大欢喜。很多成功人士都和杰瑞一样，都有一双慧眼，是事业、生活中的有心人。有心人往往勤于观察，乐于思考，善于发现。当一些人从生活中发掘了致富信息，并获得成功后，有些人就会顿生懊悔之心，说："我天天都见到那些致富信息，怎么就没想到利用它们来致富呢？"

一个聪明人比一个普通人的高明之处在于，他总会比别人多想几步。其实，有时只要比平时多想一点就会把事情处理得很完美。在现实生活中，多想几步，就是说如果具有一定的远见卓识，将给我们带来极大的价值。深度思维与扩散性思维会给我们带来巨大的利益，会打开不可思议的机会之门。对于追求成功的人来说，机会是平等的，就看你愿不愿意运用"思考"的武器，去发现机遇，把握机会，攻克成功路上的难关。

无论从事何种行业，只要有思考的习惯，总会惊喜地发现新天地。尤其是那些身陷困境的人，更要开动脑筋，大胆思考，敢于走前人没走过的路，才有可能从“山重水复”走到“柳暗花明”。

思维的角度决定人生的高度

突破常规思维，从另外的角度进行思考，往往能够柳暗花明见新天。这种事例在日常生活和工作中有很多，由于这种思维方式灵活多变，能出奇制胜，所以往往能取得令人意想不到的成功。

对于一个本质相同的问题，用两种不同的角度去看，可能会得到截然相反的答案。所以，当我们做事时，不妨选择一个好的角度。有一个好的角度，就有了成功的一半；但若选择了一个坏的角度，你就得到了失败的全部。你休想站在你的立场上说服别人改变原来的想法、做法；你休想以一个家长的身份让你的孩子不要做这个、不要做那个……所以当你想发表看法、提出建议时，不妨先站在对方的角度上想想，然后做到“己所不欲，勿施于人”，往往可能取得成功。

遇到难以解决的问题时，有的人会选择放弃，有的人会选择不达目的不罢休，而有的人会改变思路，寻找解决问题的新角度，毫无疑问，最后一种人是最有可能解决问题、并有大的收获的人。在处理事情的过程中，没有绝对解决不了的难题。有的人之所以陷入僵局，往往是是因为按部就班，没有更换角度。在这个世界上，从来没有绝对的失败，有时只需稍微调整一下思路，转变一下视角，失败就有可能向成功转化。

很久以前，人类都还赤着双脚走路。有一位国王到某个偏远的乡间旅行，因为路面崎岖不平，有很多碎石头，刺得他的脚又痛又麻。回到王宫后，他下了一道命令，要将国内的所有道路都铺上一层牛皮。他认为这样做，不只是为自己，还可造福他的人民，让大家走路时不再受刺痛之苦。但即使杀尽国内所有的牛，也筹措不到足够的皮革，而所花费的金钱、动用的人力，则难以计数。虽然根本做不到，甚至还相当愚蠢，但因为是国王的命令，大家也只能摇头叹息。一位聪明的仆人大胆向国王提出谏言："国王啊！为什么您要劳师动众，牺牲那么多头牛，花费那么多金钱呢？您何不只用两小片牛皮包住您的脚呢？"国王听了很惊讶，但也当下领悟，于是立刻收回成命，采纳了这个建议。

有时成败只在于一个观念的转变。换个思路，变个想法，往往会令你取得意想不到的奇妙效果。"如果有个柠檬，就做柠檬水。"这是一位聪明人的做法，而傻子的做法正好相反。如果他发现生命给他的只是个柠檬，他就会沮丧，自暴自弃地说："我完了，我的命运真悲惨，连一点发达的机会也没有，命中注定只有个柠檬。"然后，他就开始诅咒这个世界，一辈子让自己沉浸在悲伤当中，毫无作为。但是，当聪明的人拿到一个柠檬的时候，他就会说："从这件不幸的事情中，我可以学到什么呢？我怎样才能改变我的命运，把这个柠檬做成一杯柠檬水？"

成大事者在遇到难题时善于换位思考，即从另外一个角度重新审视自己和环境，以便找到新的人生机遇和突破点。这就是说，换位思考是成功者的手段之一。很多人不敢创新，或者说不愿意创新，是因为他们头脑中关于价值判断的标准已经固定，这使他们常常不能换一个角度想问题。

换个角度，就换了一种思维，就打破了自己的习惯思维和固有思维，这样，必然有不一样的结局出现。在现实生活中，当人们解决问题时，时常会遇到瓶颈，这是由于人们只在同一角度停留造成的，如果能换一换视角，情况就会改观，就会有新的变化与可能。

从前，有个商人到一个市镇跑买卖，身边带了不少金币，可那时又没有银行，走到哪带到哪，又重又不方便，还很不安全。于是，他一个人悄悄来到一个僻静之处，瞧瞧四周无人，就在地里挖了一个洞，把钱埋藏起来。

可是，第二天钱就不见了。他没有慌乱，而是慢慢地回忆，昨天确实没有人看到自己埋藏金币，它为什么会不见了呢？就在这时，他无意中发现远处有一间房子，房子的墙上有一个洞，正对着他埋钱的地方。他突然想到，会不会是这房子里的人，从墙洞里看见自己埋钱，然后才挖走的呢？

于是，他打定主意，来拜访房子的主人："你住在城市里，头脑一定灵活。现在我有一件事要请教，不知行不行？”那人一口答应道：“请尽管说。”商人接着说：“我是外乡人，特地到这里来办货，身上带两个钱包，一个放了500个金币，另一个放了800个金币。我已把小钱包悄悄埋在没人知道的地方。但是这个大钱包怎么办呢？是埋起来还是交给能够信任的人保管呢？”

房子的主人很贪心，就对他说：“什么人都不要信任，把大钱包同小钱包埋在一个地方最安全。”等商人一走，这个人马上拿出挖来的钱包，又去埋在原来的地方。这下可把躲藏在附近的商人高兴坏了，等那人一走，他马上将钱袋挖了出来，500个金币一个不少地回到了他的手里。

这个商人能够让金币失而复得，确实手段高明。他知道小偷之所以偷窃别人的东西，就是因为有一种贪得之心，而贪得之心自然是可得之物价值越大，心也越大的。所以，他就正好将计就计，让小偷自己“交”出金币。

遇到难以解决的问题，与其死盯住不放，不如把问题转换一下，化难为易，达到解决问题的目的。聪明人可以把复杂的问题简单化，不聪明的人可以把简单的问题复杂化。事实上，解决复杂问题时能够化繁为简，就体现了一种新的视角。把自己生疏的问题转换成熟悉的问题，开启了另一个视角，就会产生一条新思路。

长期以来，许多人习惯于传统的思维方式，喜欢“照葫芦画瓢”，看到别人怎么做就马上跟着怎么做，从来没有自己的思维，从来不考虑要靠自己想出新的角度做事。这种人的事业是注定不会有很大的发展空间的。因为思维是改变自我的内在基础，好方法是解决问题的必要工具。只有运用头脑，积极思考，转换思路，不断开拓出新的做事方法，你才能够在社会中发现、创造更多的机会，实现自己的目标，改变自己的生活。

寻找解决问题的新角度本身就是一种创新，一种改变，很多时候就是这么看似不起眼的一步，就可能令局面大为改观，让我们看到一片新天地。所以，请记住：换个角度做事，你也许就能够把失败变为成功。

另辟蹊径，你才能领先别人

这是一个处处充满竞争的时代，而对于每个人来说，若想在社会上有所成就，就必须努力培养和展现自己创新的素质，千万不可墨守成规。假如你的思维或产品一成不变，一点都没有新鲜之处，那么它们就会苍白无力，很快就会被社会的大潮所淘汰。

你一定听说过许多成功者的创业神话：短短几年，一个个当初看起来很普通的人一下子成了亿万富翁，一些人甚至成了世界上最富有的人，如比尔·盖茨、杨致远、陈天桥等，这些人开始都仅仅只有一个好创意。可见，创意就是不局限于眼前的成就，对自己有一个更高层次的要求；或者是在自己一无所有的情况之下，创造出新的东西，从而使自己的人生变得丰满充实。当然，想要创新，就必须要有创新的能力。

当人们麻木地陷入思维定势的“泥沼”中，往往会不由自主地形成一种不去创新的态度和思维方式，使得事情的发展缺乏突破与创新。一个人如果一直跟在别人的后面，那他只能吃别人的剩饭；只有努力创新，时刻给自己的生活注入一些新鲜的活力，才能走在别人的前面，才能吃到最香的饭菜。

乔治·斯太菲克在美国伊利诺伊州一个退役军人管理医院疗养的时候，通过看报纸得知，许多洗衣店都把刚熨好的衬衣折叠在一块硬纸板上，以避免褶皱。他获悉这种衬衣纸板每千张价值4美元。突然间，他想到了一个主意，以每千张1美元的价格出售这些纸板，并在每张纸板上登上一则广告。登广告的人当然要付广告费，这样他就可从中得到一笔收入。斯太菲克有了这个创意以后，就设法去实现它。

他在出院后就投入了行动，并最终取得了成功。后来他发现衬衣纸板一旦从衬衣上撤除之后，就不会为洗衣店的顾客所保留。于是，他给自己提出这样一个问题：“怎样才能使许多家庭保留这种登有广告的衬衣纸板呢？”他解决的方法是在衬衣纸板的一面继续印一则黑白或彩色广告，在另一面则增加了一些新的东西——一个有趣的儿童游戏，一个供家庭主妇用的家用食谱，或者一个引人入胜的字谜。效果很快产生了。有一次，一位男子抱怨，他的妻子把刚洗好的衬衣又送到洗衣店去了，而这些衬衣他本来还可以再穿穿。他的妻子这样做仅仅是为了多得一些斯太菲克的菜谱。瞬间的灵感给乔治·斯太菲克带来了可观的财富。

创新的成功，总是饱含着创新者的强烈创新意识。要想摆脱传统观念和习惯思维的局限，就要鼓励自己打破思维禁锢，激活创新的意识。松下幸之助曾经说过："今日的世界，并不是武力统治而是创新支配。"只要勇于打破常规，再加上自己独特的创新意识，那便是一把成功的魔杖。创新的意识来自生活，它并非是很神秘的，相反，是人人都可以做到的。一切成就与财富都来自创新的意识，你要做的就是充分发挥思考的能力，激活创新的意识。

人生需要不断创新，领先别人的人永远让别人跟着他走，被别人领先的人永远跟着别人走。别人做什么你就做什么，你最多只是个好的模仿者，永远不可能靠模仿成为领导品牌。要成为一个领导潮流的人，你就必须成为一个创新者，只有创新才能让你有机会超越常人。要时时刻刻想着："我如何与别人不一样，并且比他更好"，而不是"我如何与别人一样好"。

两个青年一同开山，一个把石块砸成石子运到路边，卖给建房者；一个直接把石块运到码头，卖给杭州的花鸟商人，因为这里的石头总是奇形怪状，他认为卖重量不如卖造型。三年后，卖怪石的青年成为村里第一个盖起瓦房的人。

后来，一条铁路从这里贯穿南北，当地的人上车后可以北到北京，南抵九龙。那个青年又在他的地头砌了一道三米高百米长的墙。这道墙面向铁路，背依翠柳，两旁是一望无际的万亩梨园。坐火车经过这里的人，在欣赏盛开的梨花时，会醒目地看到四个大字：可口可乐。据说这是五百里山川中唯一的一个广告，那个青年仅凭这座墙，每年又有4万元的额外收入。

20世纪90年代末，日本某著名公司的人士来华考察，当他坐火车经过这个小山村的时候，听到这个故事，马上被此人惊人的商业头脑所震惊，当即决定下车寻找此人。当日本人找到那个青年时，他正在自己的店门口与对门的店主吵架。原来，他店里的西装标价800元一套，对门就把同样的西装标价750元。他标750元，对门就标700元。一个月下来，他仅批发出8套，而对门的客户却越来越多，一下子卖出了800套。

日本人一看这情形，对此人失望不已。但当他弄清真相后，又惊喜万分，当即决定以百万年薪聘请他。原来，对面那家店也是他的。

有些时候，当你在一个熟悉的环境里生活久了，无形之中，在你的内心就会形成一种依赖性，容易给自己造成一种安逸的假象。因此，你必须努力从这种假象里跳出来，不断提高自己的创造能力。而这种创造的能力，是必须在你具有推陈出新的勇气的保证下才能顺利实施的。这种勇气不是与生俱来的，更不能靠别人的恩赐，而是需要你在不同的环境和实践中，不断地积累和升华。

有思考才会有创新，有创新才容易成功。今天一个人要想立足社会，将以有无创新意识和创新能力来论成败。微软总裁比尔·盖茨总是这样说："微软离破产永远只有18个月。"不要认为这是危言耸听，在这个知识经济快速更替的时代，不进则退，不创新就意味着衰败，衰败的后果必将是死亡。

当你在前进的道路上遇到了阻碍而无法前行时，要敢于突破常规思维的束缚，创新思维可以让你避免挣扎于"千军万马过独木桥"的竞争旋涡，从而独树一帜、另辟蹊径，由此，你才能领先别人，并获得先机而更易取胜。

匠心独运，走"变通思考"的捷径

世间事物千奇百怪，变幻莫测，固定、单一的思维模式是不足以应对一切复杂多变的世事的。可以说世间唯一不变的真理就是"变"。在做事的时候，只有不断变通，才可能绕开生活道路上的障碍，让你轻松获得成功。

在思考过程中，需要合理想象与创造性思维，只有这样，人的认识能力才能得到进一步提高，认识成果才会不断增加。而创造性思维的一个表现就是敢于打破常规，进行变通思维。人的每一种行为、每一种进步，都与自己的变通思维能力息息相关，离开了变通思维，人就什么事情也办不成了。

之所以有的人成就了伟业，有的人却碌碌无为一辈子，原因就在于变通思维的差异。其实，成功的机会无处不在，只是它更青睐善于思考、善于变通的人。别人成功了，我们却没有，并不是别人运气好，而是他们善于思考，对这个世界多了份观察，对自己的生活多了份反思，在事情的解决方法中多添了一份变通。就像有人说的：这个世界不缺少能干活的人，缺少的是会思考会变通的人。许多成功人士一生不败，关键就在于他们在为人处世中精通变通之道，进退之时，俯仰之间，都超人一等。

有一家大公司的董事长即将退休，他想物色一位才智过人的接班人。经过一段时间的观察，他最后挑出了两位人选——约翰和吉米。因为他们都很精通骑术，老董事长便邀请两位候选人到他的农场做客。当他们到来时，老董事长牵着两匹同样好的马走了出来，说："我知道你们二人都很善于骑马，这里有两匹很好的马，我要你们比赛一下，胜利者将成为我的接班人。"

他把白马交给了约翰，把黑马交给了吉米。这时，老董事长开始宣布比赛的规则："我要你们从这儿骑马跑到农场的另一边，然后再跑回来。谁的马跑得慢，也就是后到目的地，谁就是胜利者。"

听了这话，约翰突然灵机一动，迅速跳上了吉米的黑马，然后快马加鞭地向前疾驰而去，他自己的马却留在了原地。吉米感到约翰的举动很奇怪："咦！他怎么骑了我的马呢？"当他终于想通了是怎么一回事时，已经太晚了。他的黑马遥遥领先，无论怎样追也追不上了。结果，吉米的马最先到达终点，他输了。

老董事长高兴地对约翰说，"你可以想出有效的创新办法，能出奇制胜，证明你有足够的才智来接替我的位置，我宣布，你就是下一任董事长了！"

其实人与人之间，谁比谁聪明、谁比谁幸运并不是最大的差距，最大的差距在于谁思考更深入、变通更及时。因此，我们在生活中要勤于思考，善于变通，对于一些别人解决不了的问题，我们可以换个思路去解决；对于别人想不到的事情，我们要努力想到并实现。"只有想不到，没有做不到"，这句稍显夸张的话，从某种角度讲，是有一定道理的。会思考、会变通的人是永远不会被困难阻挡的，即使前面荆棘丛生，他们也能披荆斩棘，奋勇直前。

人的发展永远都离不开机会，要想能够及时地把握机会、创造机会，那么我们就必须不停地开动脑筋，运用智慧，否则我们就有可能会被时代淘汰。只要我们不拒绝变化，并且善于运用变通的思维方式，不断改变自己的观念，我们就能抓住机会，走出困境，进入新的天地。

在18世纪的法国，土豆种植曾有很长一段时间得不到推广。医生们认定土豆对健康有害；农学家断言，种植土豆会使土壤变得贫瘠。法国著名农学家安瑞·帕尔曼切曾吃过土豆，觉得土豆是一种很好的食物，于是决定在本国培植它。可是，过了很长一段时间，他都未能说服任何人。面对人们根深蒂固的偏见，他一筹莫展。后来，帕尔曼切决定借助国王的权力来达到自己的目的。1787年，他终于得到了国王的许可，在一块出了名的低产田上栽培土豆。帕尔曼切发誓要让这不受欢迎的“鬼苹果”走上大众的餐桌。

他要了一个小小的花招——请求国王派出一支全副武装的卫队，白天晚上轮流值班对那块土地严加看守。这异常的举动，撩拨起人们强烈的偷窥欲望。此举的确显得十分神秘，一块土豆地怎么会派卫队日夜把守呢？周围的农民无不好奇，不断地趁着士兵的“疏忽”而溜进去偷土豆，小心翼翼地把偷来的土豆拿回去研究，种在自家地里，精心侍弄，看到底有何不同。哨兵对周围的农民偷土豆，表面上似乎严禁，实际上则睁一只眼闭一只眼。当周围农民种的土豆获得丰收之后，所谓的“鬼苹果”的优点也被广为人知了。就这样，通过这个巧妙的主意，土豆在法国普及开来，很快成为最受法国农民欢迎的农作物之一。土豆食品也昂然走进了千家万户。

当然，通向成功的大道，绝不止思维变通一种方式，但是突破常规的变通思维能力，却是每一个渴望成功的人所必须具备的。只有拥有了灵活变通的思维能力，并将之与具体行动相结合，才能快捷便利地达到自己理想的远大目标。

当传统的方法已经不能解决问题时，我们应该学会另辟蹊径。实际上，促成人类社会进步的一切科技发明，起因都是解决问题过程中的“另辟蹊径”。比如为了解决“怎么才能更快地收割小麦”的问题，如果我们仅限于传统的方法——把镰刀磨得更快，而不是想着去创造另外一种方法，那永远也发明不了联合收割机。上一次解决问题的办法，这一次不一定就适用。我们可能还有其他的办法，也许还有比传统办法好上百倍千倍的办法。

变通思维作为通向成功之路的一种捷径，它缩短了行动与目标之间的距离，它常常是成功人士发掘机遇、牢牢把握机遇的窍门，它的匠心独运、别出心裁，往往能为你实现理想做出独创性的贡献。

别出心裁，以善变应万变

在人类进步的历史长河中，世界日新月异，社会不断发展，实践告诉人们：无论是思想还是行为上的停滞不前，其最终结果都会是被历史无情地淘汰。保持自己的本色，坚持自己的初衷，固然是一种执著，但人生总是充满了无数的玄机，在人生的大风浪中，我们常常要学船长的样子，在狂风暴雨之下，把笨重的货物扔掉，以减轻船的重量，而这货物有时可能恰恰就是我们最初所最珍视的东西。“宁为玉碎，不为瓦全”固然可敬，可捡起我们身边的残片碎瓦有时也不失为一种灵活。

在漫漫人生长路上，懂得变通的人可以随处找到成功的机会。相比之下，那些不善于变通的人，纵有一身过硬的本领，也会因为不懂得因时因地变通，而无法捕捉和把握稍纵即逝的机会，从而无法成功。甚至有的时候，机会向他迎面走来，他也会视而不见，让成功与自己擦肩而过。

人总是有其固有的传统思维。而想摆脱传统、陈旧思维方式的束缚并不是件容易的事情，因为传统思想观念像影子一样深藏在人们的心灵深处，不为人们所察觉，但它严重地影响着人们的言谈举止和行为方式。这些传统的思维方式阻碍着你的变通思维，使你行走社会感觉到做很多事都困难重重，感觉成功离你是那么遥远，但是如果你能转换思维方向，变通地看待一切，变换你的处事方式，你就会发现，你不再寸步难行，很多事情都能轻而易举地办好，成功与你也是前所未有地接近。

法国著名女高音歌唱家玛·迪梅普莱有一个美丽的私人园林。每到周末，总会有人到她的园林里去摘花、采蘑菇，有的甚至搭起帐篷，在草地上野营、野餐，弄得园林一片狼藉，脏乱不堪。

管家曾让人在园林四周围上篱笆，并竖起“私人园林，禁止入内”的木牌，但均无济于事，园林依然不断遭到践踏和破坏。于是，管家只得向主人请示。迪梅普莱听了管家的汇报后，让管家做几个大牌子立在各个路口，上面醒目地写明：如果在园林中被毒蛇咬伤，最近的医院距此15公里，驾车约半个小时才能到达。自此以后，再也没有人闯入她的园林。

园林还是那个园林，只是变了一个思路，保护园林的难题就解决了。

变通是一门艺术，也是一门学问。所谓“穷则变，变则通”，很多人之所以一辈子都碌碌无为，是因为他们活了一辈子都没有认真地体味、揣摩成功人士获得成功的原因，也没有弄明白变通对人生的决定性作用，更不知道怎样变通才能为自己的人生画上灿烂的一笔。

纵观古今，无论是帝王将相，还是平民百姓，他们都需要在动态变化的世界中走完自己的人生，而成功者大多是敢于变通、善于变通的人。因此，做事会变通，就等于拥有了生存立世之本。当我们遇到困难的时候，必须思考变通之策。因为，客观情况在不断变化，我们必须随着客观情况的变化而变化，只有这样，我们才可能克服困难走向成功。

柯特大饭店是美国加利福尼亚州的一家老牌饭店。饭店老板准备改建一个新式的电梯。他重金请来全美一流的建筑师和工程师，请他们一起商讨该如何进行改建。

建筑师和工程师的经验都很丰富，他们讨论的结论是：饭店必须换一台大电梯。为了安装好新电梯，饭店必须停止营业半年时间。

“除了关闭饭店半年就没有别的办法了吗？”老板的眉头皱得很紧，“要知道，这样会造成很大的经济损失……”

“必须得这样，不可能有别的方案。”建筑师和工程师坚持说。

就在这时候，饭店里的清洁工刚好在附近拖地，听到了他们的谈话，他马上直起腰，停止了工作。他望着忧心忡忡、神色犹豫的老板和那两位一脸自信的专家，突然开口说：“如果换成我，你们知道我会怎么来安装这个电梯吗？”

工程师瞟了他一眼，不屑地说：“你能怎么做？”

“我会直接在屋子外面装上电梯。”

“多么好的方法啊！”工程师和建筑师听了，顿时诧异得说不出话来。

很快，这家饭店就在屋外装设了一部新电梯，而这就是建筑史上的第一部观光电梯。

习惯性地认为电梯只能安装在室内，却想不到电梯也可以安装在室外，像这样固守成规、循规蹈矩的人比比皆是。问题不在于他们的技术高低、学识多寡，而在于他们突破不了常规的思维方式。工程师和建筑师被专业常识束缚住了思维，而清洁工的脑子里没有那么多条条框框，思路很开阔，所以才会想出令专家们大跌眼镜的妙招。

美国的著名人物罗兹说过："生活中最大的成就是不断地自我改造，以使自己悟出生活之道。"的确，在很多情况下，外物是无法改变的，我们能改变的就是我们的思想。变通，可以说是我们遇到困难和变化时所能采取的最好方法与手段。

会变通的人知道，只有先有一个平台，把自己的优势展现出来，别人才会知道你的能力和才华，而只要真有能力就不怕无用武之地。爱尔兰伟大的思想家乔治·萧伯纳曾经说过："明智的人使自己适应世界，而不明智的人只会坚持要世界适应自己。"无论遇到任何困难，只要懂得变通，就可能走向成功。

任何事情都是处于不断变化之中的，往往一件事的发展总是会在你的意料之外。而一个思想僵化、保守的人显然是难以应付这些变化的。养成灵活变通的习惯，这是一个人取得成功的关键。

敢于创新，发现不一样的自己

创新性思维每个人都能够拥有，而且创意就发生在我们的身边，它可以不是一个具体的产品，可以只是一种思路。

创新创造价值的观念早已扎根于那些成功者的大脑中，在不断开发自己的大脑、实现创新的过程中，他们的资本逐渐增加，为以后成就大事打下坚实的基础。而更有一部分人，他们的一生都在为自己的理想和金钱的富足而拼搏，而往往只因偶尔的灵机一动，灵感的火花就使得他们创造了无穷的价值，实现了个人的飞跃。

1973年，年仅15岁的格林伍德收到别人送给他的圣诞节礼物——一双冰鞋。他非常高兴，因为他一直渴望有滑冰的机会。

拿到这件礼物后，格林伍德马上就跑出屋子，到离家很近的结了冰的小河上去溜冰。他感觉到天气太冷了，一溜冰，耳朵被寒风吹得像刀割似的。他戴上了“两片瓦”式的皮帽子，把头和腮帮捂得严严实实的，一玩起来又热得满头是汗。格林伍德想，为什么大家设计的为耳朵保暖的东西，都是个帽子呢？这样不利于运动。既然耳朵容易感觉冷，那就应该做一件能专门捂住两边耳朵的东西。回到家后，他细心研究，在纸上勾画着。他终于琢磨出一个大概的样子，请妈妈照他的意思做。他的妈妈摆弄了好半天，缝制出了一双棉耳套。格林伍德戴上它去溜冰，果然挺管用。一些朋友见到了，也向格林伍德要耳套。格林伍德和妈妈商量，去把祖母也叫来，一起做耳套。经过几次修改，耳套做得更实用，也更美观了。格林伍德把它取名为“绿林好汉式耳套”，并且向美国专利局申请了专利。

一双耳套能值多少钱？申请专利又有什么用？答案是：格林伍德后来成了世界耳套生产厂家的领袖，因为这项专利，他成为了百万富翁。

就是这样的一个想法，一个与众不同的思维方式，使得格林伍德尝到了创新的甘甜。金钱的积累也在短时间内迅速飙升，人生的命运也因为这样一个独特的创新性思维带来的收获而改变。仔细分析，格林伍德的成功有两个关键之处，一是别人戴帽子或不戴帽子已形成了习惯，不再去想怎样保护耳朵，而他却专门做了个耳套；二是做了耳套后，他为之命名并且申请专利。换句话说，他懂得开发自己的创新思维，从小处着眼，向大处推广。从上面的故事我们不难看出，创新思维直接表现在人们日常生活中所说的创意上，创意的起源常常是有心人的灵机一动，不需要经过严谨的学术训练和精密的理论论证。对于创意，任何一个人都可以与之亲密接触，只要勤于观察，善于思考，大胆创新，就有可能出奇制胜，获得可观的效益。

拥有创新思维，发挥自己的创意，要求我们不要一味跟在别人的后面跑，要想胜人一筹，就要独辟蹊径。

减肥是令许多人望而却步的难事，是许多胖人们的大难题。市场上的减肥中心、减肥药物多种多样，竞争已到白热化，大家的利润也因此降到很低。这也使得减肥者感到茫然，不知道该选择哪一家好。但有一家减肥中心因为一个创新的减肥绝招，使得自己门庭若市。一天，一位胖男人慕名而来，他已有过多次失败的减肥经历了。他抱着最后一试的态度问教练，他该怎么办？教练询问了他的住址，然后告诉他：回家等候通知，明天会有人告诉你怎么做。第二天一早，门铃响了，一位漂亮性感的青春女郎站在门口，对胖男人说：教练吩咐，你若能追上我，我就是你的。胖男人大喜，从此每天早晨都在女郎后边狂追。如此数月下来，胖男人已逐渐身手矫健起来，他早就忘了这是在减肥，只是想着一定要把那位姑娘追到手。

直到有一天，胖男人心想：今天我一定能追到她了。他早早起来在门口等着，那位姑娘没来，来的是一位同他以前一样胖的女士。

胖女士对他说："教练吩咐，我若能追上你，你就是我的。"

诚然，这个故事包含着一定的喜剧色彩，但在我们笑过之后，也不免为这位教练的机智和创新性思维感到眼前一亮。

大富豪洛克菲勒有句名言："如果你想成功，你应辟出新路，而不要沿着过去成功的老路走……即使你们把我身上的衣服剥得精光，一个子儿也不剩，然后把我扔在撒哈拉沙漠的中心地带，但只要有两个条件——给我一点时间，并且让一支商队从我身边经过，那要不了多久，我就会成为一个新的亿万富翁。"

敢于说出这样的话的人，肯定充满了豪情壮志，这让人不禁动容，这种坚定的信念和敢于创新的精神无疑是做事成功的一个根本素质。

有个被人演绎了无数遍的小故事，说的是一种名牌牙膏的销售进入了一个瓶颈期，于是总裁高额悬赏，希望大家献计献策。最后一个工人出了一个好主意：把牙膏的开口扩大一毫米。如果广大消费者每天依然按习惯的长度挤牙膏，累加起来，就是一个非常大的量。工人得奖，当之无愧。

拥有创新思维，在平时的生活中多留心观察，同时开动自己的大脑，抓住自己一时的灵感，并敢于行动的，多半会成为成功者。

摆脱"一定之规"的束缚

无论是思考如何解决碰到的新问题，还是对已熟悉的问题寻求新的解决方案，一般都需要在多途径地探索、尝试的基础上，先提出多种新的设想，最后筛选出最佳方案。而基于反复思考一类问题所形成的“一定之规”，对这样的创新思考常常会起到一种妨碍和束缚的作用。它会使人陷入旧的思维模式的无形框框中，难以进行新的探索和尝试，因而也就难以产生新的设想。

一个长期习惯于按“一定之规”考虑问题、很少进行创新思考的人，久而久之，往往会把很多本来大不相同的问题，也因为它们之间的某些相似之处而看成同一类问题，用相同的办法去解决。这样，自然就会白费精力。有一位心理学家说过：“只会使用锤子的人，总是把一切问题都看成是钉子。”就好像卓别林主演的《摩登时代》里的那个可笑的工人那样，由于一天到晚拧螺钉，一切圆的东西，包括衣服上的纽扣和圆形图案，在他眼里都成了螺钉，他都会用扳手去拧。

人形成思维定势是人类心理活动的普遍现象。创新是人类社会进步的客观要求。而要摆脱和突破一种思维定势的束缚，常常需要付出极大的努力。无论是在创新思考的开始，还是在其他某个环节上，当我们的创新思考活动遇到了障碍，陷入了某种困境，难以再继续想下去的时候，往往都有必要认真检查一下：我们的头脑中是否有了某种思维定势在起束缚作用？我们是否被某种思维定势捆住了手脚？

有一个边防缉私警官，每天晚上都看见一个人推着一辆驮着大捆麦秸的自行车朝边防站走来。每天，警官都会命令那人卸下麦秸，解开绳子，并亲自动手拨开麦秸仔细检查。尽管警官一直期待能在麦秸里发现些什么，却从未找到任何可疑之物。

这天晚上，警官像往常一样仔细检查完麦秸，然后神色凝重地对那人说：“听着，我知道你每天都通过这个关卡干着走私的营生。我年纪大了，明天就要退休了，今天是我最后一天上班，假如你跟我说出你走私的到底是何物，我向你保证绝不告诉任何人。”那人听了对警官低语道：“自行车。”

“啊？”警官愣了半晌才醒悟过来。

这个缉私警官的视线完全被那一大捆麦秸吸引住了，可以说是受阻于走私者隐藏赃物的定势，而忽略了正面驶来的自行车。也许换一个角度考虑一下问题的始末，他就会恍然大悟了，这就是思维的逆转。

在瞬息万变的社会，固有的经验容易把人的思维引入歧途，也会给生活与事业带来消极影响。一成不变的思维方式，将会带来毫无生机的生活局面。常规是束缚创造力的关键，这也是被众多人认定的，但是，能够赢得精彩人生、创造辉煌事业的人往往只是少数。有一位社会学者调查后得出结论：凡是能够成功打破“一定之规”的人，几乎都赢得了成功。在一般情况下，按常规办事并不会错。但是，当常规已不适应变化了的新情况时，就应解放思想，打破常规，勇于创新，另辟蹊径。只有这样，才有可能化缺点为优点，化弊端为优势，化腐朽为神奇，在似乎绝望的困境中找到希望，创造出新的生机，取得出人意料的胜利。

虽说思维有其规律可循，但打破常规进行思维，本身就是一条特殊的思维规律，是创新型人才不可缺少的特质。一旦学会了打破常规进行思维，就会迎来一片崭新的天地。艺术大师毕加索指出：“创造之前必须先破坏。”破坏什么？传统观念和传统规则。面对瞬息万变的市场环境，只有敢于挑战常规、打破常规，才能有所作为，摆脱危机，使自己站稳脚跟，立于不败之地。

1952年，由于受经济风波的影响，日本的东芝电器公司积压了大量的电风扇销售不出去，为此，公司的有关人员虽然绞尽脑汁想了很多办法，但销量还是不见起色。看到这个情况，公司的一个基层小职员也努力地想办法，几乎到了废寝忘食的地步。

一天，这名小职员看到街道上有很多小孩子拿着许多五颜六色的小风车在玩，头脑中突然想到：为什么不把电风扇的颜色改变一下呢？这样既受年轻人和小孩子的喜欢，也让成年人觉得彩色的电风扇能为屋里增添亮点。想到这里，小职员急忙跑回公司向总经理提出了建议。总经理听了这个建议后非常重视，特地召开了大会仔细研究并采纳了小职员的建议。

第二年夏天，东芝公司隆重推出了一系列彩色电风扇，一改当时市场上电风扇一律黑色的面孔，很受人们的喜爱，掀起了抢购狂潮，短时间内就卖出了几十万台，公司也因此很快摆脱了困境。而这位小职员不但因此获得了公司2%的股份，同时也成了公司里最受大家欢迎的职员。

人一旦形成了思维定势，就会习惯地顺着定势的思维思考问题，不愿也不会转个方向、换个角度想问题，这种思维定势的影响很大。思维定势是阻碍人前进的一条铁链，它使人的思维进入无法前进的死胡同，因此，当我们发现自己被那一条条铁链锁住时，一定要当机立断，立即挣开它们的捆绑，使自己的潜能得到充分发挥。很多人走不出思维定势，所以他们走不出宿命般的可悲结局；而一旦走出了思维定势，也许可以看到许多别样的人生风景，甚至可以创造新的奇迹……

世上的事情有时就是这么简单得让人难以置信：如果你墨守成规，等待你的只有失败；相反，如果你稍微动一下脑筋，对传统的思维方式进行一番创新，就能获得成功。在竞争激烈的商业社会中，那些人云亦云的人，只能眼看着别人享受着可观的财富，而只有打破“一定之规”的人才有可能赢得先机。

别让思维定势捆绑住你

拥有不同的思维方式，突破常规，另辟蹊径，这是成功者的特质之一。

在繁忙的工作和生活中，我们每个人都可能在处理事情的时候遇到思维阻塞，受限于以前的经验，在经验主义的困扰下，我们的大脑处于思维定势的控制之中，往往很难对事物做出正确的判断、给予正确的评价，也难以拥有妥善的行为。

受思维定势的影响，人往往更注重自己所获得的经验，特别是正确的经验。当同类事情再发生时，思考力和判断力会受到很大的干扰，因此，时常刷新自己的大脑，接受更多、更新的知识，让它不受思维定势的束缚，是我们取得成就的有利因素。有这样一个测试题，说明了思维定势对大脑的束缚和对判断力的影响。

一天，在一座茶馆里，一个公安局长正在与一位老头下棋。正下到难分难解之时，跑来一个孩子，孩子着急地对公安局长说：“别下了，出事情了，你爸爸和我爸爸吵起来了！”“这孩子是你的什么人？”老头问。

公安局长答道：“是我的儿子。”请问：两个吵架的人与这位公安局长是什么关系？这不是一道生活题，考察你对亲属关系的识别能力，这是一道思维考察题。据有关机构调查得知，能在短时间内给出正确答案的人寥寥无几。这道题的关键在于，这位公安局长是位女士，如果你能摆脱公安局长是男性的思维定势，解答这道题并不是难事。

思维定势是指人的心理活动的一种准备状态，这种准备状态影响着解决问题的倾向性。定势思维是指人用某种固定的思维模式去分析问题和解决问题，这种固定的模式是已知的，事先有所准备的。

从不同的角度看，思维定势既有好的一面，也有副作用的一面。思维定势的好处在于，人们在处理日常事物、一般情况、惯例性事务的时候，能够驾轻就熟、得心应手；它的弊端在于，当我们面临新情况、新问题需要开拓创新的时候，它就变成了思维枷锁。

卡迪斯在一家有名的大公司担任总裁。有一次，他们全家出去旅游，在旅途中，他的孩子被绑架了，绑匪要求他付赎金200万美元来换回孩子。

夫妻二人再三考虑，还是决定报警求助。而不幸的是，歹徒好像洞悉了警方的侦查手法，对于警方的行动了如指掌，因此警方始终无法救出卡迪斯的孩子。经过几天的煎熬，卡迪斯夫妻决定答应歹徒的要求，交付200万美元，让他们的孩子能安全归来。

电视里正在报道着他的孩子被绑架的新闻，还分析说：“从过去的纪录来看，这类案子中，即使歹徒得到了赎金，人质安全回来的概率还是很小。”这时，担心而焦虑的卡迪斯突然想到：“既然这样，我何不把这笔赎金变成赏金，让全市的人来帮我救孩子，重赏之下必有勇夫，也许我的孩子获救的机会更大些。”打定主意之后，卡迪斯就直奔电视台。他利用新闻快报的时间，在电视上公开向大众宣布他的孩子被绑架的事实，并希望大家能帮忙救出他的孩子。说罢，卡迪斯就把200万美元全部放在主播台上，然后对大家说：“只要谁能帮我救出孩子，这200万美元的赎金就变成为悬赏的奖金！”卡迪斯这一举动，大大出乎众人意料，尤其是绑架卡迪斯孩子的歹徒，他们看了卡迪斯把赎金变成赏金的报道后，更是不知所措。

有的歹徒认为：“卡迪斯现在把赎金变赏金，不如把孩子送回去，并假装是救出孩子的英雄，一样可以拿到200万美元的赏金。”而歹徒的首领坚决反对把孩子送回去。

这样一来，本来行动一致的歹徒，因为意见不一且互不退让，最终起了内讧，互相残杀。他们的内斗惊动了附近的邻居，有人报了警。警方将他们绳之以法，并幸运地救出了孩子。

当孩子被绑架后，求得警察的援助，或者老老实实地交付赎金，这是父母通常的选择。在大众的观念里，从没有意识到可以把赎金变成赏金，以此来激励他人，帮助自己解救孩子。正是突破了思维定势的束缚，卡迪斯的孩子才能平安归来。

法国生物学家贝尔纳说：“妨碍人们学习的最大障碍，并不是未知的东西，而是已知的东西。”这句话恰当地阐明了固定的思维模式和已有的思维定势对一个人的束缚，勇于打破思维定势，找到更多、更好的人生解法的人，他们的人生必然丰富多彩绚烂纷呈。

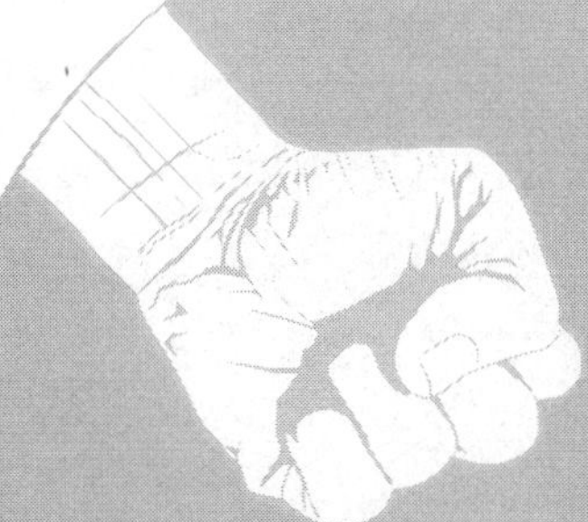

第 4 章

岂能犹犹豫豫，迈出特立独行的脚步

起手无悔是成功人生的第一课

生活中处处充满机遇，社会上的每一项活动、人际中的每一次交往、工作中的每一次得失等，都可能是一次选择、一次机遇、一次引导你冲破人生难关的契机。而问题在于你自身的素质，在于你是否能发现并抓住每一次机遇。

一个人在做事之前，首先应该保持冷静的头脑，对自己所要做的事情有一个正确的判断。盲目行事，是导致许多人失败的一个重要原因。而那些最终能够突破人生的难关、赢得成功的人，大都有着一个共性：能够在正确的决策之下，勇敢果断地行事。

机不可失，失不再来，这是一个浅显而又深刻的道理。在许多情况下，机遇不允许有更多的时间让你来左顾右盼，而且必须由你自己来拿定主意。你如果任由自己养成要别人替你拿主意的坏习惯，那么在关键时刻，特别是处在“失不再来”的时候，往往就难以有自己的决断。因此，在平时我们也不要受别人的影响，应坚持自己的看法，用自己的头脑做决定。

对于每一个人来说，犹豫不决、优柔寡断都是成功路上的一个非常阴险的对手，因此在它还没有伤害你、破坏你、限制你一生的机会之前，你就要把这一仇敌置于死地。一个人如果没有果断决策的能力，那么他的一生，就像浩瀚大海中的一叶孤舟，只能永远漂流在狂风暴雨的汪洋大海里，永远达不到成功的彼岸。

一位富翁的狗在散步时跑丢了，于是富翁就在当地报纸上发布了一则启事：有狗丢失，归还者，付酬金1万元。并将小狗的一张彩照充满大半个栏目。

一位沿街流浪的乞丐在报摊看到了这则启事，他立即跑回他住的窑洞，因为前天他在公园的躺椅上打盹时捡到了一只狗，现在这只狗就在他住的那个窑洞里拴着。果然是富翁家的狗，乞丐第二天一大早就抱着狗出了门，准备去领1万元酬金。当他经过一个小报摊的时候，无意中又看到了那则启事，不过酬金已变成2万元。乞丐又折回他的窑洞，把狗重新拴在那儿。第4天，酬金果然又涨了。

在接下来的几天时间里，乞丐天天浏览当地报纸的广告栏，当酬金涨到使全城的市民都感到惊讶时，乞丐返回他的窑洞。可是此时那只狗已经死了，因为这只狗在富翁家吃的都是鲜牛奶和烧牛肉，对这位乞丐从垃圾堆里拣来的东西根本受不了。

其实，机会无时无刻不在，每一个新时代都会造就一批成功者，而每一个成功者的产生都是当别人不明白时，他明白自己该做什么；当别人不理解时，他理解自己在做什么。所以当别人明白时，他已经成功了；当别人理解时，他已经富有了。或许有人会说，当初我要是做，一定会比他们赚得更多。不错，你的能力或许比他们强，你的资金或许比他们多，你的经验或许比他们丰富，可就是因为你的一念之差，决定了当初你不会去做，你的犹豫决定了你在若干年后的今天依旧平凡。

不要把一件事情放到明天，从现在就积极地行动起来。努力地尝试做出果断的决定，强迫自己来实行。不管你面对的事情多么复杂，都不要有任何犹豫。在你决定某一件事情之前，你应该对各方面的情况有所了解，你应该运用全部的常识和理智慎重地思考，给自己充分的时间去想问题。你一旦做好了心理准备，就要果断决定，一经决定，就不要轻易反悔。

如果发现好的机会，你就必须抓紧时间，马上采取行动，才不致贻误时机。不要对一个问题不停地思考，一会儿想到这一方面，一会儿又想到那一方面。你该把你的决定，作为最后不变的决定。这种迅速决断的习惯养成以后，你便能产生一种相信自己的信心。如果犹豫、观望而不敢决定，机会就会悄然流逝，最终后悔莫及。

计算机界华裔名人王安博士说，影响他一生的事发生在他6岁之时。一天他外出玩耍，经过一棵大树时，突然有一个鸟巢掉在他的头上，里面滚出了一只嗷嗷待哺的小麻雀。他决定把它带回去喂养，便连同鸟巢一起带回了家。走到家门口，忽然想起妈妈不允许他在家里养小动物。他轻轻地把小麻雀放在门后，急忙走进屋去请求妈妈，在他的哀求下妈妈破例答应了。王安兴奋地跑到门后，不料小麻雀已经不见了，一只黑猫正在意犹未尽地舔着嘴巴。王安为此伤心了很久。从此，他汲取了一个很大的教训：只要是自己认定的事情，绝不可优柔寡断。犹豫不决固然可以避免一些做错事的机会，但也失去了成功的机遇。

在生活中不论要干什么，都要把握住适当的分寸和尺度，就是所谓的“该出手时就出手”。一旦错过了最好的时机，你就可能一无所得。在两难的抉择中，敢于决断是一个人成功的关键。假如我们面对选择时犹豫不决，无法果断地做出决定，将会一事无成，甚至可能还会埋下祸根，为自己带来一连串的失败和打击。然而，在实际工作和生活中，并不是每一个人都有果断地做出决定的勇气。有些人往往优柔寡断、患得患失、瞻前顾后，结果错失良机，甚至给自己造成很大的损失。

犹豫不决的人可以说是世界上最可怜的人，也是最容易失败的人。威廉·惠德说：“如果一个人面对着两件事情犹豫不决，不知该先去做哪一件事好，那么他最终将一事无成。他非但不会有什么进步，反而会退步。唯有那些具有如凯撒一般的特质——先聪明地斟酌，再果断地决定，然后坚定不移地去行动的人，才能在任何事业上都做出卓越的成绩来。”

当然，这种在两难中做出选择的勇气，必须以敏锐的洞察力为基础。如果没有经过思考，没有看清问题，就盲目地做出决断，不但无助于成功，反而可能会使你损失惨重。要知道，没有经过慎重思考，盲目决定的勇气只是匹夫之勇。

俗话说：“双鸟在林，不如一鸟在手。”你若想成为一个非同凡响的角色，就必须学会在两难的选择中敢于决断，勇于行动。

只要决定去做，成功就会存在

现实中，能使我们为之奋斗的是理想；而实现理想所必需的是行动。正如一位名人所说的："理想是彼岸，现实是此岸，中间隔着湍急的河流，行动就是架在两岸的桥梁。"我们所需要的正是一份坚定不渝的理想信念，这种信念下的坚定的行动，才能使我们一步步接近心中理想的殿堂。

人的一生有太多的等待，在等待中，我们错失了许多的机会；在等待中，我们白白浪费了宝贵的光阴；在等待中，我们由英姿勃发的青年，变为碌碌无为的中老年，我们还在等待什么？让今天的事今天就做完，现在要做的事马上就动手，成功属于立即行动的人。比尔·盖茨说："想做的事情，立刻去做！当'立刻去做'从潜意识中浮现时，立即付诸行动。"

一分耕耘，一分收获。你有怎样的付出，就会有怎样的收获，天上不会掉馅饼。如果你不付出艰辛的努力，就想获得成功，那是痴心妄想。你想收获吗？一定要有起码的付出。在这个世界上，你要得到多少，你就得付出多少。要想成功，就要把希望放在明天，把计划放在今天，把行动放在现在。克服畏难情绪，毫不犹豫，起而行动，扎扎实实地做好每一件事，只有这样，心中的慌乱才会得以平定，才能拼出成功的魔方。下面是著名作家兼战地记者西华·莱德先生的故事：

"当我推掉其他工作，开始写一本书时，心一直定不下，我差点放弃一直引以为荣的教授尊严，也就是说几乎不想干了，最后我强迫自己只去想下一个段落怎么写，而非下一页，当然更不是下一章。整整六个月的时间，除了一段一段不停地写以外，什么事情也没做，结果居然写成了。"

"几年以后，我接了一件每天写一个广播剧本的差事，到目前为止一共写了2000个剧本。如果当时签一份'写作2000个剧本'的合同，我一定会被这个庞大的数字吓倒，甚至把它推掉。好在只是写一个剧本，接着又写另外一个，就这样日积月累真的写出这么多了。"

任何想要的结果，都需要通过行动才会得到。你栽下苹果树，你会得到苹果；你种下香蕉树，你会收获香蕉；你什么都没有种，你什么也不会得到。汗水就是行动，行动就是努力。无论在哪个领域，如果不努力去行动，那么最终还是不可能获得成功。如果不行动、不努力，想要获取任何成果都是不可能的事情。

许多人总是想等到自己有了一种积极的感受再去付诸行动，这其实是本末倒置的。积极行动会导致积极思维，而积极思维会导致积极的人生心态，心态是紧跟行动的，你的内心怎样想，你就会采取怎样的行动，也就会产生怎样的结果。

成大事者皆有志，成大事者更具有坚定不渝的行动。马克思曾说：“只有行动才会产生最后的结果。任何伟大的目标、伟大的计划，最终必然会落实在行动上。”拿破仑也曾说：“想得好是聪明，计划得好更聪明，做得好是最聪明又最好。”人生活在现实中，只有不畏劳苦沿着陡峭山路攀登的人，才有希望到达光辉的顶点。只有行动起来，才能达到理想的彼岸，才能登上成功的列车。

贝尔在试制电话机时，感到有关问题还没有把握，便去向著名物理学家约瑟·亨利请教。贝尔谈了自己的设想，然后恳切地问：“先生有何见教？”“干吧！”亨利回答说。贝尔不安地说：“可是，先生，我对电的知识知道得很少呀。”“学吧！”亨利又简短地回答。电话机试制成功后，贝尔激动地说：“如果不是亨利先生的这两个词的鼓励，我是不可能发明电话机的啊！”

当年，迪斯尼为了实现他心中的梦想，不断地呼吁去建造一个乐园，可是当时有非常多的人反对他，有的人担心会对环境产生影响；有的人担心他的资金有问题；有的人甚至怀疑他的头脑有问题；有的人说政府不会批准那么大的一片土地。可是迪斯尼不断地去想各种各样的方法，比如资金方面有问题，他跑了143次银行。他积极地寻求各方面资源的支持，最后，他梦想中的乐园——迪斯尼乐园，终于在美国开始兴建，到现在已经被复制到世界各地。

人人都能下决心做大事，但只有少数人能够立即去执行他的决心，也只有这少数人才是最后的成功者。有不少这样的人，他们并非不知道行动的重要性但是迟迟不愿意行动，结果又产生负疚感，造成意志瘫痪。很多情况下，人们与其说是因为恐惧而不去行动，毋宁说是因为不去行动而导致恐惧。许多事情的难度都是由于我们的犹豫和摇摆而加大了。

人生就是如此，只要你迈步，路就会在脚下延伸。只有启程，我们才会向理想的目标靠近。无论你的梦想和目标是什么，这些都只是你成功的开始，更重要的是立即开始行动，从而实实在在地看到成功的希望。这一点被许多人所忽略，其结果都是以失败告终。洛克菲勒说："不管一个人的雄心有多大，他至少要先迈出第一步，才能到达高峰。"一旦起步，继续前进就不太困难了。工作越是困难或不愉快，越要立刻去做，坚持每天迈步向前，日积月累，慢慢就能达到目标。

任何一个愿望和梦想都有实现的可能，只是任何一种理想的实现都依赖于你的实际行动和艰辛的劳动。虽然行动并不一定能带来令人满意的结果，但不采取行动是绝无结果可言的。机遇和成功之间不是等号，要将机遇转化为成功，需要的是去做、去做、再去做！

走在人先，才能赢在人前

生活中总有一些人多年来只是踱步在传统而保守的道路上，尽管他们年轻时都有着远大的梦想和抱负，却因为因循守旧而与众多机会失之交臂，最终，平平凡凡，一事无成。早起的鸟儿有虫吃。卓越的成功者在做每一件事时都要比别人早一步，都要比别人更迅速地掌握未来的动态、信息和走向。要想创大业建大功，就要想方设法抢占先机而不落于众人之后，就要使人追随我而不是我去追随人。

总是步别人后尘的人是成不了大器的。长此以往，成功永远属于别人，自己得到的只是残羹冷炙。在某一领域的"领袖"，几乎都是起步比较早的人，他们不一定比别人做得好，但是，因为起步早，他们有更多的机会改正错误。什么事都先人一手、先人一着的人就能取胜，等他人追赶的时候，他们又大步向前，拉开了彼此的距离，因而他们会永远处于领先的位置。要想永远领先，就要处处争先，永远争先。

市场竞争如同弈棋，一招失先，则步步落后。那时，需要花费很大努力才能扭转被动局面。一招占先，则步步主动，利于掌握全局。跟在别人后面亦步亦趋是没有出息的，要想做大事成大业，一定要抢在对手之前出新招。

有一天，著名服装设计师马莉正在街上散步，有几位充满青春活力的姑娘正在叽叽喳喳地议论着一款新设计出来的裙子，“这款裙子太长了，连老太婆穿也合适，正好可以掩盖她们失去弹性的双腿。”“太对了，我们修长的腿在这款裙子里面，谁也看不见。”“现在的时装设计师太没有创意了，太没有想象力了，怎么没有一个能够替我们这些年轻人着想一下的大师呢？”

“做超短裙，让年轻姑娘大胆地向世人展示修长美丽的大腿！”一个大胆的设计方案在马莉的脑海中“蹦”了出来。发现了大的商机，马莉不敢有半点怠慢。她连夜开工，把能找到的布料都拿出来，边设计边加工，一下推出数十种不同面料的样裙。第二天一大早，她又亲自把样裙拿到店里，摆放在橱窗的最显眼处。“马莉服装店的短裙太迷人了，穿在身上，尽显青春爽朗的气息。”人们奔走相传同一信息，少女们蜂拥而至寻找“马莉超短裙”；工人们加班加点地生产也满足不了巨大的需求。

马莉的成功在于她在灵光一闪时便构思成的新商品。“行动像食物和水一样，能滋润我，使我成功。”马莉如是说。

确实，好的创意不只是让人心动，更是机会，所以当然要快行动。有了好的创意，一定要马上付诸行动；时过境迁之后，它就可能犹如明日黄花再也没有价值了。创业，既然带着一个“创”字，就意味着要在别人没有走过的地方踩出一条路，在大家都没有瞧到的时候点起一盏灯。要创业就得有闯劲，这需要敢拼敢打，不惧别人的非议，不怕众人的冷眼。敢于拼搏，才能在荆棘丛中走出一条新路，才能在崎岖的小道上走向成功。

现代社会，时不我待。成功者千差万别，却有一定之规。成功的秘诀何在？世界顶级管理者一语破的：一招鲜，吃遍天。成功之路就在脚下。在田径赛场上，冠军可能只比亚军快零点一秒，却夺得所有的光荣；在商场中也是这样，“快鱼吃慢鱼”，领先对手的一个要点是，根据对手的策略，抢先一步下手。

做任何事绝不能一条道走到黑，因循守旧与墨守成规只会导致事业的破败。要想拥有巨大的财富，就必须具有独特的眼光，敏锐的观察力，想前人所不敢想，做他人不愿做的事情。

大连韩伟企业集团创始人韩伟，从一个家庭养鸡场起步，做成了“中国鸡王”。他的成功之处就在于他能以变化的眼光看市场，开始终领先别人一步。1984年，韩伟自筹资金3000元，办起家庭养鸡场。那时改革开放刚刚开始，以商业为目的的家庭养鸡户极少，所以他做得很顺手。后来，家庭养鸡场越办越多，韩伟又先人一步，贷款15万元，办起真正的养鸡场，以规模效益取胜。这一步棋他又走对了，在同行面前取得了很大的竞争优势。

几年后，养鸡场渐渐多起来。韩伟意识到，靠传统方法养鸡是不具备竞争力的，必须加大科技投入，降低养鸡成本。于是，他又扩大投资，建成一座现代化养鸡场。设施全部自动化，整个鸡舍只需一个人操作，这在当时绝对算得上超前。他的养鸡场产量相当高，每只鸡年产蛋达到20公斤，而一般的养鸡场只有12公斤，国际先进水平也只有18公斤。产量大，成本低，他的竞争优势十分明显。

又过了几年，韩伟看到市场过剩经济已现端倪，仅生产普通鸡蛋，前途难测。于是，他高薪聘请中科院营养学专家开发绿色鸡蛋。这正好迎合了人们普遍崇尚生活品质、钟情绿色食品的心理。所以，他的绿色鸡蛋一上市，不仅畅销国内，还远销国外。

至2000年，韩伟个人财产达到5600万美元，被美国《福布斯》杂志评为中国50位富豪之一。

这个世界上为什么这么多人碌碌无为、平庸一生，就是因为他们有一个习惯思维，“我凭什么要这么做”，“别人怎么不做”，“我为什么要做”。正是有了这么多的“思想上的巨人，行动上的矮子”，才有了那么多的自叹自怨的人。他们常常抱怨，自己的潜能没有挖掘出来，自己没有机会施展才华。他们甚至也都知道如何去施展才华和挖掘潜能，只不过不敢去做罢了。思想只是一种潜在的力量，是有待开发的宝藏，而只有敢于去做才是开启力量和财富之门的钥匙。

走别人不愿走的路，做别人不愿做的事，你才能踏上一条成功的捷径。要知道，上帝总是把最美的果实留给那些敢为人先的人。所以，成功者总是那些敢做别人不愿意做的事情的人。

每个人都有自己的路，不要跟从别人的脚步，做与别人一样的事情，走与别人相同的路。要知道，在这个世界上，没有任何成功者的人生是一样的。当你找到属于自己的路，开始做别人不愿意做的事时，你就踏上了成功的捷径。

先推动自己，再去推动世界

不要再只是被动地等待别人告诉你应该做什么，而应该主动去了解自己要做什么，并且规划它们，然后全力以赴地去完成。想想今天世界上最成功的那些人，有几个是唯唯诺诺、等人吩咐的人？

许多人被成功拒之门外，并不是因为成功遥不可及，而是他们不能发现自己，主动放弃，认定自己不会成功。事实上，只要你每天限定自己一定要超越自我一些，成功便自会出现在你眼前。成大事的人就是如此。要获得卓越成就，你就应该主动追求。思想积极了，你才会摒弃懒散的习性。你必须让潜意识充满积极的想法，无论任何状况，你都要超越自我。

卡内基曾经说：“只要你向前走，不必怕什么，你就能发现自己，成功一定是你的！” 一个有积极态度的人，不会只停留在已有的条件或已有的成绩上，他总是不停地开拓、不停地创造。世界是变化的，社会是发展的，因而不能被动地守着原有的东西，而应该主动地适应各种变化，不断地创新，不断地前进。谁有这种主动创新的积极态度，谁就能不断地排除困难，获得成功。

钢铁大王安德鲁·卡内基，19岁的时候在宾夕法尼亚铁路公司做电报员，一次偶然的机会，卡内基处理了一件意外事件，使他得到晋升。

当时的铁路是单线的，管理系统尚处于初期，用电报发指令只是一种应急手段，有很大的风险，只有主管才有权力用电报给列车发指令。斯考特先生经常得在晚上去故障或事故现场，指挥疏通铁路线，因此许多时候他都无法按时来办公室。一天上午，卡内基到办公室后，得知东部发生了一起严重事故，耽误了向西开的客车，向东的客车则依靠信号员一段一段地引领前进，两个方向的货车都停了。到处都找不到斯考特先生，卡内基终于忍不住了，发出了“行车指令”。他知道，一旦指令错误，就意味着解雇和耻辱，也许还有刑事处罚。

卡内基在其自传中写道：“然而我能让一切都运转起来，我知道我行。平时我在记录斯考特先生的命令时，不都干过吗？我知道要做什么，我开始做了。我用他的名义发出指令，将每一班列车都发了出去，特别小心，坐在机器旁关注每一个信号，把列车从一个站调到另一个站。当斯考特先生到达办公室时，一切都已顺利运转了。他已经听说列车延误了，第一句话就是：‘事情怎样了？’”

斯考特先生详细检查了情况后，从那天起他就很少亲自给列车发指令了。不久公司总裁汤姆逊先生来视察，见到卡内基便叫出他的名字，原来总裁已经听说了他那次指挥列车的冒险事迹。

莎士比亚曾说：“聪明人会抓住每一次机会，更聪明的人会不断创造新机会。”这就是说，我们对待机会要采取主动的态度，甚至要用我们的行动增加机会出现的可能性。著名剧作家萧伯纳说过一句非常富有哲理的话：“征服世界的将是这样一些人，开始的时候，他们试图找到梦想中的东西。最终，当他们无法找到的时候，就亲手创造了它。”真正的成功者不但要善于把握机会，更要善于创造机会。

其实，在主动进取的人面前，机会是完全可以“创造”的。新中国石油战线的“铁人”王进喜有一句名言：“有条件要上，没有条件创造条件也要上。”创造条件就是创造机会。如果你想要成就某种事业而又不具备相应的条件，你就没有机会，而当你通过努力使自己具备了这些条件，就为自己创造了机会。努力提高自身的能力和水平，增强自身的优势，就会使自己面临更多的机会，这一点对于一个人和一个企业都是如此。

我国著名导演张艺谋在成为大导演之前可谓历经坎坷曲折，但他以进取的姿态为自己创造了一次次机遇。1978年，北京电影学院在“文革”后首次招生，按他的家庭情况他是难过“政审”关的。但他用自己几年来的摄影作品“开路”，给素昧平生的前文化部部长黄镇写了一封恳切真诚的信，并附上自己的作品。颇通艺术的黄部长有强烈的爱才之心，派秘书去北京电影学院力荐张艺谋，使得他终于被破格录取。尽管在校表现优秀，但命运仍然对他不公，毕业后他被分配到广西电影制片厂这个小厂。但他并没有因处境不佳而自我埋没。外部条件不好，厂小、人少、设备差、技术力量薄弱，都是不利的因素。但这里也有大厂所不具备的条件，那就是科班毕业生少，名导演、名摄影师少，因而论资排辈的现象不像大厂那么突出。张艺谋主动请缨，挑起大梁，以卓越的摄影才能一炮打响，通过电影《一个和八个》荣获“中国电影优秀摄影奖”，这部电影也成为第五代影人崛起的标志。

做个主动的人，要勇于实践，更要做个真正做事的人，不要做个不做事的人。创意本身不能带来成功，只有付诸实施时创意才有价值。用行动来克服恐惧，同时增强你的自信。怕什么就去做什么，你的恐惧自然会消失。自己推动你的精神，不要坐等精神来推动你去做事。主动一点，自然会精神百倍。

时时想到“现在”、“明天”、“将来”之类的字眼与“永远不可能做到”意义相同，要变成“我现在就去做”。立刻开始工作，态度要主动积极，要自告奋勇去改善现状。要主动承担义务，向大家证明你有成功的能力与雄心。

有了目标，没有行动，一切都会与原来的目标背道而驰；有了积极的人生态度，没有立即行动，也极有可能转向成功的反面。所以说，主动是一切成功的创造者。赫胥黎的名言：“人生伟业的建立，不在能知，乃在能行。”“行”乃是扭转人生最有力的武器。

不同的行动会产生不同的结果，从结果中又可引出新的行动，把我们带向特定的方向，最后就决定了我们的人生。这就是何以少数人能从芸芸众生中脱颖而出的原因，他们不但有行动，并且有不同于一般人的主动。

不敢登高，只能徘徊在底层

人生好比一座山峰，需要我们去攀登。在攀登的过程中，有悬崖也有峭壁，这时就需要我们有勇气去克服。勇气是成功的前提，拥有勇气，你就向成功迈近了一大步。其实，所谓的成功者，他们与其他人的唯一区别就在于，别人不愿意去做的事，他们去做了，而且全身心地去做。所以，成大事其实只需要那么一点点勇气。

强者从来不知道什么叫失败。他们让人敬佩的地方不在于永不言败的精神，而是那屡败屡战、越战越勇，最后达到胜利的勇气。一个人即使什么都没有了，但如果还有勇气，那就是人生最大的财富；有了勇气，就拥有了一切，就能够成为出类拔萃、脱颖而出的强者。

如果失去了金钱，失去的也只是一点点；失去了工作，你就失去了许多；但如果你失去了勇气，那你就什么都失去了。有人认为勇气是天生的，事实上，勇气大部分靠的是后天的锻炼和培养。现实中，如果一个人缺少了勇气，哪怕有再多的知识、再强大的体魄，也无济于事。

日本三洋电机的创始人井植岁男，成功地把企业越办越好。有一天，他家的园艺师傅对他说："社长先生，我看您的事业越做越大，而我却像树上的蝉，一生都坐在树干上，太没出息了。您教我一点创业的秘诀吧。"井植点点头说："行！我看你比较适合园艺工作。这样吧。在我工厂旁有2万坪空地，我们合作来种树苗吧！1棵树苗多少钱能买到呢？""40元。"井植又说："好！以一坪种两棵计算，扣除走道，2万坪大约种2万棵，树苗的成本是不到100万元。3年后，1棵可卖多少钱呢？""大约3000元。""100万元的树苗，成本与肥料费由我支付，以后3年，你负责除草和施肥工作。3年后，我们就可以收入每棵3000元，共2万棵，应为6000万元！到时候我们每人一半利润。"听到这里，园艺师傅却拒绝说："哇！我可不敢做那么大的生意！"最后，他还是在井植家中栽种树苗，按月拿取工资，白白失去了致富良机。

很多时候并不是你的能力不行，也不是你没有机会成就大事业，而是你的信心不足，勇气不够，骨子里存在着一种天然的惰性，一遇上困难就妥协了、退缩了、放弃了。成功者则不然，他们敢于与命运抗争，劲头十足，不断前进，直到取得自己满意的结果。

谁也不想使自己的一生碌碌无为，人人都梦想一生成功、富贵，可是只有少数人能与成功、财富结缘。我们常抱怨自己没有遇到好机会、生不逢时，然而机会一旦降临，你是否有足够的勇气和胆识去把握？当年的中国首富陈天桥无视破产和合作商撤资的危机，坚定自己的信念，勇敢果断地进军网络领域，刮起了一股网络旋风，创造了令人惊叹的财富奇迹。

“勇敢”是一个想获得成功的人必不可少的品质。蒙哥马利在他的回忆录中这样说，“要取得成就有很多必要条件，其中有两条非常重要，那就是苦干和正直。现在得再加上一条：勇气。”很多时候，成功的门都是虚掩着的，勇敢地去叩开成功之门，并大胆地走进去，才能探寻出个究竟来。或许，那时展现在眼前的真的就是一片崭新的天地。

一天，某公司总经理向全体员工宣布：“谁也不要走进8楼那个没挂门牌的房间。”但是，他没有解释为什么。此后真的没有人违反他的这条“禁令”。

三个月后，公司又招聘了一批新员工。在全体员工大会上，总经理再次将上述“禁令”予以重申。一个新来的年轻人偏偏来了犟脾气，非要把事情弄个水落石出不可。于是，他决定违背公司禁令，走进那个房间探个究竟。这天，他爬上8楼，轻轻地叩了叩那扇门，没有反应。年轻人不甘心，进而轻轻一推，虚掩着的门开了。房间里没有任何摆设，只有一张桌子，桌子上放着一个纸牌，上面写着几个醒目的大字——“请把此牌交给总经理”。当年轻人自信地把纸牌交到总经理手中时，仿佛期待已久的总经理一脸笑意地宣布了一项让年轻人感到震惊的任令：“从现在起，你被任命为销售部经理助理。”

在后来的日子里，这个年轻人果然不负众望，不断开拓进取，把销售部的工作搞得红红火火，并很快被提升为销售部经理。事后，总经理向众人做了如下解释：“这位年轻人不为条条框框所束缚，敢于对上司的话问个‘为什么’，并勇于冒着风险走进某些‘禁区’，这正是一个富有开拓精神的成功者应具备的良好素质。”

一个人的成功并不在于取得多大成就，而在于是否具有屡败屡战、敢于坚持的勇气。成功者不比普通者更有运气，只是比普通者更能延续最后5分钟的勇气。意大利著名记者法拉齐说：“人只要有勇气，就没有办不成功的事。”她就是凭着一股勇气，采访了诸多国家的首脑，为人们做出了榜样。

英国19世纪女作家乔治·艾略特曾说：“犹豫代表了胆怯，意味着害怕失败，而丧失勇气去尝试的同时亦失去了唯一一点你可能成功的理由。”如果到了生命的最后时刻才理解不能犹豫，已经晚矣。人的一生是短暂的，在这一短暂的生命中，带着勇气去敲响成功的大门，你就有成功的希望。要做个成功者，对你来说重要的就是学会在面对困难时如何坚持前进。为了尽可能地赢得机会，你必须在遇到紧急情况和出现问题时勇敢面对，坚持下来。只要你积极为克服困难而努力，就会有机会找出新出路之所在，要相信，勇敢出才干。

那些成功的人，即使失败了100次，也会第101次发起冲击，只要有一口气，他们就会努力去拉住成功的手，除非上天剥夺了他们的生命。奋斗者，破产只是一时；而不去奋斗，则必将一生贫穷。只要你没有失去勇气，敢于拼搏，就一定会取得成功。

敢于竞争，让自己快速提高能力

竞争是不可避免的，人与人之间的竞争不见得全是坏事。古人有“并逐曰竞，对辩曰争”的说法，意思是说：你追我赶，互相辩论，就叫做竞争。人若不参与竞争，就不够紧张，不会活跃，内心深处的热情就调动不起来，自己的潜能也发挥不出来。可见，我国古人对于竞争及其作用，已经有了相当的理解。

实际上，在我们的生活、工作以及从事的各项活动中，都存在着各种形式的竞争。谁的工作业绩最突出？谁的演说口才最好？谁的动手能力最强？甚至谁经常受到单位领导的表扬等，都可能形成无形的竞争。因此，我们在生活和工作中应当自觉培养自己的竞争意识和竞争精神。但是在我们的意识里，总是以为竞争就是带着残酷和血腥的，所以，很长时间内只提倡团结合作，而不提倡竞争。其实，列宁就是竞赛和竞争的倡导者，他认为竞赛和竞争可以“在相当广阔的范围内培植进取心、毅力和大胆首创精神”。

一个人在平等的竞争中，能够充分发挥自己的聪明才智，能够极大地发扬自己的创新精神和奋斗精神。因此，竞争可以成为催人上进、促人前进的有效动力。在心理学中，竞争被视为能激发一个人自我提高的一种动机和形式。

在非洲的大草原上，生活着一群羚羊和一群狮子。每天清晨，羚羊枕着露水从睡梦中睁开双眼时，它想到的第一件事就是，今天我必须比跑得最快的那只狮子还要快，否则我就会变成狮子口中的美餐。而狮子醒来后也同时在想，我今天要想不饿肚子，就必须比跑得最慢的羚羊更快。于是，在这片广袤无垠的大草原上，几乎是同时，羚羊和狮子一跃而起，迎着朝阳跑去。

动物界如此，我们人类又何尝不是这样呢？在机遇和挑战面前人人平等，如果自己不主动去竞争去抗争，迟早也会和跑得慢的羚羊一样，被别人排挤，甚至被别人“吃掉”。竞争有如抢滩登陆，这个时候你没有退路，要有置之死地而后生的气概。后退，是江洋大海，生还的希望是没有的；前进，道路崎岖，甚至没有道路。崎岖的道路，你得踏平它；没有道路，就开辟一条。这样等待你的就是成功的喜悦和收获的满足。

现实是残酷的，在人生的竞赛场上，冠军只有一个。成功者的背后，总有一些人被击垮、倒下。要想不倒下，你就得抓住、抢占每一个机遇，击垮所谓的对手。机遇之花在竞争之中盛开。当你获得一次竞争，你就获得了一次可贵的机遇。失败了，你可以积累经验，从头再来；成功了，你的信心会更加强盛，你会感受成功到来的喜悦。这样的事情为什么要拒绝呢？

一种动物如果没有对手，就会变得死气沉沉。同样，一个人如果没有对手，那么他就会甘于平庸，养成惰性，最终导致碌碌无为。一个群体如果没有对手，就会因为相互的依赖而丧失活力、丧失生机。一个行业如果没有了对手，就会丧失进取的意志，就会因为安于现状而逐步走向衰亡。有了对手，才会有危机感，才会有竞争力。有了对手，你便不得不奋发图强，不得不革故鼎新，不得不锐意进取，否则，就只有等着被吞并、被替代、被淘汰。

按照达尔文生物进化论的观点，在自然界中，到处都存在着一种竞争的法则，在这种竞争法则的作用下，这个世界才显得生机勃勃。如果一个物种失去了竞争，这一物种就会失去活力、死气沉沉而陷入灭种的边缘。

在动物界，狼是一种非常聪明的动物，如果让单个狗与单个的狼搏斗，败北的肯定是狗。虽然狗与狼是近亲，它们的体型也难分伯仲，但为什么败北的总是狗呢？有人曾就这个问题仔细地对狗与狼进行研究。结果发现，经人类长期豢养的狗，因为不需面临生存的危机，其脑容量大大小于狼；而生长在野外的狼，为了生存，它们的大脑被很好地开发，不但非常有创造性，而且有着异乎寻常的生存智慧。

竞争意识比较强的人，勇于投入竞争，积极从事各项具有竞争性质的活动，竞争对于这种人的激励作用往往比较大，它可以进一步促使一个人确立目标和志向，增强自身的活力和动力，缩小自己能力与目标之间的差距。相反，一个竞争意识比较弱的人，或者一个害怕竞争的人，往往会把竞争中一时的胜负看得过重，不容易理解“胜败乃兵家常事”的道理，更缺乏把失败看作成功的先导的胸怀，一旦遇到挫折，就想从该项活动中退出。

许多人都把对手视为心腹大患，是异己，是眼中钉、肉中刺，恨不得马上除之而后快。其实只要反过来仔细一想，便会发现拥有一个强劲的对手，反而是一种福分、一种造化。因为一个强劲的对手，会让你时刻有种危机四伏的感觉，它会激发起你更加旺盛的精神和斗志。

事物的法则，永远是用进废退，这是颠扑不破的真理。一个人，要想在异常激烈的社会竞争中不被淘汰，还是有一点生存危机的好。在生活和工作当中出现竞争对手并不是一件坏事，相反，倒是一件好事，因为它能使你充满活力而富有朝气。

但是，有了竞争对手后，我们还应当树立正确的竞争观念，把对手当作生活的一面镜子，从尊重和欣赏的角度出发，学习对方的长处。在竞争中，不断完善自我，弥补自己的不足，促进自己的发展，这样才能挖掘自己的潜力，踏上成功的道路。

胜在险中求，求在险中胜

为什么成功只属于少数人？因为他们具备常人不具备的胆量，正所谓“富贵险中求”，与风险不沾边的人，多数是与成功无缘的人。

世界上大多数人都不敢冒险，因为这些人的胆子比较小，他们熙来攘往地拥挤在平平安安的大路上，四平八稳地走着，虽然平坦安宁，距离人生成功的风景线却迂回遥远，永远也领略不到奇异的风情和壮美的景致。他们只能平庸、清淡地过完一辈子，一直到人生的尽头也没有享受过真正成功的快乐和幸福的滋味。

作为青年人，一方面要通过学习和实践不断增长智慧，另一方面还要永远保持冒险精神。自卑自忧、谨小慎微并不是成功者的品质；裹足不前、举棋不定，只能在当今瞬息万变的社会中被淘汰出局。

卡赫利法是巴林著名商业家卡西比的后裔，当他继承其家族企业衣钵时，曾辉煌一时的家族企业已出现了市场萎缩、资金紧张等情况，一时间千疮百孔。卡赫利法被逼无奈，只好背水一战了。

卡赫利法天生具有一种“不安分”的商人性格，他明白，继续走家族企业的经营老路，一定行不通，只有适度冒险，才能将败局挽回。

于是，他开始到处寻觅商机。有一次，他看到报纸上有一则沙特阿拉伯驻军需要外地食品的消息，便意识到这是一个千载难逢的良机，必须紧紧抓住。但是，他的家族企业从来没做过进出口食品的生意，这项生意需要大量资金投入，有一定的风险。不过，卡赫利法想：不敢冒风险，就闯不出一条新路来。于是，他以家族企业的固定资产做抵押，向银行借贷了一笔资金，在沙特阿拉伯西部的吉达港将食品进口公司的牌子挂起，大批量购买埃及的食品，然后转手卖给沙特阿拉伯军方。这块神圣的处女地，终于被卡赫利法抢先一步占领。他的生意逐渐做大，财富也在不断积累。从此，卡赫利法有了本钱，他将生意做大的信心就更坚定了，于是他又在想如何开拓一块新领域。

有一年，阿拉伯半岛十分炎热，令人难以忍受。卡赫利法又动了一番脑筋：假如开设一家冷冻食品店，一定会有利可图。但是，这种生意从来没人做过，会不会有风险呢？他没有想太多，又投入了一些资金，冒着失败的风险，在石油公司的旁边开设了一家冷冻食品店，出售袋装食品和冷饮。不料，这些商品很受顾客欢迎，商品经常供不应求。一些大商人也纷纷来进货，冷冻食品店从此发展了起来。此时，卡赫利法已经成为富甲一方的富翁了。

倘若这样经营下去，凭借卡赫利法的智谋，别人很难取胜。钱，他还是能够赚的。然而，卡赫利法不愿意与后来者在同一条起跑线上竞争，他想刻苦创新，寻找新的起点。经过分析了解，他又盯住尚未兴起的渔业。他将冷冻食品店卖掉，开设了一家渔业公司，从事渔业贸易。经过几年的努力，到1986年，卡赫利法已经成为海湾地区渔业的龙头，他拥有10多条渔船，年渔业产值500万美元，鱼产品销售量很高。

市场存在一定的规律，当某一行业财源滚滚，其他行业便会随之而来，出现有利于大家竞争的局面。其他一些商人看到卡赫利法在发渔业财，十分羡慕，便接连不断地挤了进来，都想抢先。一时间，波斯湾千船齐发，万网并张，展开了一场激烈的市场争夺战。

卡赫利法明白，捕鱼船能够不断扩展，鱼的数量却不增加。于是，他又将船队果断卖掉，从渔业退出，寻觅另一条道路。没过多久，卡赫利法发现中东饮用水匮乏，遂开办了一家生产、经营矿泉水的公司，他又一次大获全胜。

卡赫利法从起初的默默无闻，发展成为赫赫有名、富甲一方的大富翁，这一次次的机遇、一次次的成功，使得卡赫利法在阿拉伯商界中成为一位传奇人物。为什么卡赫利法总是和财富有缘、永不言败呢？其中有一个非常重要的诀窍，那就是敢于冒险。

每当人们遇到严峻形势时，习惯的做法是小心翼翼，保全自己，不是考虑怎样发挥自己的实力，而是把注意力集中在怎样才能缩小自己的损失上，而结果呢？这种人的结局大都会以不应该的失败而告终。

不敢冒险，追求平淡，这种人生是什么样的人生呢？而且，这也具有一种难以逃避的风险，是一种越来越无力改善现状的风险。

大家都知道通往成功的路上需要冒风险，但我们中的许多人惧怕冒险，为什么呢？主要是因为冒险会使我们离开原有的安逸圈子，就好比准备跳下一座悬崖，而下面没有一点安全防护措施。如果我们总是选择安稳而放弃尝试一些新鲜的东西，我们的生活无疑会失去一些令人激动的内容。人生需要冒险，强者都有冒险的习惯。太平静的单调生活会让强者失去斗志，失去活力。经常冒险可以保持你对生活的持续热情和永不衰减的情趣感，在这种冒险的习惯中，你将拥有永葆活力的生活。

成都人王克信奉“胆大走四方，危险出商机”的理念，他勇敢地冲出国门，把生意做到了动荡不安的柬埔寨，做到了战火纷飞的伊拉克。因为“胆大妄为”，他在短短的几年时间内积累了数千万资产。

当兵退伍后的王克被安排到政府机关工作，可是王克并不满足，渴望冒险的他觉得每天待在按部就班的机关单位里太没劲了，终于在1994年，王克决定辞职自谋生路。

初到柬埔寨，王克把目光锁定在生活用品贸易上。为了减少开支，他每天骑着自行车四处推销。在推销过程中，王克还冒风险赊货给客商，销售额由此翻了好几番。从那以后，王克给一些大酒店、大超市送货都是自己亲自开车去。有一次，在送货的过程中，王克遇到了警察与偷车贼的枪战，一颗呼啸而过的子弹距他的脑袋只有10厘米。虽然这次冒险让王克自己都后怕了好几天，但他做生意极高的信誉度却由此出了名。

几年下来，王克的总资产达到了500多万美元。但王克并没有满足，而是将眼光放到了战火纷飞的伊拉克。从战争开始的第一天开始，王克就开始往返于成都和伊拉克的周边国家，源源不断地向伊拉克输送生活物资。那时候，经常有不知从哪里飞来的流弹从他身边擦过，而火光和爆炸声更是近在咫尺。许多当地的生意人都经受不了这种时时威胁的死亡恐惧而蜷缩起来，但王克一直坚守在这片硝烟弥漫的土地上。王克认为，如果一个商人怕冒风险，那还叫什么商人?

尽管冒险被西方心理学家称为一种性格特征，但我们也看到了另一个事实：敢冒险的人总是在冒险，不爱冒险的人总是求稳戒变。在勇于创新的人那里，冒险往往会成为一种具有鲜明特色的个人习惯。我们发现，那些具有冒险精神的人总是在不断尝试各种冒险的事情。

其实成功者大多并不比普通人聪明，学识也不一定比一般人多，智商也不一定有多高。这些人之所以能够成功，是因为他们具有的冒险精神或者敢想敢做的精神确实比别人多。世界的改变、生意的成功常常属于那些敢于抓住时机、适度冒险的人。有些人很聪明，对不测因素和风险看得太清楚了，不敢冒一点险，结果聪明反被聪明误，永远只能平庸而已。实际上，如果能从风险的转化和准备上进行谋划，那么风险并不可怕。

对于那些害怕危险的人，危险无处不在。胆商高的人能够把握机会，该出手时就出手。没有勇于承担风险的胆略，任何时候都成不了气候。而大凡成就大事业的人，都是具有胆略和魄力的。

别淹没在潮流中，让自己与众不同

一个人，只因为唯恐与别人不一样，便会茫然地和别人挤在一起卷来卷去，结果把别人的方向当成了自己的方向。人们也怕离开了跑道去另辟蹊径会被认为是遭受淘汰出局，而只得盲目地继续跟着别人奔跑，以在跑道上的胜利为胜利，以能参加众人的拥挤为安全或成就，却不知这是一种自我迷失，是一种对个人能力的约束与障碍。

把眼光盯住别人不放，以别人的方向为方向，总难超越别人。要想有所成就，你得自己开路，而你所开的路是你自己的理想、见解与方式，所以是你所独有的。生活毕竟是活生生、真切切的，回到现实中才发现，抱怨失落并没有解决任何问题，希望、奢望也只能如肥皂泡般不堪一击。所以，不要寄希望于高人能一语道破天机，传你点金之术，真正的高人就是你自己，适合自己的道路需要自己去探索。天下根本就没有一蹴而就的成功，也没有包治百病的灵丹妙药。

有这样一副对联："人贬人褒凭人论，自知自胜谋自强。"别人对你的褒贬其实并不重要，你的才能并不会因此而增加或减少一分，你仍然是原来的你。所以，应牢记这句名言：走自己的路，让别人说去吧！

1888年，法国巴黎科学院发起关于"刚体绕固定点旋转"问题的有奖征文，征文条件规定：应征论文的作者除提供论文外，还必须附一条格言。一篇附有"说自己知道的话，干自己应干的事，做自己想做的人"格言的论文，被一致认为科学价值最高。原来该论文出自38岁的俄国女数学家苏菲·柯瓦列夫斯卡娅之手。

柯瓦列夫斯卡娅实现了自己的格言——"做自己想做的人"。在妇女处于被压迫、被奴役的悲惨地位的十九世纪，她成了走进法国巴黎科学院大门的第一位女性，成了数学史上的第一位女教授。

人生只属于自己，一味遵循他人的思想、不敢面对真理是懦弱的表现，这样的人生是一种悲哀，我们应该成为主宰自己生命的人。亨利曾经说过："我是命运的主人，我主宰我的心灵。"人应该做自己的主人，应该主宰自己的命运，不能把自己交付给别人。生活中有的人不能主宰自己，比如，有的人把自己交付给了金钱，成了金钱的奴隶，有的人把自己交付给了权力，成了权力的俘虏，有的人经不住生活中各种挫折与困难的考验，把自己交给了上帝。

做自己的主人，就不能成为金钱的奴隶，不能成为权力的俘虏，而要不迷失自我，在各种诱惑面前保持自己的本色。过于热衷于追求外物者，最终可能如愿以偿，但会像奴隶一样把最重要的东西给丢了，那就是自己。

我们有权利决定生活中该做什么，不能由别人来代做决定，更不能让别人来左右我们的意志，而自己成了傀儡。其实，只有自己最了解自己，只有自己的决定才是最好的。我们应该做命运的主人，不要屈服于命运，而要向命运发起挑战，最终战胜它，成为自己的主人，成为命运的主宰。

小泽征尔是世界三大交响乐指挥家之一。他年轻的时候，在参加一次欧洲的交响乐指挥大赛的决赛时，按照评委给他的乐谱指挥乐队演奏。指挥中，他发现有不和谐的地方，最初他还以为是乐队演奏错了，就停下来重新指挥演奏，但还是不行。"是不是乐谱错了？"小泽征尔问评委们，但是，在场的评委们都口气坚定地说乐谱没有问题，"不和谐"是他的错觉。

小泽征尔稍稍思考了一会儿，突然大吼一声："不，一定是乐谱错了！"话音刚落，评委们立刻报以热烈的掌声。

原来，这是评委们为参赛者专门设计的一个"圈套"。虽然前几位参赛者也发现有些不对，但遭到权威们的否定后便以为这仅是自己的一个错觉。小泽征尔却坚持自己的判断，不盲从权威，最终夺取了这次大赛的冠军。

在社会生活中，不管干什么，都要坚持自己的判断、自己的原则。这里的坚持既包括做事的方法，也包括为人处世的立场、主见。如果一味地迁就、顺从别人，实际上是软弱的表现。过于软弱，就会逐渐失去自信，而没有自信的人是很难成就什么大事业的。

走自己的路，必须学会面对一切袭向自己的冷嘲热讽，摆脱无谓的愤懑或消沉心理带来的无端困扰，然后披荆斩棘、逢山开路、遇水搭桥，并且趁自己在途中小憩的时候，回顾自己所走过的路，总结一下自己得到了些什么，又失去了些什么，走到了何处，又看见了些什么。

记得某位作家曾经说过：“将生命停止在风景美妙的地方，当然有意思。但即便是停止在幽暗之处，停止在人迹罕至的场所，停止在荒凉的原野，也不必遗憾，只要生命能成为一个坐标，能为世人提供一点故事，指点一下迷津，你就不会愧对曾关注过你的那些目光。”

是的，走自己的路在很多时候、很多情况下意味着是在进行最富有意义的生命之旅。在这个旅程中，也许你会陷入“山重水复疑无路”的孤绝境地，但如果你给予自己强大的勇气和精神支柱，坚定自己的目标并勇敢地走下去，或许就会迎来“柳暗花明又一村”的绝佳境地。

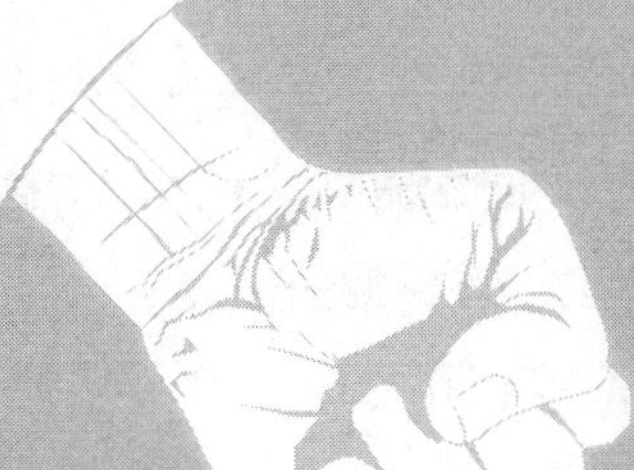

第 5 章

有争做第一的实力，有敢做唯一的勇气

气魄大才可做大，起点高才能至高

不少人认为天才或成功是先天注定的。但是，世上被称为天才的人，肯定比实际上成就天才事业的人要多得多。许多人一事无成，是因为他们缺少雄心勃勃、排除万难、迈向成功的动力，不敢为自己制定一个高远的奋斗目标。不管一个人有多么超群的能力，如果缺少一个认定的高远目标，他将一事无成。设定一个高目标，就等于达到了目标的一部分。

很多时候，我们有一番雄心壮志时，就习惯地告诉自己："算了吧，我想的未免也太过了，我只有一个小锅，可煮不了大鱼。"我们甚至会进一步找到借口来劝退自己："我的胃口没有那么大，还是挑容易一点的事情做就好。别把自己累坏了。"其实，你应该放开思维，站在一个更高的起点，给自己设定一个更具挑战性的标准，才会有准确的努力方向和广阔的前景。切不可做"井底之蛙"。在制定目标方面，千万不要有"宁为鸡首，不为牛后"的思想。

"眼睛所看着的地方就是你会到达的地方。"戴高乐说，"唯有伟大的人才能成就伟大的事，他们之所以伟大，是因为他们决心要做出伟大的事。"田径教练会告诉你："跳远的时候，眼睛要看远处，你才会跳得更远。"

在一个炎热的日子，一群人正在铁路的路基上工作，这时，一列缓缓开来的火车打断了他们的工作。火车停了下来，最后一节车厢的窗户打开了，一个低沉的、友好的声音叫道："大卫，是你吗？"大卫·安德森——这群人的负责人回答说："是我，吉姆，见到你真高兴。"于是，大卫·安德森和吉姆·墨菲——这条铁路的总裁，进行了愉快的交谈。在长达一个多小时的愉快交谈之后，两人热情地握手道别。

大卫·安德森的下属立刻包围了他，他们对于他是铁路总裁的朋友这一点感到非常震惊。大卫解释说，二十多年以前他和吉姆·墨菲是在同一天开始为这条铁路工作的。其中一个人半认真半开玩笑地问大卫，为什么他现在仍在骄阳下工作，吉姆·墨菲却成了总裁。大卫非常惆怅地说："23年前我为一小时两美元的薪水而工作，而吉姆·墨菲是为这条铁路而工作。"

梦想越大，成就越高，人生真的是梦想出来的。越是卓越的人生，越是梦想的产物。可以说，梦想越高，人生就越丰富，达到的成就也越卓越。梦想越低，人生的可塑性越差。这也就是人们常说的："期望值越高，达成期望的可能性越大。"把你的梦想提升起来，它不应该退缩在一个不恰当的位置，要学会接受梦想的牵引。

美国潜能成功学大师安东尼·罗宾说："如果你是个业务员，赚1万美元容易，还是10万美元容易？告诉你，是10万美元！为什么呢？如果你的目标是赚1万美元，那么你的打算不过是能糊口便成了。如果这就是你的目标与你工作的原因，请问你工作时会兴奋有劲吗？你会热情洋溢吗？"

一个梦想大的人，即使实际做起来没有达到最终目标，可他实际达到的目标都可能比梦想小的人的最终目标还大。所以，梦想不妨大一点，梦想可以燃起一个人的所有激情和全部潜能，载他抵达辉煌的彼岸。有了梦想，不要把"梦"停留在"想"，一定要付诸行动，制定目标，这样才可以带给我们真正需要的方向感。独具慧眼的人，决不会把视野局限在眼前的小利上，而是用极有远见的目光关注未来。

蒙提·罗伯茨在圣司多罗有个牧马场，他在一次活动的致辞里提到这个故事：初中时，有一次老师叫全班同学以长大后的志愿为题写作文。那一晚，一个小男孩费了很大的心血把作文写成了，他描述他的宏伟志向是拥有一个属于自己的牧场。他仔细地画了一张200亩牧场的设计图，上面标有马厩和跑道的位置，在这一大片农场中央还要建一栋占地400平方米的豪宅。

两天后，他拿回了作文，看到第一页上打了个又红又大的"F"，小男孩下课后带着作文去找老师："为什么给我不及格？"老师回答说："你小小年纪，不要老做白日梦。你没有钱，没有家庭背景，什么都没有，你别太好高骛远了。”老师接着说：“如果你肯重写一个不怎么离谱的志愿，我会重新给你打分。”小男孩回家反复思考了很久，然后征询父亲的意见。父亲对他说：“儿子，这是非常重要的决定，你必须自己拿主意。”经过再三考虑，这个男孩决定原样交回。他告诉老师：“即使不及格，我也不愿意放弃梦想。”

“我讲这个故事，是因为各位现在就身处于那200亩农场及占地400平方米的豪宅，那份初中时写的作文我至今还保留着。”罗伯茨对大家说：“两年前的夏天，那位老师带了30个学生来到我的农场露营一个星期，离开之前，他对我说：‘蒙提，说来有些惭愧，你读初中时我曾泼你冷水，幸亏你有这样的毅力坚持自己的梦想。’”

开始时心中就怀有一个高的目标，会让你逐渐形成一种良好的工作方法，养成一种理性的判断法则和工作习惯。如果一开始心中就怀有最终目标，就会呈现出与众不同的眼界。有了一个高的奋斗目标，你的人生就成功了一半。如果思想苍白、格调低下，生活质量也就趋于低劣；反之，生活则多姿多彩，尽享成功的乐趣。

很重要的一点是，你的目标越大，你的成就就越大。洛克菲勒说：“你要永远记得，构建伟大的梦想不一定比构建渺小的梦想花费你更多的时间和精力，而它会带给你更多的回报。”当你的工作只是为了自己短期的利益时，你的动力不是最强的，一旦遇到挫折就会放弃。当你的工作是为了长期的利益而着想时，你的动力是很强的，一旦遇到挫折，你会为了这种使命感而坚持到底并全力以赴。成功者之所以有强大的动力和能够不断地努力，是因为他们内心深处都有一种使命感。

在决定一个人成功的因素中，体力、智力、接受教育的程度都在其次，最重要的是一个人梦想能力的大小！有史以来所有成功的案例都反复证明了一个道理，高瞻远瞩的梦想是神奇无比、无坚不摧的。你只需调动你所有的潜能并加以运用，便能带你脱离平庸的人群，步入精英的行列之中。

人可以低一时，但不能低一世

在我们还没有成功以前，常常会遭遇歧视、侮辱和不公对待，使我们既伤心又愤怒。但是，伤心也好，愤怒也好，都不能解决任何问题，唯一正确的做法是自强自立。俗话说“生气不如争气”，这是一个简单朴素的道理。其实，无论遇到什么问题和困难，伤心、愤怒、焦躁、恐惧等都有害无益，唯一正确和有效的做法是冷静理性地思考如何解决问题。

抱怨的结果只能是使人精神更颓废，如果一个人把眼光拘泥于挫折的痛感之上，他就只能使自己更加痛苦，因此，在遭遇到困难的时候，不可专注于困难的深重，而应当努力去寻找希望，努力去寻求可改变现状的积极之路。大哲学家尼采说过：“受苦的人，没有悲观的权力。”因为受苦的人，必须要突破困境，才能不再受苦，而悲伤和哭泣只能加重伤痛，所以受苦的人不但不能悲观，反而要比别人更积极。

不管你出身贵贱，学问高低，相貌美丑，只要你心中藏着一股气，一股不会泄的志气，你就能“飞上天”，成为一颗耀眼的“明星”。

美国汽车大王亨利·福特年轻时，曾在一家修车厂做修车工人，有一次刚领了薪水，他就兴致勃勃地到一家他一直十分向往的高级餐厅吃饭。可亨利·福特在餐厅里待坐了差不多15分钟，居然没有一个服务生过来招呼他。最后，餐厅中的一个服务生勉强走到桌边，问他是不是要点菜。

亨利·福特连忙点头说是，只见服务生不耐烦地将菜单丢到他的桌上。亨利·福特刚打开菜单，看了几行，耳边就传来服务生用轻蔑的语气说道：“菜单不用看得太详细，你只适合看右边的部分（意指价格），左边的部分（意指菜色）你就不必费神去看了！”

亨利·福特非常生气，恼怒之余，不由自主地便想点最贵的大餐。但一转念之间，又想起口袋中那一点点微薄的薪水，不得已，咬了咬牙，只点了一份汉堡。

服务生离去之后，亨利·福特并没有因为花钱受气而继续恼恨不休。他反倒冷静下来，仔细思考，为什么自己总是只能点自己吃得起的食物，而不能点自己真正想吃的大餐。从那之后，亨利·福特给自己立下志向，不管怎样，以后一定要成为社会中顶尖的人物。后来，亨利·福特一直朝着自己的梦想前进，最终由一个平凡的修车工人，逐步成为美国叱咤风云的汽车大王。

贫穷不是错误，我们所有的人原本都可能是贫穷的，差距是在后来的岁月里逐渐形成的。别抱怨自己卑微的起点，那不是你一生平庸的理由，也不是你没有出类拔萃的借口；卑微的理由可以有千万条，而杰出的原因只需要那么一丁点儿。生命开始的地方可以千姿百态，而成功和财富开始的地方需要的只是用心耕耘。

成功或失败都不是一夜之间造成的，平凡的积累就是不平凡，一切伟大的行动和思想都有一个微不足道的开始。科学家罗素曾说过这样一句话：从科学意义上来说，人类社会没有天才，成功者也非天才，成功者之所以成功，主要是自信、主动决定了他走向成功。

只要肯用心，任何卑微的人都能从最平凡的工作中做出最不平凡的成绩，都可以成长为富有的人、成功的人、你羡慕和希望成为的人！面对屈辱，我们要努力把它变成好事。屈辱是一种精神上的压迫，它像一根鞭子，鞭策你鼓足勇气、奋然前行。我们要懂得痛定思痛，苦中吃苦。有一位智者说：“无论怎样学习，都不如他在受到屈辱时学得迅速、深刻、持久。”的确，屈辱能使人学会冷静，学会思考。

在世界巨富洛克菲勒上中学时的一天下午，有一位摄影师来拍一些学生上课时的情景照。洛克菲勒那双兴奋的眼睛注视着那位弯腰取景的摄影师，希望他早点把自己拉进相机的镜头里。但令洛克菲勒失望的是，那个摄影师却用手指着洛克菲勒对老师说：“你能让那位学生离开他的座位吗？他的穿戴实在是太寒酸了。”当时只是个弱小学生的洛克菲勒无力与老师抗争，只得默默地站起身来。在那一瞬间，洛克菲勒感到自己的脸在发热，但他并没有动怒，也没有自哀自怜，更没有暗怨自己的父母没有让自己穿得体面些，因为他知道，父母为他能受到良好的教育已经竭尽全力。看着在那位摄影师调动下的拍摄场面，洛克菲勒攥紧了拳头，向自己郑重发誓：总有一天，我会成为世界上最富有的人！让摄影师给你照相算得了什么，让世界上最著名的画家给你画像才是你的骄傲！

后来，洛克菲勒在给儿子约翰的信中回忆了这个刻骨铭心的经历："约翰，我的儿子，我那时的誓言已经变成了现实。在我眼里，侮辱一词的意义已经转换，它不再是剥掉我尊严的利刃，而是一股强大的动力，排山倒海一般，催我奋进，催我去追求一切美好的东西。如果说是那个摄影师把一个穷孩子激励成了世界上最富有的人，似乎并不过分。"

伟大人物无一不是经由苦难而造就的，一个人如果好逸恶劳，就无法战胜困难，也绝不会有什么前途。没有经历过困难的人，他的生命是不完整的。贫穷好像运动器械，可以锻炼人，使人体格强健，所以，贫穷是我们成就事业最有利的基础。安德鲁·卡耐基说："一个年轻人最大的财富莫过于出生于贫穷之家。"贫穷本是困厄人生的东西，但经过奋斗而脱离贫穷，便是无上的快乐。

无论你的自身条件多么不好，你的身世多么不幸，只要你有积极的心态，你就能成为一个有价值的人，你就能交上好运获得成功！成功来源于强烈的企盼，孕育于痛苦挣扎，是追寻自我、敢于冒险、最终超越自我的一种必然。只要努力奋斗，成功就会向你招手。

起点低，没关系，但起点低绝对不能没志气。不论何时，我们都要高悬理想的明灯，树立起坚强的精神支柱。当你受到屈辱时，把它吃到嘴里，狠狠地嚼碎，然后吞到肚子里消化掉，让它化成一股能量，你激励向前奔跑！

意识到自己的无知，是有知的开始

人们对于新事物总是有一个从无知到有知、由浅入深逐步认识的过程。人们对世界的认识和所掌握的知识、技能是不断发展的无限的，而一个人无论多么聪明，多么有才华，他的知识和本领也是非常有限的。所以，人应该谦虚一些，多向别人学习。

真正谦虚谨慎的人，必定会做到虚怀若谷。俗话说：一瓶子不满，半瓶子晃荡。这句话形象地说明了骄傲自满的人，往往是那些肚子里没有多少"货"的人。更可悲的是，这些人往往没有自知之明，总以为别人不如自己，常以

“老子天下第一”自居。其实，恰恰是因为这些人的无知，才使他们变得狂妄而可笑。这样的人是不能取得成功的。

闻一多说：“我们不怕承认自身的‘弱’，越知道自身弱在哪里，越好在各人自己的岗位上来尽力加强它。”虚怀若谷的人，不会被头上各色各样的光环所蒙蔽。他清楚自己的长处与弱点、失败与成就。他能虚心接受不同的意见，更能以宽广的胸怀接受他人的批评，甚至为批评自己的人鼓掌。

著名科学家玻尔就是这样一位极其尊重他人但又非常坚持真理的人。当他想提出不同意见时，他常常预先声明：“这不是为了批评，而是为了学习。”这句话后来成为一句名言被人印在一期物理期刊的封面上，作为献给玻尔的生日礼物。一次，有人发表学术演讲，效果非常糟糕，但玻尔仍然热情地对演讲者说：“我们同意你的观点的程度，也许比你所想象的还要大！”玻尔同爱因斯坦展开过一场为期近三十年的学术大争论，两人的观点完全相对立。但爱因斯坦认为，在反对他的观点的阵营中，玻尔是最接近于公正地处理他所代表的学术观点的人。玻尔的这种态度及他在为人方面的杰出表现，不但有助于他取得巨大的学术与教育成就，而且使他深受人们爱戴，他的为人往往比他的科学教育成就更为人们所仰慕和歌颂。

谦逊这种品质对我们来说，意味着我们要养成善于正确看待自己优缺点的习惯。中国有句古话：“学海无涯苦作舟”，告诉了我们面对知识的海洋，个人的见识是多么的渺小。无论人家怎样夸奖你，你都要明白，你还远不是个尽善尽美的人。骄傲是人类的夙敌，如果不战胜它，就会毁了我们自己。

在上海举办的APEC会议上，比尔·盖茨说：“在知识经济时代，知识是你成功发展的基本条件，无知就等于无能！”同样，在古希腊的德尔斐神庙里，刻着一句传诵千古的话：认识你自己！大哲学家苏格拉底对它给出了一个最好的诠释：“我唯一知道的一件事情，就是我自己什么也不知道！”正是这种谦虚心态，才成就了苏格拉底，让他的深厚哲学思想泽被至今！

追求进步可以为成功提供持久的动力，创造性的思考和批判性的思考结合起来，就能创造色彩斑斓和充满活力的生活。阿里巴巴的创始人马云曾说自己是一个“三天没有新的想法就难受”的人，他虽然不懂互联网技术，却成了电子商务的领军人物。相反的是，自满的人不会拥有继续前进的动力，优秀和卓越也会离他而去。因此，哪怕我们已经有所成就，也有必要始终保持一种危机感，不断追求进步，不断有新的作为。

伟大的科学家牛顿费尽心血，得出“万有引力定律”，却没有急于发表，而是继续孜孜不倦地深思了数年，又研究了数年，埋头于计算之中，从未对任何人讲过一句。后来，牛顿的朋友、大天文学家哈雷（哈雷彗星的发现者），在证明一个关于行星轨道的规律时遇到困难，专程登门请教牛顿。牛顿把自己关于计算“万有引力”的书稿交给哈雷看。哈雷看后才知道他所要请教的问题，正是牛顿早已解决、早已算好的问题，心里钦佩不已。

在1684年11月的某一天，哈雷又到牛顿的寓所拜访。当谈到有关天文学的学术问题时，牛顿拿出论证“万有引力”的论文，请哈雷提意见。哈雷看后，对这巨著感到非常惊讶。他欣喜地对牛顿说：“这真是伟大的论证，伟大的著作！”他再三奉劝牛顿尽快发表这部伟大著作，以造福于人类。可是牛顿没有听从朋友的好意劝告去轻易地发表自己的著作，而是经过长时间的一丝不苟的反复验证和计算，确认正确无误后，才于1687年7月将《自然哲学的数学原理》发表于世。

如果你过分注重或满足于一次小小成功所带来的惊喜与荣誉，那只能束缚你再次超越自己的能力的发挥。你应该不时地发觉自身的不足，向自己来一次全新的挑战；然后通过不懈的努力，来弥补那些缺陷，使自己生命的轨迹不断向前。

越是有成就的人，态度越谦虚；相反，那些浅薄地自以为有所成就的人才会骄傲。洛克菲勒曾说：“当我从事的石油事业蒸蒸日上时，我晚上睡前总会拍拍自己的额角说：‘如今你的成就还是微乎其微！以后路途仍多险阻，若稍一失足，就会前功尽弃，勿让自满的意念侵蚀你的头脑，当心！当心！’”这就是告诫自己要谦虚，尤其是稍有成就时应格外小心，不要骄傲。

要想取得成功，不但要有不断学习新知识的渴望，还必须有敢于承认不足的勇气，之后正确地评估自己的目标和能力，然后模仿、运用、调适。敢于不如人，是一种期待成长的勇气，也是某种程度上的自信。只有敢于不如人，才能最后胜于人。

一个人聪明、有才华是好事，但如果不能做到正确对待，可能会被聪明所累、所误。相反，一个才能平平的人，如果能够做到谦虚谨慎、虚怀若谷，并且努力学习，也是能够提高自己的能力的。

只接受最好的，经常会得到最好的

只接受最好的，这不仅仅是一句口号，更是成功者脱颖而出的诀窍。常言道，思想是行动的指南，思想有多远，路就能走多远。成功者最初也是从一个小小的“最好”信念开始的，信念是所有奇迹的萌发点。没有“最好”的信念，又怎能得到 “最好”呢？要知道，一个人一旦满足于自己目前获得的成就，便失去了继续前进的动力，不再追求更高的目标。而在这个竞争日趋激烈的社会，一旦你停止前进，便会被别人所赶超。不前进便意味着后退，就可能被无情地淘汰。

成功者永远有超出众人之外的、敢于只要最好的心态。在成功之前，懂得必须以高于普通人的眼光来看待自己，否则自己永远都是一个弱者。在他们身上所体现出来的这种“只要最好”的精神，是一个人不断进取的标志，它不允许人懈怠，召唤着每个人向更高层次的方向去努力、去进取。它告诉人们，即使你认为自己只具有鞋匠的天赋，你也应该争取做世界上首屈一指的制鞋大王。不想做得更好，就会做得更差。

英国新闻界的风云人物、伦敦《泰晤士报》的老板来斯乐辅爵士，在刚进入该报时，就不满足于90英镑周薪的待遇。经过不懈的努力，当《每日邮报》已为他所拥有的时候，他又把取得《泰晤士报》作为自己的努力方向，最后他终于猎狩到他的目标。

来斯乐辅爵士一向看不起生平无大志的人，他曾对一个服务刚满三个月的助理编辑说：“你满意你现在的职位吗？你满足你现在每周50英镑的周薪吗？”当那位职员答复已觉得满意的时候，他马上把他开除，并很失望地说：“你应了解，我不希望我的手下对每周50英镑的薪金就感到满足，并为此放弃自己的追求。”

失败的人有失败的心态，成功的人有成功的心态，心态影响思想，思想影响行为，这是一连串的因果效应。求最好，自然也要有强烈的渴求心态，要最好就要先想最好，连想最好的心态都没有是不可能得到最好的。

大多数的人之所以没有大的成就，就是因为他们太容易满足而不求进取，他们一生只会盲目地工作，挣取足够温饱的薪金。他们心里常这样想：“我现在的生活充满喜悦和满足，以后要怎么做才能维持目前的这种状态呢？”这些人对现状心满意足，一心一意想要继续维持下去。然而，“要维持现状”这种观念是采取“守”的态度，终究只是一种消极的态度，没有积极向前的动力，成长便会停顿。

但是在大多数人之外的成功者，就绝不是这样，他们会尽力寻求对自己现状不满足的地方，以发现自己的缺点，并加以改进。不满足，是进步的先决条件，不满足才能锐意进取，时时要求更好，时时努力超越自己。

希望和欲念是卓越者成功不竭的原因所在。无论在什么境况中，他们都有继续前行的信心和勇气，生命的生动在于他们永远不放弃。谁能接受挑战，谁就能取得胜利。而这些胜利在那些没有希望和欲念的人看来，是不可能取得的。敢于接受挑战的勇气和“只要最好”的精神，可以帮助人们征服整个世界。

20世纪30年代，在英国一个不出名的小镇里有一个叫玛格丽特的小姑娘，她自小就受到严格的家庭教育。父亲从小就给她灌输这样的理念：无论做什么事情都要力争一流，只要最好的，即使是坐公共汽车，你也要永远坐在前排。玛格丽特在她父亲的“无情”教育下，从来不敢说“我不能”、“太难了”之类的话语，这样的要求对于一个小姑娘来讲可能太高了，太难以做到了，但后来的事情证明父亲是正确的。正因为从小就受到父亲的“残酷”教育，玛格丽特才培养了积极向上的决心和信心。在以后的学习、生活或工作中，她时时牢记父亲的教导，总是抱着一往无前的精神和必胜的信念，尽自己最大努力做好每一件事情，事事必争一流，以自己的行动实践“只要最好”的目标。

玛格丽特在上大学时，学校要求学习五年的拉丁文课程，她凭着自己顽强的毅力和拼搏精神，在一年内就全部学完了。令人难以置信的是，她的考试成绩竟然名列前茅。其实，玛格丽特不仅在学业上出类拔萃，她在体育、音乐以及学校的其他活动方面也都一直走在前列，是学生中凤毛麟角的佼佼者。当年她所在学校的校长评价她说："她无疑是我们建校以来最优秀的学生，她总是雄心勃勃，每件事情都做得很出色。"

正因为如此，44年以后，玛格丽特成了世界政坛上一颗耀眼的明星，她就是英国保守党领袖、并于1979年成为英国第一位女首相、雄踞政坛长达11年之久、被世界政坛誉为"铁娘子"的玛格丽特·撒切尔夫人。

在这个世界上，想要最好的人不少，真正能够做到最好的人却不多。大多数人之所以不能做到最好，是因为他们把最好仅仅当成一种人生理想，而没有采取具体行动。那些最终做到最好的人之所以成功，是因为他们不但有理想，更重要的是他们把理想变成了行动。

只接受最好的，是一种积极的人生态度，激发你一往无前的勇气和争创一流的精神。只接受最好的，更是一种追求、一种信念、一种无畏、一种越过冷漠荒原后看到生命绿洲的快乐。因为挑战，任何一条路都有可能；因为挑战，你的潜能会被无限地激发，你会惊喜地发现自己是如此优秀。

要知道，山外有山，天外有天。在21世纪，竞争没有疆界，你应该开放思维，站在一个更高的起点，给自己设定一个更具挑战性的标准，才会有准确的努力方向和广阔的前景。"只接受最好的"如同成功道路上的一盏明灯，让人们永远向着光明的前方奋进。

自我推销是迈出众人行列的捷径

机遇，是人生的转折点，是事业的起跑线，但机遇不会平白无故地降临到自己头上。要想获得机遇，就要善于表现自己，把主动权掌握在自己手中。纵观世界上能成就大事的人，往往不是那些幸运的宠儿，反而是那些缺少机会的苦孩子，如富尔顿、华特耐、霍乌、法拉利、贝尔。但是他们都创造了属于自己的机遇，而成就了自己。如果你只在等待机遇，等待人家的提拔，等待别人的帮助，你一生将永远无所作为。

一个人要想有所成就，就不要奢望别人主动地来关注自己，而是要积极主动地把自己的才干展示给别人看。一次不行，就多表现几次，在一个地方表现无效，就在多个地方进行表现。表现多了，被发现、被赏识的可能性就会增大。把自己的美展示给别人，从而赢得机遇的青睐，仅仅需要一些勇气。

只要你积极进取，捕捉到一个适当的机遇，你就成功了一半。正如培根所说："善于在做一件事的开始时识别时机，实在是一种极难得的智慧。"善于抓住机遇，把握机遇，捕捉机遇，便能开创一个辉煌灿烂的前程。

一位刚毕业的女大学生到一家公司应聘财务会计工作，面试时即遭到拒绝，因为她太年轻了。女大学生没有气馁，一再坚持。她对面试官说："请再给我一次机会，让我参加完笔试。"面试官拗不过她，答应了她的请求。结果，她通过了笔试，由人事经理亲自复试。

人事经理对这位女大学生颇有好感，因她的笔试成绩最好。女孩的话让经理有些失望，她说自己没工作过，唯一的经验是在学校掌管过学生会财务。他们不愿找一个没有工作经验的人。人事经理只好敷衍道："今天就到这里，如有消息我会打电话通知你。"

女孩从座位上站起来，向人事经理点点头，从口袋里掏出一美元双手递给人事经理："不管是否录取，请都给我打个电话。"人事经理从未见过这种情况，竟一下子呆住了。不过他很快回过神来，问："你怎么知道我不给没有录用的人打电话？"

"您刚才说有消息就打，那言下之意就是没录取就不打了。"人事经理对这个年轻女孩产生了浓厚的兴趣，问："如果你没被录用，你想知道些什么呢？"

"在什么地方不能达到你们的要求，我在哪方面不够好，我好改进。"说完，女孩微笑着解释道："给没有被录用的人打电话不是公司的正常开支，所以由我付电话费，请您一定打。"

人事经理马上微笑着说："请你把一美元收回。我不会打电话了，我现在就正式通知你，你被录用了。"就这样，女孩用一美元敲开了机遇大门。

其实道理很简单：一开始便被拒绝，女孩仍要求参加笔试，说明她有坚毅的品格；她能坦言自己没有工作经验，显示了一种诚信；即使不被录取，也希望能得到别人的评价，说明她有直面不足的勇气和敢于承担责任的上进心。女孩自掏电话费，说明了思维的灵活性，她巧妙地展示了自己公私分明的良好品德，这更是财务工作不可或缺的。

俗话说："美玉藏于深山，人不知其美，黄金埋于地下，人不知其贵。"一个优秀的人，如果只是深藏不露，而不能表现自己，人们就不能看到他存在的价值。这样下去，即使他有绝世的才华，也会渐渐被埋没。现在是一个讲究张扬自己个性的时代，尤其是身处职场的人们，在关键时刻恰当地张扬，也就是"秀"一下，不失为一个引起别人注意的好方法。天上不会掉馅饼，机会是要靠创造的。相信自己，相信自己的能力，相信自己的才华，而且勇敢地在别人面前表达出来，你就会接近成功。

许多事物的契机，常在一瞬之间就发生意想不到的变化。能不能审时度势、捕捉时机，是胜者和败者区别的关键所在。优秀的人做事，总是勇于进取，迅速行动，善于发现并把握身边的机遇，从而取得很大的成功。

原微软（中国）有限公司总经理吴士宏，在1985年离开了原来毫无生气甚至满足不了温饱的护士职业，她鼓足勇气，走进了世界最大的信息产业公司IBM公司的北京办事处。两轮的笔试和一次口试，她都顺利地通过。最后主考官问她会不会打字，她条件反射地说"会！"

"那么你一分钟能打多少？"

"您的要求是多少？"

主考官说了一个标准，吴士宏马上承诺说她可以。因为她环视四周，发觉考场里没有一台打字机，果然，主考官说下次录取时再加试打字。

实际上吴士宏从未摸过打字机。面试结束，她飞也似的跑回去，向亲友借了170元买了一台打字机，没日没夜地敲打了一星期，双手疲乏得连吃饭都拿不住筷子，她竟奇迹般地敲出了专业打字员的水平。过了好几个月她才还清了这笔不小的债务，而IBM公司却一直没有考她的打字能力。吴士宏就这样成了这家世界著名企业的一个最普通的员工。

在人生的旅途中，每个人都会遇到很多成功的机会。在机会面前每个人的态度是不同的。有的人把握住机会，努力发展；有的人和机会擦肩而过，视而不见；有的人寻求机会，捕捉超越的空间；有的人不思进取，坐等机会的到来。我们应以积极的态度，捕捉机会，把握机遇，为自己寻找一片翱翔的艳阳天。

有很多的人在苦苦等待机会降临到自己的身上。但是殊不知，一味地等待机会的降临是一种多么无知而可笑的想法。就像成功学大师卡耐基所说：“没有机会，这是失败者的推诿。许多奋斗者的成功，都是他们用自己的能力去创造机会的。”

任何人的成功都来自于自觉自愿地去寻找机会、发挥创造力。那些甘于沉沦和平庸的人最终会沉沦和平庸下去，而那些主动执行、善于创造机会的人，则会从最平淡无奇的生活中找到一丝微弱的机会，用自身的行动改变他们的处境。

不仅要尽力而为，还要竭尽全力

人的一生中，会有许多的机会和困难，面对这些情况，你是全力以赴还是尽力而为呢？在当今竞争激烈的社会，你只有全力以赴去做每件事情，才能有一个好结果和好成绩。全力以赴是一种精神，一种积极主动、永远奋力向前的精神；是一种态度，一种不计报酬、不畏艰难、不找任何借口、倾其全力去完成任务的态度；是任何一个成功者所必备的素质。

海明威曾经说过：“一个人只要全力以赴地去做一件事，不论结果如何，他都是成功者。相反，一个人如果没有全力以赴，即使得了第一，又能问心无愧吗？”不要过多地在意结果，要注重过程。我们会发现，只要全力以赴，总会有人为你喝彩。

生活中，经常会出现种种山穷水尽的情况，无论是尽力而为还是全力以赴地去解决，都可能出现成功与不成功两种结果，但体现出的是对人生、对自身潜能截然不同的态度。尽力而为是一句托词，是对自己解决问题态度的一种主观原谅；全力以赴则是对自身潜能的最大挖掘，是对一个问题的执著与负责，是必要时进行自救的法宝。

威廉姆有一次带上猎狗去打猎，很快猎狗就发现了不远处有了目标——一只大野兔正恐慌地逃跑，猎狗就追了上去。追了好长时间，猎狗还是没有将野兔抓住。野兔心想："如果我不逃，我这一生就从此结束了。"而猎狗心里想着："追不到你也没有关系，最多是挨一顿骂，或饿一餐，也不至于丢掉性命。如果下次再让我遇到，一定不会放过你。"野兔抱着"不成功便成仁"的决心，猎狗抱着"这次不成功，以后还有机会"的心理，最终野兔逃掉了，猎狗筋疲力尽，空手而归。

那些有成就的人，凡事一定先下定追求成功的决心。征服珠穆朗玛峰的登山者说："我要全力以赴地做到这件事。"凡事尽力而为是不够的，尤其是现在这个竞争激烈的时代，趁你还年轻的时候，必须全力以赴才行，如此才有可能得到希望的结果。

生活中，当我们决定要做某件事情时，选择后就不要再后悔，全力以赴将所有的精力都放在这件事情上，成功就会属于我们。世上无难事，只要肯攀登，竭尽全力做好每件事，对自己抱有坚定的信心。不管周围的风光再绮丽，也不要放慢我们前行的脚步。

成功的一切结果都是建立在全力以赴、尽职尽责做好工作的基础上的。不要小看一些小事，它们往往成为决定成败的关键。所以，无论是什么工作，无论是不是大事，无论是不是你分内的事，你都应该抱着"既然做了就一定要竭尽全力"的想法。无论做什么都怀着必胜的信念全力以赴，它将引领你进入成功的殿堂。

娜拉小时候学芭蕾舞时，父亲对她严格得近似残酷。每当她想停下来休息时，父亲总是问："你竭尽全力了吗？"娜拉便咬着牙继续练，到筋疲力尽无法站立时，才瘫坐在地上休息。日复一日枯燥乏味的练功生活使娜拉觉得学芭蕾舞简直是一种痛苦，她开始厌烦练功，打算放弃芭蕾。父亲得知后说："你今天放弃了芭蕾，明天还会放弃别的，因为干任何事情都会遇到无法预料的艰难。如果你决定去做什么事，你就要用尽全力去做，否则你会一事无成。"

娜拉委屈地说："可我天天的生活都是一样的，那就是练功。"父亲说："任何一个学芭蕾舞的人都是这样的，别人都能做到，你为什么不能，除非你是弱者。”

娜拉不想成为弱者，她用父亲经常说的“你竭尽全力了吗？”这句话激励自己，练功累了就用海绵擦洗一下四肢，借以恢复体力。最后她的舞步练得灵巧如燕，终于成了一名著名的芭蕾舞演员。

追求成功就要信仰成功，信仰成功才会每时每刻都竭尽全力，而不是偶尔竭尽全力，成功与失败只差那么一点。在做事时，只要你竭尽所能，做得比一般人更好、更精确，你自然能引起他人的重视，而使你不断发展和进步。事实上，各行各业都需要全心全意、尽职尽责的人，所以，不管从事什么工作，平凡的也好，令人羡慕的也好，都应该尽心尽责，以求不断进步。

著名投资专家约翰·坦普尔顿通过大量的观察研究，得出了一条很重要的定律：“多一盎司定律。”盎司是英美重量单位，一盎司只相当于1／16磅。但是就是这微不足道的一点区别，却会让你的工作大不一样。他指出：取得突出成就的人与取得中等成就的人几乎做了同样多的工作，他们所做出的努力差别很小——只是“多一盎司”。但其结果，所取得的成就及成就的实质内容方面，却经常有天壤之别。

生活中有一条颠扑不破的真理，不管是最伟大的人，还是最普通的老百姓，都要遵循这一准则，无论世事如何变化，也要坚持这一信念。它就是，在充分考虑到自己的能力和外部条件的前提下，进行各种尝试，找到最适合自己的工作，然后集中精力、全力以赴地做下去，你才有可能成功。

要想获得成功，仅仅尽力而为还不够，还必须全力以赴。成功偏爱那些全力以赴的人。有一句话说得好：“如果付出的比回报的多，最终得到的会比付出的多。”要知道，如果没有激情，不懂得全力以赴，那么“神奇时刻”是永远不会垂青和眷顾于你的。

不断挑战自己，才能超越别人

让自己进步的方法很多，“每天做点困难的事”，就是“逼”自己进步的办法之一。美国学者爱默生说："永远做你害怕的事！"毕业于哈佛大学的美国哲学家詹姆斯也说："你应该每一两天做一些你不想做的事。"这两句话讲的都是同一个永恒不灭的道理，它是人生进步的基础和上升的阶梯。的确，谁不想安安稳稳地走完人生之路，谁愿意累死累活地跟自己过不去呢？可是，如果不这样，我们就不可能进步。

如果你是一位营销人员，但是当众演讲又是你最发憷的事情，那你就每天"逼"自己对着镜子练习讲话；如果你是一位公关人员，但是你恰巧又是一个内向的人，那你就每天"逼"自己主动与业务伙伴联系，或是打电话，或是发E-mail，或是相约见面；如果你从中学时就讨厌学外语，可是你又想获得硕士学位，那就不得不硬着头皮，每天"逼"自己练习听力、复习语法，再一口气做完一套套模拟试题……

成功者在种种复杂而恶劣的环境里，仍然能一如既往地保持不断向前超越的信念。只有做到如此，才能获得更大的成功。成功，在于不断超越。超越是一种突变，一种解放，一种升华。正是这种超越，人类才能从蒙昧无知的洪荒远古走向文明昌盛的今天。只有勇于超越，不停地调整生命的目标，我们才能从一个高峰跃向另一个高峰，在生命的峰巅之上，领略壮美的风光。

一位音乐系的学生，其指导教授是个极其有名的音乐大师。授课的第一天，教授给自己的新学生一份乐谱。"试试看吧！"他说。乐谱的难度颇高，学生弹得生涩僵滞、错误百出。"还不成熟，回去好好练习！"在下课时教授如此叮嘱。

学生练习了一个星期，没想到第二周上课时，教授又给他一份难度更高的乐谱，"试试看吧！"学生再次挣扎于向更高难度的技巧挑战。第三周，更难的乐谱又出现了。同样的情形持续着，学生每次在课堂上都被一份新的乐谱所困扰，然后把它带回去练习，接着再回到课堂上，重新面临两倍难度的乐谱，却怎么也都追不上进度，一点也没有因为上周练习而有驾轻就熟的感觉，学生感到越来越不安、沮丧和气馁。教授走进练习室。学生再也忍不住了。他必须向钢琴大师提出这三个月来何以不断折磨自己的质疑。教授没开口，他抽出最早的那份乐谱，交给了学生。"弹奏吧！"他以坚定的目光望着学生。

不可思议的事情发生了，连学生自己都惊讶万分，他居然可以将这首曲子弹奏得如此美妙、如此精湛！教授又让学生试了第二堂课的乐谱，学生依然呈现出超高水准的表现……演奏结束后，学生怔怔地望着老师，说不出话来。

“如果，我任由你表现最擅长的部分，可能你还在练习最早的那份乐谱，就不会有现在这样的水平……”钢琴大师缓缓地说。

人的一生，最大的敌人不是别人，而是我们自己。只有超越自我，才能懂得怎样去衡量别人的价值；只有超越自我，才明白如何接纳自己以外的一切；只有超越自我，才能使自己的人生更加丰富多彩；只有超越自我，才能展望到生命的全貌，绘画出人生没有断点的轨道。

有一个心理学家曾经说过：“你一定比你想象的还要好”，但是许多人并不这样认为。杰出人士往往在小小年纪时就怀有大志，就想与众不同，无论遇到任何磨难，仍相信自己是最好的。你是不是有这样的信念，有别人打不倒的自信心呢？你的坚持有多强，你的自信就有多强，你的路就有多长。

每一个人都应该永远记住这样一个道理，只有不断超越自我的人，才是一个真正聪明人。人生在世，你只要按照自己的禀赋发展自己，不断地超越心灵的绳索，你就不会忽略了自己生命中的太阳，而湮没在他人的光辉里。不要以为自己很聪明就不努力，你应该把聪明看作自己的一个新起点，而不是终点。一切都会成为过去，迎接你的将是一个个新的挑战。

世界著名的大提琴手巴布罗·卡沙斯，在取得举世公认的艺术家头衔后，并没有为此而不再去练习，不再去努力，他还是和以前一样，依然每天坚持练琴6小时，养成了“行动再行动”的良好习惯。有人问他为什么仍然要练琴，他的回答很简单：“我觉得我仍在进步。”

人生是一条奔腾不息的河流，永远不会停留在一个地方，也不会停留在某一阶段，它需要不断地超越。超越是人生不可缺少的阶段。没有这种超越，一个人就不可能成长为一个真正的人。人活在世上，不能总为自己的那点“小成绩”而沾沾自喜，贪图安逸享受，放弃了努力奋斗的过程。满足于现状的人，永远也享受不到人生的真正乐趣。

只有不断超越，才能领先竞争对手，才能在竞争中赢得更大的胜利。竞争是人才的竞争，更是技术创新的较量。能不能在以后的日子里继续保持领先的地位，不仅需要我们一如既往地努力工作，更需要我们不断地去超越，从而保持自己永远不败的地位。

只有努力创造，全力拼搏，不断超越，才能在激烈的竞争中赢得自己的位置，使生命碰撞出耀眼的火花。

完美不能实现，却可无限接近

对于我们人类来讲，知足常乐虽然有一定的道理，但却很容易囿于保守，缺乏进取精神。如今社会的一切进步都来自人类的不知足。如果人们都满足于现状，油灯就不会被电灯代替，折扇也不会被电风扇代替，更不会出现代替畜力的汽车，生活得不到改善，社会将停滞不前，快乐从何而来？可见，正是有了不知足的精神，才促进了科技的进步，促进了社会财富的日益积累，促进了人类文明的不断飞跃。

如果你是一个渴望得到重用的人，如果你希望让你的老板觉得你是不可取代的，你就一定要从内心决定做第一。这样在你的意识中你会有信心做到完美，你的个性也才会真正成熟起来。那些自甘沉沦、不追求卓越、懒得提高自己能力的人是不会有所进步的。而如果你的工作水平没有提高和进步，你就绝不会得到任何升职和奖励的机会。

对于人生的奋斗目标，则更需要不知足。高尔基说过："一个人追求的目标越高，他的才力就发展得越快，对社会就越有益。"不知足的精神，是无形的动力，人有了不知足才能有追求，有追求才能上进，不知足会激发一个人的斗志，让人不断奋斗。太容易满足只会让人甘于现状而不懂发奋。所以说，不知足才更符合一个社会的发展，要进步就一定要学会不知足。

兰迪·劳伦斯现在是一家公司的老板，他以前只是一名推销员。他奋起的源泉是他在一本书上看到的一句话：每个人都拥有超出自己想象十倍以上的力量。在这句话的激励之下，他反省自己的工作方式和态度，发现自己错过了许多可以和顾客成交的机会。于是，他制定了严格的行动计划，并付诸实践到每一天的工作当中。两个月后，他回过头看看自己的进展，发现业绩已经增加了两倍。数年以后，他已经拥有了自己的公司，在更大的舞台上检验着这句话。

尚可的工作表现人人都可以做到，只有不满足于平庸，才能追求最好，你才能成为不可或缺的人物。没有人可以做到完美无缺，但是，当你不断增强自己的力量、不断提升自己的时候，你对自己的要求会越来越高，这本身就是一种收获。齐白石到93岁才画了600幅画，歌德到80岁的时候才写出世界名著。的确，进取是没有止境的，我们永远不要满足于已经得到的，而需要不断地开拓新的领域。

当你选好了你的角色，那就承担它的后果，不要打算与世无争。英雄不会是平庸之辈，平庸之辈也当不了英雄。英雄主义的特征就在于锲而不舍。人人都会心血来潮，慷慨一阵子。然而当你选好了你的角色，那就承担它的后果，不要打算当个软骨头与世无争。

在这个世界上，有太多的人自以为地位太卑微，别人所有的种种成就都是不属于他的，都是他不配享有的。这种自卑自贱的观念，往往成为不求上进、自甘堕落的主要原因。有了这种卑贱的心理后，当然就不会有精益求精的想法了。许多青年人，本来可以做大事、立大业，但实际上却整天做着小事，过着平庸的生活，原因就在于他们自暴自弃，没有远大的理想，不具有坚定的进取心，不愿意追求卓越。

造物主赋予我们每个人一种突出的才能，也许你有管理的才能、绘画的天赋、思考的资质等。无论你的特长是什么，你都应该积极地把你的才能发掘出来并发挥得淋漓尽致。为自己设定一个比他人更高的标准，之后不推脱、不敷衍、尽全力地去做。这样的人是一个异常优秀的人，他们不仅仅会做别人要求他们做的，而且会出人意料地做得非常完美。

一个雕刻家，自从爱上雕刻工作后，从来没有好好睡过一次觉。每当有作品需要创作的时候，他的一日三餐仅是几片面包。他本来并不是一个孤僻的人，但随着从事雕刻工作的时间越长，他越来越无法跟人沟通。他最大的痛苦是无法容忍自己的作品出现微瑕。一旦他在一件雕像中发现有错，就会放弃整个作品，转而另雕一块石头。所以，他留给这个世界的作品很少。

他的名字叫米开朗基罗，一位天才的雕刻艺术家。

任何值得做的事，都值得做好；任何值得做好的事，都值得做得尽善尽美。每一个人的一生中都至少应该有一次受到一个追求完美的人的影响，只有这样，普通人才能认识到自己惊人的潜力。一个人因为只热爱最完美的东西，所以才是“一般好”的仇敌。懂得这一点，你就可能憎恨一知半解、一技半能、三心二意，就可能在你心中点燃起追求完美的热情火焰。

无论做什么事情，如果达到痴迷忘我的程度，那么离成功也就不远了。曾经有人说，马克思在求学的时候，在图书馆的书桌下地面上印有两只深深的脚印。追求卓越像是一块坚强厚重的磨石，它会砥砺你，把你的工作带到最完美的境界。也许十全十美永远难以企及，但是，只要你是在不停地追求，你就不会原地踏步。一开始也许你只是一个实习生，后来做秘书，然后是主管，而这一切都是建立在不断追求的基础之上的。如果你真正拥有这种品质，你还可以自己当老板。为什么你只能做别人正在做的事情？为什么你不可以超越平庸呢？

从平庸到优秀只有一步之遥，但有的人终其一生也无法跨越。只有当你选择了优秀，你才能接下来做到如何卓越。有了尽最大的努力把事情做好的志向，不断对自己提出严格的高标准，你就会赢得别人的尊敬，做出令人吃惊的成绩。

以飞快的脚步追赶无穷的机遇

生活中，我们总是有希望而不去抓住，有计划而不去行动，坐视各种希望和计划慢慢地离我们远去。行动就是力量，一万个空洞的说教远不如一个实实在在的行动。如果你真的下定了决心并且立刻去做一件事，你的梦想往往会实现。

成功者的成功，要么给普通的人以莫大的成功动力，要么给他们以莫大的压力。成功者都是普通的人，唯一的差别在于他们比普通人多做了某些事情，于是他们成功了。你之所以还仅仅在想成功，是因为现状还没有将你逼上绝路，你还得混下去。篮球场上得分最多的人一定是投篮次数最多的人，同时也是投篮不中次数最多的人。大量的行动可能包含大量的失败，但同样包含大量的成功。重要的不是有多少次失败，而是得到了多少次成功。

机会来临时不要犹豫，马上行动，这是你走向成功的必经之路。比尔·盖茨说："你不要认为那些取得辉煌成就的人，有什么过人之处，如果说他们与常人有什么不同之处，那就是当机会来到他们身边的时候，他们能立即付诸行动，决不迟疑，这就是他们的成功秘诀。"

一位原籍上海的中国留学生刚到澳大利亚的时候，为了寻找一份能糊口的工作，他骑着一辆旧自行车沿着环澳公路走了数日，替人放羊、割草、收庄稼、洗碗……只要给一口饭吃，他就会暂且停下疲惫的脚步。

一天，在唐人街一家餐馆打工的他，看见报纸上刊出了澳洲电讯公司的招聘启事。这位留学生过五关斩六将，眼看就要得到他想要的职位了，不想招聘主管却出人意料地问他："你有车吗？你会开车吗？我们这份工作需要时常外出，没有车的话车寸步难行。"

澳大利亚人普遍拥有私家车，无车者极少，可这位留学生初来乍到还没有能力买车，也没有学开车。为了争取到这个极具诱惑力的工作，他不假思索地回答"有！会！"

"4天后，开着你的车来上班。"主管说。

4天内要买车、学开车谈何容易，但为了生存，他豁出去了。他在华人朋友那里借了500澳元，从旧车市场买了一辆外表丑陋的"甲壳虫"。

第一天他跟华人朋友学简单的驾驶技术；第二天在朋友屋后的那块大草坪上模拟练习；第三天歪歪斜斜地开着车上了公路；第四天他居然就驾车去公司报到。时至今日，他已是澳洲电讯公司的业务主管了。

机会稍纵即逝，所以，要把握时机确实需要眼明手快地去"捕捉"，而不能坐在那里等待或因循拖延。西谚说："机会不会再度来叩你的门。"徘徊观望是我们成功的大敌，许多人都因为对已经来到面前的机会没有信心，而在犹豫之间把它们轻轻放过了。"机会难再"，即使它肯再来，光临你的门前，但假如你仍没有改掉你那徘徊瞻顾的毛病，它还是照样会溜走。

1850年，大批淘金者来到美国旧金山，到处是熙熙攘攘、川流不息的人群。这些人大都衣衫褴褛、蓬头垢面，一副疲于奔命的样子。他们尽管种族不同、语言各异，但是满脑子里都在做着一个共同的美梦：淘金发财。

在这支庞大的淘金队伍中，有个年轻的小伙子叫李维特·施特劳斯，他跟着两位哥哥远渡重洋也赶到了美国来“发财”。然而现实并非李维特想象的那样：来这里淘金的人多如牛毛，淘金不是一件好做的事情！李维特盘算着，做生意或许比淘金更容易赚钱。于是他就开了一间卖日用品的小店。

在异国他乡要开好这个小店，李维特得向当地的美国商人学习做生意的窍门，还得学习他们的语言。没过多久，他就成为一个地道的小商贩了。

一天，有位来小店的淘金工人对李维特说：“你的帆布很适合我们用。如果你用帆布做成裤子，更适合我们淘金工人用。我们现在穿的工装裤都是棉布做的，很快就磨破了。用帆布做成裤子一定很结实，又耐磨，又耐穿……”

一句话就把李维特点醒了，他连忙取出一块帆布，领着这位淘金工人来到了裁缝店，让裁缝用帆布为这个工人赶制了一条短裤——这就是世界上第一条帆布工装裤。

就是这种工装裤后来演变成了一种世界性的服装——牛仔裤。那位矿工拿着帆布短裤高高兴兴地走了。

李维特看到了机遇并付诸行动：立即改做帆布工装裤！

帆布短裤一生产出来，就受到那些淘金工人的热烈欢迎！这种裤子的特点是坚固、耐磨、穿着舒适……

大量的订货单雪片似的飞来，李维特一举成名。

1853年，李维特成立了“李维特帆布工装裤公司”，大批量生产帆布工装裤，专以淘金者和牛仔为销售对象。

顾客的要求就像上帝的旨意，李维特对此是心知肚明的。从帆布工装裤上市的第一天起，他就没有停止过对自己产品的思考，哪怕产品处于供不应求的状况。

他不断从生活中发现问题，产生更新的创意。他亲自到淘金现场，细心观察矿工的生活和工作特点，想方设法使自己的产品更能满足顾客的需求。为了让矿工免受蚊叮虫咬，他将短裤改为长裤；为了便于矿工把样品矿石放进裤袋时不会裂开，他将原来的线缝改为用金属扣钉；为了让矿工们更方便装东西，他又在裤子的不同部位多加两个口袋，等等。

通过不断改进和提高，李维特的裤子越来越得到矿工的欢迎，生意也因此更加兴隆了。

后来，李维特发现，法国生产的哔叽布具有与帆布同等的耐磨性，但是比帆布柔软多了，并且更美观大方，于是他决定用这种新式面料替代帆布。不久，他又将这种裤子改缝得较紧身些，使人穿上去显得挺拔洒脱。这一系列的改进，使矿工们更加欢迎。经过不断革新改进，牛仔裤的特有样式形成了，“李维特裤”的称呼也渐渐改为“牛仔裤”这个独具魅力的名称。

李维特的成功，正在于他发现机遇并将此付诸了行动，从而掘到人生的第一桶金。因此，当你有一个好的计划时先开始做，只有在做的过程中才能发现问题，才能根据出现的问题解决问题，才能把梦想最终变为现实。当你的决心燃起心灵冲动的火花时，你就要想尽一切办法去实现你的愿望，而一旦你的梦想变为事实，你的自信心会增强，又会促使你在下一次行动时更得心应手，这样就形成了良性循环。

假如你具备了知识、技巧、能力、良好的态度与成功的方法，懂的比任何人都多，但你也可能不会成功。因为你还必须行动，一百个知识不如一个行动。假如你终于行动了，但还不一定会成功，因为有可能比别人慢了。在现代社会，行动慢等于没有行动。你只有快速行动，立刻去做，比你的竞争对手更早一步知道、做到，你才有成功的机会。

人生总是有很多的机会到来，但机会也总是稍纵即逝。我们当时不把它抓住，以后就永远失掉了。有计划没有什么了不起，能飞快地执行定下的计划才算可贵。成功的人生就是持续不断地向自己发出闪电般的挑战，恒久追寻生命最为壮丽的美好未来。成功的重要秘诀，就是用最短的时间采取最大量的行动。

第 6 章

即使偏离目标，也不就此沮丧

上帝的延迟，并不等于上帝的拒绝

如果你没有得到所谓的幸运，不要埋怨生活的不幸，请记住，上帝的延迟，并不等于上帝的拒绝，反而他是在等待你更加成熟。

在成功的路上慨叹命运不济，抱怨上帝不公，是很多人看到别人在努力后大有所成，自己却一再跌倒后的一种心态。且不说它的利弊，事实真是你不走运吗？有两个从小一起长大的亲兄弟，他们决定一起去挖金矿，开始时，他们都抱有坚定的信念——不挖出金子决不放弃。从黎明到黄昏，又从黄昏到黎明，多少个日日夜夜后，他们依然没有见到金子的光亮。手磨出了血，脚磨出了泡，抱怨和苦闷时常充斥在他们的对话中。所不同的是，哥哥在抱怨几句，舒缓了情绪后，能够让自己更冷静地思考，随后继续挖着梦想中的金子。而弟弟的士气则越来越低落，脚下的坑显得很难再往深挖掘一尺。这天，一个商队经过，说山那头有人挖出了石油。这时弟弟再也按捺不住了，说这里哪有什么金子啊，不干了，到山那头采石油去！而哥哥什么也没说，继续埋头干他的活儿。

几天之后，可怜的弟弟灰头土脸地回来了，他并没有发现石油，他的放弃使他又一次两手空空。当他到达驻地时，已经是深夜两点，在帐篷微弱的灯光下，似乎有一种异样的、刺眼的光芒在闪烁。他走进里面，看到哥哥正捧着金子甜甜地酣睡。很多人都明白，生活就是一次淘金赛，有时需要一点运气，但更多的还是要靠自己的选择。执著坚持、努力思考、勤奋进取，这些被诠释了无数遍的成功因素在最为朴实的生活追求中，仍没有几个人能够完全具备。

关于成功与失败的相似的故事似乎并不少见，每次读完，我们也总能清晰地悟出其中的道理，可到了自己成为故事的主角时，又是那么地沉不住气，那么地心急成功的到来。但最终每每都落个失败、失望的下场，像故事中的弟弟一样慨叹和抱怨。为什么我们如此渴望而偏偏不曾拥有？用中国的古话来说是时机未到，也许西方的这句谚语可以给予更多的警示：上帝的延迟，并不等于上帝的拒绝。

面对同样的一件事情，不能坚守，不会选择，不懂思考，便不会有所成就。很多人在本该放手一搏的时候却犹豫彷徨。他们不愿意再试一下，不想再付出看似多余的努力，而去贸然地选择一条看似明智的路，最终的结果只是一再地变换自己的目的地，就连上帝也被弄得晕头转向，不知道该把金子放在哪里。

在一个古老的小镇上，一位老爷爷开了一个家具店。爷爷曾经是木匠，因此，店里的家具基本上都是他自己打造的。当时，镇上有几家家具店，但没有一家生意比这家店更好。其实，每个家具店的品种和款式都差不多。孙子禁不住问爷爷："为什么集镇的人都买我们店的家具，都说我们店的家具好呢？"爷爷神秘地笑了笑，说："明天就带你去找答案。"第二天一大早，天刚蒙蒙亮，爷爷就把孙子从床上叫起来。他早就套好了牛车，带好了钢锯。孙子知道，爷爷要带他去山里伐木材。走了十多公里的路，他们终于来到大山脚下。要说是山，其实并不高。爷爷把牛车拴在了山脚下，拉着孙子的手一直往山顶攀。孙子好奇地问爷爷："山脚下那么多树可伐，为什么要费这么大力气爬到山顶上去？"爷爷笑了笑，用手指了指旁边几棵树说："你抱抱，看它们究竟有多粗。"那年孙子才七八岁，根本不明白爷爷的用意，但还是伸出双手，一连抱了好几棵。他发现，这几棵树中，即使最粗的一棵，他双手环抱都有富余。攀上山顶，爷爷又指了指旁边几棵树让孙子抱，这里的每棵树用双手都抱不过来。这时他才明白，山顶的树比山脚的树要粗壮。

"山顶的树不仅粗壮，而且密实，用它们来打家具，非常牢固。"爷爷一边锯树，一边解释道。"同样一种树，为什么山顶的粗壮，山脚下的细小呢？"孙子打破沙锅问到底。爷爷停下手中的活，揩了揩额角上的汗珠，指了指山北方向，问："你看，山北边有什么？"孙子顺着爷爷手指的方向看了看，眼前一片空旷，极目远眺，好像是天的尽头。于是摇头回答说："什么都没有啊！”爷爷很肯定地接过话茬：“有，而且很大，那是从遥远的北方刮来的风和西伯利亚的寒潮。”爷爷一手叉腰，一手远指，犹如一位哲学家。“这和风与寒潮有什么关系呢？”孙子大惑不解。

“当然有关系，长年经历风吹雨打的树木，生命力极强，根系特别发达，而且它从泥土中吸取的养分也非常充足，因此，长得也特别粗壮。”说着，爷爷转过身指了指山南的山脚，继续说道：“你再看看那些树，背后有大山抵御风和寒潮，很少受到侵袭，从树枝到根系都得不到锻炼，长得也就瘦小脆弱。若用它们来打造家具，不仅易折易裂，而且易受蛀虫侵蚀。”听完爷爷的讲解，孙子恍然大悟。于是，他在山顶英雄般地立下豪言壮语：“我长大了一定要做山顶上的大树。”爷爷听后，摸摸他的头，爽朗地笑了。

每一个懂得善待自己的人，在追求幸福生活的同时，都不会主运逃避成长道路上的艰辛。善待自己，并不是给人生以诸多的安逸，而应及时提升人生的张力。就如那些优质的木材总是生长在高山之上一样，推动自己不断高攀的人，他们把自己摆在不断经受历练的轨迹上，他们渴望幸福，但更渴望在快速成熟的路上饱览更多精彩的风景。

朋友，请记住那句经典的歌词：“不经历风雨，怎么见彩虹，没有人能够随随便便成功……”也许此时的你正处于人生的低谷，然而，这也正是你聚集力量的时刻。增强自己的韧性，善待自己的处境，你会发现，你将一步步推动自己走向人生的高峰。

不用蛮力，方向比距离更重要

方向走对了，哪怕走得慢，也能一步一步靠近成功；可倘若走错了方向，不仅白忙一场，更可能离成功越来越远。

人的一生有很多意外会发生，你无法控制它们，就像你不能掌控自己的生老病死一样。于是有人说活着就要及时享乐，就要对得起自己，而有些人认为活着就要不断追求，不断收获，不断给自己树立目标，在每一次实现目标时尽情享受其中的快乐。通常我们把前者的态度说成消极，而后者则被赞为积极面对生活的人。拥有目标，从而奋力拼搏，这是成功最简单的模式之一。但你是否明白，在你的生命中，在你前行的路上，不是每一条河都能顺利渡过，遇到过不了的河掉头而回，也是一种智慧。但很多人在这种情况下，却只盯着眼前奔腾的河水发愁，而看不到河边的苹果树。真正的智者会放飞思想的风筝，摘下河边的“苹果”。

很多商界人士都喜欢高尔夫球这项非常有趣的运动，每次击球之前，选手都需要观察和思考，需要靠手、臂、腰、腿、脚、眼睛等各部位的有效配合进行击球。击球的关键则在于两个“D”，即方向（direction）和距离（distance）。

在很小的时候，我们就懂得辨别方向和测量距离，当两者混在一起，并具有非常复杂的关系时，很多人处理起来已觉得很困难。如果延伸到人生行动的距离与方向上，能够主动思考这点的人，恐怕少之又少。就像高尔夫球这项运动的初学者一样，他们中有不少人只想着把球打远，而忽视方向的重要性。其实，把球打直要比打远更重要！所以，擅长打高尔夫球的人都会谨记这样一条原则：“方向比距离重要。”这条高尔夫球运动的重要法则同样适用于我们对生活和事业的处理方式。

法国著名科学家法伯发现了一种很有趣的虫子，这种虫子有一种“跟随”的习性，它们外出觅食或者玩耍，都会跟随在另一只同类的后面，从来不敢换一种思维方式，另寻出路。发现这种虫子的习性后，法伯做了一个实验，他花费了很长时间捉了许多这种虫子，然后把它们一只只首尾相连地放在了一个花盆周围，在离花盆不远处放置了一些这种虫子很爱吃的食物。一个小时之后，法伯前去观察，发现虫子一只只不知疲倦地在围绕着花盆转圈。一天之后，法伯再去观察，发现虫子们仍然在一只紧接一只地围绕着花盆疲于奔命。七天之后，法伯去看，发现所有的虫子已经一只只首尾相连地饿死在了花盆周围。

后来，法伯在他的实验笔记中写道：这些虫子死不足惜，但如果它们中的一只能够越出雷池半步，换一种思维方式，就能找到自己喜欢的食物，命运也会迥然不同，最起码不会饿死在离食物不远的地方。

这种只会跟随的虫子，不具备把握自己、选择方向的能力，它们用生命换回来的努力，最终也都是在可悲地做着无用功。

只知道跟在别人身后漫无目的地奔跑，往往会自食其果。现实生活中，是否也有很多这样的人呢？拥有自己的方向，并懂得正确努力的人，就如一个高尔夫球高手一般，才会在生活这唯一一次的竞赛中取得优异的成绩。

有一位印度学者对阿利·哈费特说："如果你能得到拇指大小的钻石，就能买下附近所有土地；如果你能找到钻石矿，那么就能够让你的儿子坐上王位了。"

从此，钻石的价值就深深烙进哈费特的心坎。那天晚上，哈费特彻夜未眠，第二天一早他便跑去找学者，问他到哪里才能找到钻石。学者发现他如此迷失，便更改了建言，希望打消哈费特的念头。但是，已经沉入妄想中的哈费特完全听不进去，死缠着学者，最后学者随口说："你要去很高的山里，寻找流着白沙的河，只要找得到白沙河，就一定找得到钻石。"于是，哈费特变卖了所有的家产，开始了他的寻钻之路。但是，他找了许久，始终找不到宝藏，最后在西班牙的海边投海死了。

几年后，有人买下哈费特的房子。当准备让骆驼饮水时，发现沙中竟然闪着奇特的光芒。他立即拿了工具去挖，不久便挖到一块闪闪发光的石头。他不知道这是什么，只觉得这块石头很漂亮，便将它放在炉架上。

有一天，那位学者来拜访这户人家，一进门，就发现炉架上那块闪闪发光的石头。学者惊奇道："这是钻石啊！是哈费特回来了？"新屋主说道："没有啊！哈费特并没有回来，这块石头是我在后院的小河旁边发现的。"学者怀疑地说："不！你在骗我。"于是，新屋主向学者说出他找到钻石的地方，两人便立刻来到小河边，开始挖掘。几分钟后，便找到一块更为亮丽的钻石，接着又陆续挖掘出许多的钻石。

后来献给维多利亚女王的那块钻石，也出自这个地方，而且净重100克拉。钻石就在自己家后院的小河边，哈费特却南辕北辙地到外面四处寻找，他的一切努力，都因方向的错误而失去了意义。

人生有很多条道路，路到尽头，我们就应该及时转弯。我们总是敬佩那些执著努力的人，他们的精神被宣扬成主旋律，感染着许多青年人热血沸腾地努力拼搏。但你是否能保持一个辨别方向的清醒的头脑呢？有人做过统计，在一般人所做的努力中，无效努力的成分占到80%以上，而造成你的成功的有效努力仅占20%左右。这依然符合80/20法则的规律。

因此，我们可以说，调动自己的积极性，执著地努力，这些都是年轻人不二的选择。但是，你还应该注意：选择正确的方向，始终正确地努力，不要只顾盲目地奔跑，而失去了思考的能力。

摔倒了几次，就要爬起来几次

一次又一次的“失败”让你在蜕变中拥有破茧而出的美丽。成功就是跌倒后一次次地站起，只要站起来的次数比跌倒的次数多，你就是最终的胜利者。

每天睁开眼，很多人就已经欠下了一笔实实在在的债务。从家里到公司来回开车的油费、过路费、停车费、车辆保养费、饭费，再加上抽烟等一些小项目的花费，不排除偶尔同事聚餐和请客吃饭，一天下来，与自己的日薪相比，已经透支了很多。

这就是目前一部分人的生存现状。是他们懂得享受生活，还是生活同样给予他们很多无奈的选择呢？不管你是新员工还是老领导，金钱给每个人带来不同的压力。在高喊追求理想的口号下，与金钱齐头并进，让金钱成为工作和生活的保障，这是很多人无奈和现实的选择。因此，“我要成功，我要赚钱”的话在很多有志向的年轻人心中不断呼喊着，他们渴望成功女神的垂青，渴望机遇女神的怜悯，但又都害怕遭遇困难和挫折的煎熬。不同的生存压力让他们面对困难、机遇、挑战时，有着不同的选择。很多人已经习惯了高喊口号，调侃自己的理想，让嘴皮子过过瘾，到最后还是“洗洗睡了”。

再往前跨出一步，真的有那么难吗？是你害怕跌倒，还是由于畏惧，最终把困难的影子拉得太长了，覆盖住了你激动和渴望的心？一个阳光灿烂的午后，约翰和几个好朋友一起去郊外爬山。山清水秀，鸟语花香，约翰等人玩得非常尽兴，不知不觉就忘记了时间，等到发现太阳已经落山的时候，这才慌了神。“如果沿着来时的路返回去，至少需要三个小时，那样的话就太晚了；咱们干脆走近路吧，一个小时就可以下山了，但途中要跨过一条河沟……”夜色昏暗中，有人提出了这样的建议，很快获得了一致的赞同。很快，约翰一行人就来到了那条河沟前。河沟大约有几米深，溪水的流淌声在杳无人烟的山林中格外刺耳。“跳，还是不跳？稍有不慎，就有可能掉进河沟里去……”约翰等人犹豫着，徘徊着，迟迟拿不定主意。天色更加暗了。终于，约翰狠了狠心，招呼着大家：“没办法了，咱还是跳吧。”说完，他弯腰拾起一根木棍，小心翼翼地横放在河沟的两岸之间：“看吧，河沟也就这么宽，咱们用点力就可以跳过去了。”

看到大家还有些犹豫，约翰就向后退了退，然后紧跑几步，“噌”地跳了过去。“来吧，很容易就过来了……”在约翰的鼓励之下，几个人也学着他的样子，后退之后，再紧跑几步，借着惯性作用跳过了河沟。重新走在山间的小路上，大家嘻嘻哈哈地说笑开了。只听约翰坚定地说着：“别看那河沟有些可怕，但还是被咱们征服了。所以说，有些困难并不可怕，可怕的只是我们在心中的想象，如果能大胆地鼓起勇气来，是没有什么困难不能被战胜的！”没什么苦难是不能战胜的，心底里存有这样的呼唤，全身就会充满干劲。面对同一个必须做出的选择，有的人看不到成功的曙光，看到的只是畏惧和跌倒，于是心灰意懒，感叹时运不济，感慨成功路遥。其实，成功远远比他们想象得要简单！就像约翰勇敢地做出决定一样，跨过去，成功就这么简单地来临了。

在生活中，你可以很平凡，只是芸芸众生中的一员，每天朝九晚五地奔波于工作与家的两点一线之间，疲于奔命；你可以相貌平平，不受美女的青睐，不在大庭广众之下轻易表现自己。但是你不可以自甘平庸，你需要牢记：平凡不等于平庸。你也一样可以优秀，可以卓越，可以创造属于自己的轰轰烈烈的人生。害怕遇到困难，担心一次次跌伤，甚至失去现有的一切吗？看看倒霉的林肯吧！这样的话，你的心里会平衡很多。21岁，做生意失败；22岁，角逐州议员落选；24岁，做生意再度失败；26岁，爱妻去世；27岁，一度精神崩溃；34岁，角逐联邦议员落选；36岁，角逐联邦议员再度落选；45岁，角逐联邦参议员落选；47岁，提名副总统落选；49岁，角逐联邦参议员再度落选；52岁，当选美国第16任总统。一个人就是这样在一次又一次“失败”的蜕变中破茧而出的！更何况，我们一般人都没有机缘饱尝如此之多的“失败”的辛酸，就已经叩响了成功的大门。

我们的成功并不是要问鼎白宫当总统，我们的目标只是为了加薪，为了升职，为了衣锦还乡的荣光……这些目标离我们很近，也容易一些，只要你肯努力，似乎唾手可得。成功就是跌倒后一次次地站起，只要站起来的次数比跌倒的次数多，你就是最终的胜利者。有人把成功比作空气，如果你像需要空气、渴望空气一样渴望成功的话，它就会推动你快速成长。还有人说成功像极了自己的恋人。首先，你之所以追求她，是因为你发自内心地爱慕她、喜欢她。既然决定追她，那么你就要做好遭遇挫折乃至拒绝的准备，需要做好吃苦受罪的准备，需要“衣带渐宽终不悔，为伊消得人憔悴”的勇气。接下来，要想真正追到她，你还需要讲究战略和战术，多少次跌倒，再多少次站起，你肯定会与她越来越近。

偏离靶心，并不等于失败

未来拥有无限的机会，在勇敢地迈出一步步的时候，要记住，即使偏离靶心也并不等于失败。

一谈到励志，理想总会被放在第一位。人有目标是好事，它可以使我们在行进之中不至于茫然失措、三心二意。理想的意义是无限的，但人不能光靠理想过日子。对年轻人来说，目标是远大，还是现实，是执著前进，还是另辟蹊径，在他们感到理想走入瓶颈的时候，这些问题总会困扰着他们，以致手足无措，任其发展。

不知道该如何选择时，跟没有权利进行选择拥有着同样可悲的意味。人生是一条漫长的旅途，有平坦的大道，也有崎岖的小路；有灿烂的鲜花，也有密布的荆棘。在这个旅途上，每个人都有自己或大或小的目标，如果你是一支已经射出的箭，那么你的目标就是你的靶心，在持久的飞行中，你是否怀疑过最初的瞄准是否到位了？自己是否仍然还飞行在正确的轨迹上呢？阿联从小热爱画画，大学毕业后，他出国留学继续深造。可是，由于生活的拮据，他不得不在读书之余，花费大量的时间打工赚取生活费。

后来，有人介绍了一份工作给他，就是帮宾馆修剪草坪。这个工作与画画可是大相径庭，不仅需要体力，而且剪草坪的剪子还会把手磨得粗糙不堪。起初他很不情愿，因为他的梦想是当一名油画家而不是园丁。但现实是不能由自己的意愿决定的，他只好一次次地去到宾馆外面，对着草坪和灌木，不断地重复单调的工作。在国外的三年时间里，他就这样一直靠帮各个宾馆修剪草坪谋生。渐渐地他发现，修剪草坪也并非总是那么枯燥。比如说，有一天他不小心铲坏了一块草皮，想了想，他就把这块草坪修成了一幅画的样子，竟得到了人们的极力赞赏，他的薪酬也因此增加了一倍。慢慢地，他开始喜欢修草坪这个工作了。后来，因为请他修剪草坪的宾馆太多，他不得不雇佣了另外一些人，再后来，他有了自己的小商店。三年以后，他成立了自己的公司，这是一家专门帮人设计修剪草坪画的公司。

阿联最初的执著追求让人敬佩，但如果当年他一味热爱美术，专心油画，而不去做其他工作，也许过不了多久就会坐吃山空，所学功课也会半途而废。可是，成功之箭偏了那么一点点，它没有射中美术这个靶心，却射中了创办草坪修剪公司的靶心。其实很多时候，成功之箭射中的都是另外的靶心。只是有些人及时发现了，而有些人仍然执迷不悟。生活不会一帆风顺的道理尽人皆知，无论顺境还是逆境，都要从容面对；无论获得还是失去，都要平静接受，这才是聪明人的活法。路就在脚下，不管过去多么暗淡，不管未来多么辉煌，一切的过去都以现在为归宿，一切的未来都以现在为起点！此时你已经在路上，你的成功之箭是否还一味执著地坚持，还是学会了适当地选择合理的通向成功的路径呢？

卡里比是高原上经营果园的果农。每年他都把成箱的苹果以邮递的方式零售给顾客。一年冬天，高原上下了一场罕见的大冰雹，一个个色泽鲜艳的大苹果被打得疤痕累累，卡里比心疼极了。“是冒着被退货的危险寄货呢，还是干脆退还订金？”他越想越懊恼，并且歇斯底里地抓起受伤的苹果拼命地咬。忽然，他发觉今年的苹果比往年的苹果更甜、更脆，汁多味美，但外表的确非常难看。“唉，多矛盾！好吃却不好看！”他辗转反侧，夜不能寐。

一天，他忽然产生了一个创意。第二天，他根据构想的方法，把苹果装好箱，并在每个箱里附了一张纸条，上面写着“这次寄的苹果，表皮上虽然有点受伤，但请不要介意，那是冰雹的伤痕，这是真正在高原上生产的证据！在高原，气温往往较低，因此苹果的肉质较平时结实，而且产生一种风味独特的果糖。”在好奇心的驱使下，顾客们都迫不及待地想拿起苹果尝尝味道。“嗯，好极了！高原苹果的味道原来是这样！”顾客们交口称赞。陷入绝望的卡里比所想出来的创意，不但化解了他面临的重大危机，而且还收到了大量专门订购这种受伤苹果的订单。

每个人的生活，都会像卡里比一样不时地遇到意外的侵袭，遭受到挫折。原本你设想的完美计划，突然被干扰，无法继续实施下去时，你能够拥有卡里比的机智吗？生活的挫折使人生的航向发生转变，但你要记住，这是一次新的机遇，就连上帝也不能就此断定你已经走向失败。

生活从不同情弱者，即使生活有一千个理由让你哭泣，你也要拿出一万个理由笑对人生。“不管风吹雨打，胜似闲庭信步。”只有这样才能保持一个平衡的心态，才能凭着自己破釜沉舟的斗志风雨兼程，才能凭着“可上九天揽月，可下五洋捉鳖”的豪情勇往直前，才能开拓自己的新思路，寻找到新的出路。

胖子和瘦子，哪个走枕木走得更远

走几步就看看脚下有没有印迹，口袋里是不是多了东西，这种急躁的心态只会让你走向气馁。

在这个流光溢彩的社会，在物质日渐丰富的今天，致富早已成为主流的话题，获得财富的能力成为衡量一个人综合能力的重要标准。不同的人对致富有不同的看法，激情、雄心、性格、胆识、机遇，在一个人的奋斗过程中都占据着重要地位，每个人对这些致富因素的肯定程度不尽相同，但是对一定要有远大的目标这点，大家很容易达成共识。目标就是努力的方向，是使人向前奔跑的动力，没有方向何谈其他。方向错误，一切都是无用功。在哈佛大学，有这样一个非常著名的关于目标对人生影响的跟踪调查。调查对象为一些智力、学历、环境等条件差不多的年轻人，结果显示：27%的人没有目标，60%的人目标模糊，10%的人有清晰但比较短期的目标，3%的人有清晰且长期的目标。25年的跟踪研究发现，他们的生活状况及分布现象十分有趣。那些占3%的人，25年来几乎都不曾更改过自己的人生目标，25年来他们都朝着同一个方向不懈地努力，而25年后，他们几乎都成了社会各界的顶尖成功人士，他们中不乏白手创业者、行业领袖、社会精英。那些占10%的有清晰短期目标者，大都生活在社会的中上层。他们的共同特点是，那些短期目标不断被达成，生活状态稳步上升，成为各行各业的不可或缺的专业人士，如医生、律师、工程师、高级主管等。

其中占60%的目标模糊者，几乎都生活在社会的中下层，他们能安稳地生活与工作，但都没有什么特别的成绩。

剩下27%的是那些25年来都没有目标的人群，他们几乎都生活在社会的最底层。他们的生活都过得不如意，常常失业，靠社会救济，并且经常都在抱怨他人，抱怨社会，抱怨世界，这也使得他们失去了上进的力量，深陷于穷困的泥沼中。

生活中，人不能没有目标，目标能够给人以动力和欲望，它是人前进的永动机。在认识到树立目标这一意义的同时，我们也应该知道，目标有大有小，树立远大的目标和容易接近的目标有着不同的人生意义和作用。美国潜能成功学大师安东尼·罗宾说：如果你是一个推销员，你给自己定的年薪是1万美元容易实现，还是10万美元容易实现呢？多数人的经历证明是10万美元。为什么呢？如果你的目标是赚1万美元，这肯定不是非常难以实现，这就会使得你的眼界死盯着这1万美元的目标，结果思维和行动都局限在此。如果工作和计划都按照这个目标来制定，那么你工作的积极性和创造力都将受到很大的限制，更不用说在开发自己的潜能方面所流逝的资本了。

在生活中，具有崇高的理想目标，为之在思想上和行动上付出艰苦努力的人，毫无疑问会比一个根本没有目标的人更有作为，这是被许多伟人的成功和卑微者的失败验证过的。有句苏格兰谚语这样说：“扯住金制长袍的人，或许可以得到一只金袖子。”那些志存高远的人所取得的成就的大小虽不相同，但他们的脚步都会远远地离开起点，生存的状态也都较以前大有改善。在追求自己理想的旅途中，即使我们起先设定的目标没有完全实现，但是我们为之付出的努力，会让自己收获丰盈、受益终生。但凡成就一番伟业的人，在事业的初期都有一个坚定的目标，他们知道自己的终点在哪里，方向在哪里，这使得他们的奋斗之旅更为笔直，少有诱惑。志存高远，目标清晰，这仅仅是成功的第一步。目标是一个人成功的战略，至于如何朝着既定的目标迈进就是战术问题了，比如你想要登上一座5000米的高山，你就应该考虑好什么时间要到1000米处，怎样继续到达2000米处，在合理分配体力的条件下，去向5000米发起冲击。

有一位瘦子和一位胖子在一段废弃的铁轨上比赛走枕木，看谁能走得更远。瘦子心想：我的耐力比胖子好得多，这场比赛我一定会赢。开始也确实如此，瘦子走得很快，渐渐将胖子甩开了一大截。但走着走着，瘦子渐渐走不动了，眼睁睁地看着胖子稳健地向前，逐渐从后面追了上来，并超过了他，瘦子想继续努力，但终因精疲力竭而跌倒了。

最后，在极大好奇心的驱使下，瘦子想知道其中的秘诀。胖子说：“你走枕木时只看着自己的脚，所以走不多远就跌倒了。而我太胖了，以至于看不到自己的脚，只能选择铁轨上稍远处的一个目标，朝着目标走。当接近目标时，我又会选择另一个目标，然后就走向新目标。”随后胖子颇有哲学意味地指出：“如果你向下看自己的脚，你所能见到的只是铁锈和发出异味的植物而已；而当你看到铁轨上某一段距离的目标时，你就能在心中看到目标的完成，就会有更大的动力。”

人生也是这样，当我们拥有一个远大的目标时，我们要知道实现它不会是一朝一夕的事情。一个远大目标的实现是靠我们始终如一地盯着它，才能顺利走到终点的。同时，我们也应该懂得把这个远大目标在笔直的线段上加以分段，在特定的时期内给自己找一个通向终极目标的小目标。有目标、有方向、有规划，这样的人无疑是离成功最近的人。一个人在心中有了一系列规划后，在表面看来和以前也许没什么不同，但是因为眼光看得远了，做事有步骤和条理了，也就有了责任心和主动性，他们会完全脱离那种得过且过的生活状态，激发自己的潜能并让其得到最大限度的发挥。

生活在现实社会中，在实现自己的理想与目标的人生之旅上，一番坦途是不可能的，虽然我们每个人都为之祈祷，但我们不能因此而忽略了人生中的困难。法国著名将领戴高乐说："目标已经在望，为了这个目标，我们遭受一些痛苦是值得的。在这以后，我们将会飞得更高，更远，更有力，然而，生活难道不就是这样吗？"正视现实困难，用志向高远的意志践行自己为实现目标而制定的计划，在迈出第一步的时候，知道下一步该迈向哪里，成功的脚步总会比成功的路要长。

知道如何实现目标，更要知道目标实现后该做什么

灵魂如果没有确定的目标，它就会丧失自己。

在现实社会中，让自己变得更富裕，占有更多的财富是大多数人追求的切实的利益。在通向富足的道路上，为自己制定一个符合实际的目标，是通向成功的第一步，也是人生多姿多彩、无限绚烂的开始。在实现目标的拼搏中，我们的人生意义得到了更好的诠释。蒙田说："灵魂如果没有确定的目标，它就会丧失自己 。"可见，一个人拥有自己的目标，对实现人生价值具有何等的意义。如果一个人没有明确的目标，他的日子就会过得浑浑噩噩，没有任何追求和动力，他只能把精力放在小事情上，而这些小事情又会使他忘记了自己本应做的事情，由此更加不能清醒地提升自己的志向。要想在致富和成功的道路上走得更快，让自己的人生更为精彩，除了知道适时地给自己制定目标，以激发自己的力量和潜力外，如何实现目标才是更为关键的一步。

四十多年前，有一个十多岁的穷小子，他自小生活在贫民窟，身体非常瘦弱，却想当一位政治家。如何实现这样的抱负呢？年纪轻轻的他，经过几天几夜的思索，拟定了这样一系列的连锁计划：做美国州长是一个很好的目标，要竞选州长必须得到雄厚的财力支持——要获得财团的支持就一定得融入财团——要融入财团就需要娶一位豪门千金——要娶一位豪门千金就必须成为名

人——成为名人的快速方法就是做电影明星——做电影明星前要练好身体，练出阳刚之美。

按照这样的思路，他开始刻苦而持之以恒地练习健美，渴望成为世界上最结实的男人。3年后，凭着发达的肌肉和健壮的体格，他开始成为健美先生。在以后的几年中，他成了欧洲乃至世界健美先生。22岁时，他进入了美国好莱坞。在好莱坞，他花了10年时间，利用自己在体育方面的成就，一心塑造坚强不屈、百折不挠的硬汉形象。终于，他在演艺界声名鹊起，当他的电影事业如日中天时，女友的家庭在他们相恋9年后终于接纳了他这位“黑脸庄稼人”。他的女友就是赫赫有名的美国前总统肯尼迪的侄女。婚姻生活过了十几个春秋，他与太太生育了4个孩子，建立了一个“五好”家庭。2003年，年逾57岁的他，告老退出了影坛，转而从政，并成功地竞选成为美国加利福尼亚州州长。他就是阿诺德·施瓦辛格。他的经历告诉我们，目标要远大，经营自己的过程却要稳扎稳打，在一个台阶上站好了，然后再瞄准下一步。

目标的实现需要循序渐进，同时要利用自己起初的那一点微弱优势，开发它，扩大它，在某个方面专心行动。当你在这个领域成为佼佼者时，你的成功也就来临了。在实现自己的终极目标时，这一路上的每一个小小的成功，都会给予你欣慰和动力，增加你的信心，坚定你的信念，同时为你以后的前行之路加满油。在此之后，你还应保持自省与谦逊，在总结自己的得失后，踏踏实实地朝着下一个成功的小目标挺进。最终的成功就是这样实现的，那些以为天上会掉馅饼或等着一朝暴富而不踏踏实实付出的人，是不会明白成功的基本模式的。当然，在我们朝着目标前进的过程中，困难将依然存在。为了实现目标，开始会前进得很慢，很艰难，你会有很大的付出，你经常会失败，经常会失望，经常处于痛苦和沮丧之中。但这是一个自我改进的过程，在这个过程中，你的能力得到了充分的验证。你还会遇到很多新的事、新的人，让你整个人生和你所处的圈子发生变化。这也是一个蜕变的过程，虽然艰辛，但是收获会使我们的付出变得更有意义。其实，在目标实现时，你会发现，自己经过一路拼搏，成为什么样的人比自己得到了什么东西更为重要和珍贵。许多人都给自己制定了目标，而为目标努力践行无非有两种结果，实现了目标和在路途中放弃了。当自己制定的目标最终实现后，结果又会如何呢?

在英国伦敦，一位名叫斯尔曼的残疾青年，他的一条腿患上了慢性肌肉萎缩症，连走路都很困难，可他凭着坚强的毅力和信念，创造了一次又一次令人瞩目的奇迹：19岁时，他登上了世界最高峰的珠穆朗玛峰；21岁时，他登上了阿尔卑斯山；22岁时，他登上了乞力马扎罗山；28岁前，他登上了世界上所有著名的高山……然而，就在他 28岁这年的秋天，他却突然在寓所里自杀了。功成名就的他，为什么会选择自杀呢？有记者了解到，在他11岁时，他的父母在攀登乞力马扎罗山时不幸遭遇雪崩双双遇难。父母临行前，留给了年幼的斯尔曼一份遗嘱，希望他能像父母一样，一座接一座地登上世界著名的高山。年幼的斯尔曼把父母的遗嘱作为他人生奋斗的目标，当实现这些目标后，他感到了前所未有的无奈和绝望。在自杀现场，人们看到了斯尔曼留下的痛苦遗言："这些年来，作为一个残疾人创造了那么多征服世界著名高山的壮举，那都是父母的遗嘱给了我一种坚定的信念。如今，当我攀登了那些高山之后，我感到无事可做了……"

斯尔曼在完成了目标之后，却失去了人生的全部。当然，斯尔曼只是一个个例，并不具有普遍意义。然而，我们却可以从斯尔曼的故事中发现这一点：生命的意义，不仅在于不断实现人生的目标，更在于不断提升人生的目标。

对于斯尔曼来说，他的成功让众多的人敬佩，他为实现目标而艰苦努力的执著精神更是让人仰视。然而，美中不足的是，他被自己起先制定的目标所束缚，不知道在实现目标后树立新目标。

新东方创始人俞敏洪说："人生的奋斗目标不要太大，认准了一件事情，投入兴趣与热情坚持去做，你就会成功。"这句话正在被众多的人坚守着、实践着，同时也享受着其给自己带来的喜悦与满足。努力实现目标，会让你的人生开出一朵绚烂的成功之花，而不断提升自己的目标，树立和挑战新的目标，会让你在人生之路的两旁播撒下诸多成功之花的种子。它们会在努力的路上，在拼搏的季节开得芬芳，将你的人生之路点缀得花香弥漫、缤纷绚丽。

生有缺陷，让雄心壮志为成功护航

信心和理想是我们追求幸福和进步的最强大推动力。自身有多少缺陷和不足，对应着就有多大的潜力。

命运总是喜欢捉弄人，翻开人类的成败史，我们经常会看到一个个戏剧性的故事结局——在向同一个目标奋斗的过程中，一些处于顺境、条件便利的人往往是失败者，而一些身陷逆境、生有缺陷的人却往往是成功之神的宠儿。果真如此吗？细细研究，我们就会发现，其实机会之于二者是均等的，只是在“可能”与“不可能”的博弈对局中，前者志向不坚定，畏首畏尾，举棋不定，让本来优越的条件剑走偏锋，后者则心“雄”志“壮”，矢志不移，化不利为有利，终于安全坐上成功的金銮殿。虽然拥有雄心壮志不一定就能成功，但没有它却绝对不能成功。思想是行动的种子，想是做的前提。就像汽车只有有了燃料才能向前跑、火箭只有有了助推器才能飞上太空一样，一个人只有有了雄心壮志，才能冲破一切“不可能”的樊篱，战胜不利条件，甚至自身的一些先天缺陷，一步步实现突破，迈向成功。

在加拿大历届著名领导人中，有一位享誉世界的“蝴蝶总理”，他就是加拿大第32届总理——让·克雷蒂安。可又有多少人知道这位杰出的领导人美丽称号背后的故事。小时候的他曾患有严重的口吃，当别的孩子都能自由地表达、尽情地玩耍时，他却只能偎依在妈妈的身旁，听妈妈讲故事，用无声的言语和书中的人物交流，然后结结巴巴吃力地向他唯一耐心的听众——妈妈，表达自己对书中人物的看法。

一次，他无意中从书上读到一篇关于蛹一步步蜕变成蝴蝶的神奇故事，这则故事让他深有感触，连一只弱小的蛹都能变成美丽的蝴蝶，自己又有什么事做不到呢？于是他向妈妈结巴着一字一顿地说道：“妈妈，有一天我也要化蛹成蝶……”妈妈被他直面弱点仍有此追求的伟大志向和坚定信念感动得流下了泪，并鼓舞他：“孩子，没有你做不到的事情……”

从此，小让·克雷蒂安在妈妈的指导和帮助下每天口含石子，开始了刻苦的讲话训练。虽然很多次嘴角磨出了血，但他仍坚信着成为一只蝴蝶的可能，丝毫不动摇做一个杰出人物的雄心。他终于克服了先天的缺陷，练就了富有磁性的嗓音，并在后来的总理大选中以绝对优势当选，实现了那个美丽的夙愿……

让·克雷蒂安并不是一个天才，甚至可以说是一个天生就有很多缺陷的“不正常”的人。对于大多数的普通人来说，由一个凡人跃升为总理，有几个人敢有这样的奢望、想法？而让·克雷蒂安靠着自己的雄心壮志的支撑，走出先天缺陷的泥沼，化蛹成蝶，实现了凡人都不敢企及的梦想。在他驶向成功彼岸的航船上，载满了坚强、执著，也历尽了狂风恶浪、急流险滩，而正是坚定的信念给了他一往无前的力量。别因为自身有缺陷、有不足，就对自己说“不可能”。邓亚萍虽然个子矮，不也在世界乒坛上叱咤风云吗？“只有想不到，没有做不到”，雄心壮志是潜能的挖掘机，更是行动的助推器。没有志向或志向不坚定的人，是难以产生持久的奋斗动力的；胸有凌云壮志，自会有一种坚忍不拔的毅力，一股“仗剑出长安”的侠气。

英国有一个小女孩，天生胆小，尤其害怕夜里一个人走路。自从读完《居里夫人传》后，她对这位伟大的女科学家产生了深深的崇拜和敬佩之意，并立志要做第二个“居里夫人”。于是，她把想法告诉了妈妈，妈妈十分欣慰并鼓励她道：“孩子，一切都是有可能的，但你首先要勇敢，还要有毅力，经得起挫折和失 败……”小女孩认真地点了点头，并努力按照妈妈的话去做。

8岁那年，有一次她和妈妈去集市买东西，快到家时，天色已经很晚了。她家的房子是一栋丛林掩映的红色小瓦房，虽然从房后看起来很近，但因为旁边杂草与荆棘丛生，时常还有刺猬等小动物出没其中，加上附近果园枝丫的遮挡，不仅行走不便，而且极易迷失方向，所以人们宁愿绕道也不会从这儿走。那天傍晚，又要绕道时，小女孩突发奇想：“能不能不绕道就到家呢？”于是，她倔强地拒绝了妈妈的劝告，一个人沿着房后走，穿越丛生的杂草，结果真的赶在妈妈前面回到了家。这件事虽小，却大大增强了她追逐梦想的勇气。

长大后，在求学之路上她遇到的困难和挫折也越来越多、越来越大。当很多聪明的孩子在某些难题上放弃时，她却凭着自己的倔强劲，品尝着一一攻克它们的喜悦，并最终考上了令很多优秀学生都向往的英国著名的物理学研究院。

这是一个真实的故事，小女孩用自己的成长历程告诉我们：没有什么不可能，只要努力，谁都能实现自己的理想。很多时候，我们缺乏的正是这种坚定的信念，一种不畏任何阻挠和压力直冲云霄的姿态，一种不卑不亢将壮志之根牢牢扎进信念沃土的底气。信心和理想是我们追求幸福和进步的最强大的推动力。石看纹理山看脉，人看志气树看材。山高高不过肩膀，路远远不过脚步。让雄心为前进的航船掌舵，让信念为前进的航船扬帆，相信人生的舞台没有配角，你就是天之骄子。

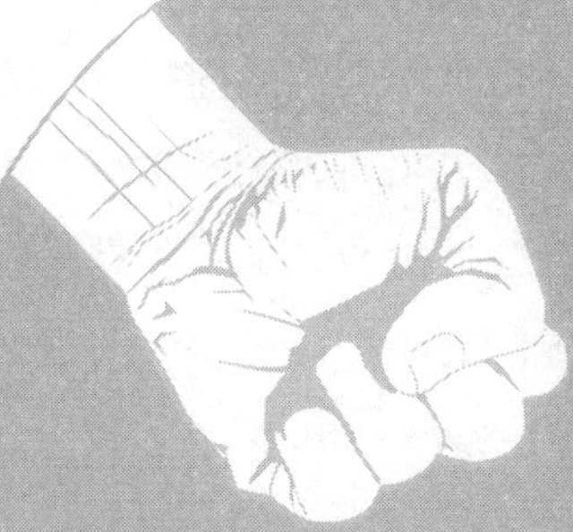

第 7 章

专心于路，别专心于脚下的困难

不要放弃寻找，希望永远存在

哪怕只有百分之一的希望，我们也要做百分之百的努力！这是智者对生活的宣言。生活中有五彩缤纷的颜色，其中最为绚丽的叫做永不绝望。即使是一个普通人，他的一生也会经历坎坷、饱受挫折。人生起起落落无法预料，当我们身处逆境时，千万不要忧郁沮丧，无论发生什么事情，无论你有多么痛苦，都不要整天沉溺其中无法自拔，不要让痛苦占据你的心灵。困难来临时，我们要有勇气直面困难，以顽强的意志战胜困难。无数成功的范例证明，那些相信自己并坚持到底的人，常常能够取得胜利。

有人说过这样一句话："我不是为了失败才来到这个世界上的，我的血管里也没有失败的血液。"如果经历一次失败，就失去信心，放弃努力，往往会功亏一篑，让成功与自己擦肩而过。事实上，人生从来没有真正的绝境。无论遭受多少艰辛，无论经历多少苦难，只要一个人的心中还怀着一粒信念的种子，那么总有一天，他能走出困境，让生命重新开花结果。

尤利乌斯·马吉出生在苏黎世郊区的一个贫困的农家，异常窘迫的家境，让他没有读完初中，便开始了艰难的打工人生。然而，多年过去了，他唯一的特长只是像父亲那样磨面粉。父亲曾悲哀地对他说："你这辈子就是磨面粉的命了。"

马吉不甘心地回答父亲："不，我不会一辈子迈着沉重的步子，一圈圈地推着两扇磨。"父亲撒手而去时，留给他唯一的遗产便是那两扇简陋的磨盘。望着那转了无数圈的磨道，望着那两扇默默无言的磨盘，不服输的马吉思索着走出窘境的途径。

20岁那年，马吉从朋友舒勒医生那里得知——干蔬菜不会损失营养成分。他想：若将干蔬菜和豆类放在一起磨，一定会磨出富有营养的汤料。那样，岂不是可以让那些家庭主妇们熬汤更快速、方便吗？ 他立刻借钱购置了设备，开始磨自己想象的那种汤料。就这样，一个灵感加上果断的行动，马吉很快便赢得了人们难以想象的成功——最早的速溶汤料。产品一投放市场，便大受欢迎。然而，马吉仍不满足，他的眼睛继续紧紧盯着那两扇磨盘，思索着接下来该磨出什么样的新产品。经过反反复复地试验，他终于在1890年磨出了可以改变沙司、凉菜、鱼肉、汤和配菜味道的万能调味粉。后来，他又磨出了广为畅销的浓缩肉食品。到1901年，他已是资产过亿的大型跨国公司的老板。在苏黎世大学举办的一次演讲中，马吉自豪地告诉人们："即使命运只赠给我两扇简单的磨盘，希望也会给予我信心、智慧和执著，让我磨出亮丽的人生。"

即使生活只留给你两扇磨盘，心怀希冀的人也会用自己的努力磨亮自己的人生。在这个充满竞争色彩的社会，最后的冠军永远都是那些百折不挠、被打倒了还会再爬起来的人。一次、两次不成，就再试几次。能不能成功，全看你能否坚持到底。多数人没有实现目标，原因就在于不能坚持。百折不挠的毅力，是成功人生的必备条件。

拥有坚定信念的人，希望更容易在他的心里扎根。生活中的一些人，每当身陷困境时，悲观、失望就会立即爬上他们的心头，在自己给自己不断施加重压的过程中，希望的种子在他们的心中过早夭折，悲观的情绪则像黑色的墨水一样迅速浸染了他们本来就暗淡的心。

生活中的智者都明白，人的一生不可能常处顺境，有时候你会错失机会，你会被淘汰出局，但只要你继续参加比赛，不断地行走，不断地坚持，在拥抱着希望的同时，你就能感受到收获的快乐。圣诞节这一天，吉米临时有事要去出差，但在买火车票的时候，却被售票员告知票早已经卖完了。看着吉米一脸着急的样子，售票员就好心地劝解他："你去候车厅转一转吧，没准儿还能碰上有人临时有事需要退票的呢。不过，像今天这样的日子，估计机会只有万分之一……"也只有这么一个办法了。吉米提起旅行箱，随着人流涌进了候车大厅。可是，眼看着时间一分一秒地过去，还是不见有人想要退票。不过，吉米倒是非常有耐心地一直坐在位子上等着。当列车进站的广播响起来的时候，吉米只好提起旅行箱准备离开了，但他还是满怀希望地扫视候车大厅的每一个角落。就在这个时候，吉米突然看到，一个女人急匆匆地从门口处跑了过来，一边高高举着一张火车票，一边气喘吁吁地喊着："票……谁要火车票……"吉米乐了，赶紧跑了过去，一看，正是他需要乘坐的那列火车的票啊！原来，这个女人的孩子生病了，不能再冒着严寒外出，她就跑来退票了。坐上列车之后，吉米赶紧给家里的妻子打了一个电话，说："若不是我努力坚持着，从不绝望和放弃，也就抓不住这仅有的万分之一的机会了……"

在追求成功的道路上，时时刻刻保有坚定的信念和坚持的毅力。每天给自己一个希望，就是给自己一个目标，给自己一点信心。每天给自己一个希望，我们将活得生机勃勃，激情澎湃。生命是有限的，但希望是无限的，只要我们不忘记每天给自己一个希望，我们就一定能够拥有一个丰富多彩的人生。

在每一次逆境中，都隐藏着成功的契机

在芸芸众生中，我们每个人都是一粒看似微不足道的种子，当我们在某个不期而至的瞬间降临到人世间时，你除了不断挑战生活，其他的选择都显得索然无味。

每个人都会陷入生活的逆境当中，有的人能够迅速地从中走出，有的人则会在其中越陷越深，找不到人生的解法。逆境是一种人人都不愿撞到的遭遇，同时，它也是每个人必须面对的一项挑战。有人把挑战看成一种长期的、影响深远的威胁，由于超出了自己控制的范围，使他整日忧心忡忡。但无论陷入怎样的逆境，你都不应该绝望，因为前面还有许多个明天。乐观的人，在绝望中仍然满怀希望；悲观的人，在希望中还是绝望。

许多年前，美国人卡纳利在家里经营着一家杂货店，生意一直不好。年轻的卡纳利告诉他的父母，既然经营了这么多年都没有成功，就应该换一个思路，想想别的办法。他家附近有几所大学，学生经常出来吃快餐。卡纳利想，附近还没有人开过一个比萨饼屋，卖比萨饼肯定能行。他就在自家的杂货店对

面开了一家比萨饼屋。他把比萨饼屋装修得精巧、温馨，十分符合学生追求活泼情调的特点。不到一年时间，卡纳利的比萨饼就成为附近的名吃，每天都顾客爆满。他又开了两家分店，生意也很好。

卡纳利的胃口大了起来，他马不停蹄地在俄克拉何马州又开了两家分店。但是不久，一个个坏消息传来，他的两个分店严重亏损。起初，他一个店准备500份比萨饼，结果总有一半卖不出去。后来他又按200份准备，还是剩下很多。最后，他干脆只准备50份，仍然不行。最后，一天只有几个人光顾的情景也出现了。同样是卖比萨饼，两个城市同样有大学，为什么在俄克拉何马州就失败呢？不久他发现了问题，两个城市的学生在饮食和趣味上存在着巨大差异。另外，在装潢和配方上面他也犯了错误。他迅速改正，生意很快兴隆起来。

在纽约，他也吃尽了苦头。他做了很细致的市场调查，但是比萨饼就是打不开市场。后来他又发现，卖不动的原因是比萨饼的硬度不被纽约人接受。他立即研究新配方，改变硬度，最后比萨饼成为纽约人早餐的必备食品。

从第一家比萨饼店算起，19年后，卡纳利的比萨饼店遍布美国，共计3100家，总值3亿多美元。卡纳利说：我每到一个城市开一家新店，刚开始大多是失败的，最后成功是因为失败后我从没有想过退缩，而是一步一步地坚强起来，我告诉自己一定要积极思考失败的原因，努力想新的办法。因为不能确定什么时候成功，所以你必须先学会失败。面对逆境发出的挑战，你首先应该学会失败，懂得失败，从失败中看到下一次成功的身影。只要你持续不断地敲门，成功之门总会被打开。失败永远是成功的前奏，是成功的集结号，只要努力地将它吹得响亮，总有一天，你会和成功握手。

逆境不可避免，谁逃避逆境的眷顾，就意味着失去了选择成长和成功的契机。的确，在人生的每一次逆境中都隐藏着成功的契机。就像一粒种子，它的萌芽需要勇气、信心及创造力，同时更需要逆境，也就是阻力。

有人说种子是世界上力气最大的生物。生理学家和解剖学家有一次要把人的头盖骨打开做个实验，可是它坚固得让人难以想象，用了许多办法都没能将其完整地分开。后来，有个做豆芽生意的人建议把一些植物的种子放到那个头盖骨里，然后把温度、湿度都调节好，让种子发芽。结果，意想不到的事情发生了：那些不起眼的种子竟然完整地将人的头盖骨分成了两块。谈到力气大，我们总会自然地想到各种凶猛的动物，从没把这些微小的植物种子放在眼里。可是相对于它的体积，它的力量却是惊人的。这种力量是一般人看不见的生命力。它能屈能伸，富有韧性，虽身处逆境，但不达目的不罢休。生命是带着斗志来到这个世界上的，这就是种子精神——在逆境中，也要不断让自己成长、成熟，直至成功。

也许你有幸天生就拥有一个优良的生活环境，生于温室里，有人造的太阳光的抚慰。但大部分人没那么幸运，都是夹在石缝里艰难地生长的。但在你破石而出的那一刻，你是否意识到，这是一次战胜逆境的结束，也是挑战另一个逆境的开始，是你尽快走向成熟的一个小小的台阶。

走泥泞的路，才能留下清晰的脚印

成功总跟在苦难的后面。生活原本如此，只有走过雨天，才能在彩虹下回望自己一路走过而留下的脚印。

人生的道路从来都是不平坦的，有辉煌的高峰，也有失落的低谷。我们的生活中充斥着各种可能与不可能的选择，每一个选择都是一段心路历程。卓越者习惯对自己说“我能行”，他们敢于迎难而上、不避风险，即使面前困难重重，只要有坚定的信念支撑，他们永远抱有成功的希望。在苦难面前仍能高昂起自己的头，不惧怕、不躲闪，这是强者的姿态，他们深深地懂得，成功的辉煌要用苦难来衬托才更显美丽。

“在战场上时就要勇敢无畏，失败时就要从头再来，胜利时要宽容敌人，和平时就要与人交善。”这是英国首相丘吉尔的一句名言，说的就是面对顺境和逆境时优秀的人应该具有的态度。当你走在平坦大道上时，不浮躁轻狂；当面对逆境时，亦不可一蹶不振。苦难是检验天才的试金石，贝多芬的作品流芳百世，与他人生中所经历的苦难不无关系，因为只有泥泞的路才能留下脚印。

鉴真是妇孺皆知的得道高僧，他刚刚剃度遁入空门时，寺里的住持让他做了寺里谁都不愿做的行脚僧。

有一天，日已三竿了，鉴真依旧大睡不起。住持很奇怪，推开鉴真的房门，见床边堆了一大堆破破烂烂的芒鞋。住持叫醒鉴真问：“你今天不外出化缘，堆这么一堆破芒鞋做什么？”鉴真打了个哈欠说：“别人一年一双芒鞋都穿不破，我刚剃度一年多，就穿烂了这么多双鞋子，我是不是该为庙里节省些鞋子？”住持一听就明白了，微微一笑说：“昨天夜里下了一场雨，你随我到寺前的路上走走看看吧。”

寺前是一个黄土坡，由于刚下过雨，路面泥泞不堪。住持拍着鉴真的肩膀说：“你是愿意做一天和尚撞一天钟，还是想做一个能光大佛法的名僧？”鉴真说：“我当然希望能光大佛法，做一代名僧。”住持捻须一笑：“你昨天是否在这条路上走过？”鉴真说：“当然。”住持问：“你能找到自己的脚印吗？”

鉴真十分不解地说：“昨天这条路又平坦又硬，小僧哪能找到自己的脚印？”住持又笑笑说：“今天我们在这路上走一遭，你能找到你的脚印吗？”鉴真说：“当然能了。”住持听了，微笑着拍拍鉴真的肩说：“泥泞的路才能留下脚印，世上芸芸众生莫不如此啊。那些一生碌碌无为的人，不经风、不沐雨，没有起，也没有伏，就像一双脚踩在又平坦又硬的大路上，脚步抬起，什么也没有留下。而那些经风沐雨的人，他们在苦难中跋涉不停，就像一双脚行走在泥泞里，他们走远了，但脚印印证着他们行走的价值。”

听完，鉴真惭愧地低下了头。

哲人说，成功总跟在苦难的后面。选择泥泞的路才能留下脚印，不经历风雨，没有起伏的人如果一直在一片坦途上行走，终究不会有任何的收获。

在面对苦难的时候不退缩，有“扼住命运的咽喉”的信念，就会迎来人生的辉煌。在人生的路上，每一件发生在我们身上的事都可能是一次绝佳的机会。因此，即使遇到失败，我们也要学会转个弯，把失败作为成功的起点。

任何人在没有经历过磨难之前，都不会有所作为。在忍耐、坚持、战胜磨难的经历中，你才逐渐成长。也只有在无数次的磨难中，在坚持与放弃的岔路口学会选择，你才能走向成熟。有些人低头了，于是他成了彻底的失败者，他不知道自己错过了“柳暗花明”之后的“又一村”。有些人坚信“这都会过去”，于是他笑到了最后。生活原本如此，只有走过雨天，才能在彩虹下回望自己留下的一路脚印。

古希腊有一位国王，要求智者苏菲找出一句人间最有哲理的箴言，这句话必须浓缩了人生智慧且能够一语惊人，能让人无论在什么情况下都能保持一颗平常心，得意但不忘形，失意但不伤神。

苏菲只沉思了一下，就答应了国王，条件是国王要将佩戴的那枚戒指赐予他。几天之后，智者苏菲就将戒指还给了国王，并再三叮嘱他，不到万不得已，别轻易取出戒指上镶嵌的宝石，否则它就不灵验了。

没过多久，邻国大举入侵，国王亲自率领部下拼死抵抗，然而寡不敌众，最终整个城邦沦陷于敌手，国王只得逃亡。有一天，国王在河边掬水解渴时，猛然看到自己的倒影，不禁伤心起来——当初那个气宇轩昂、威风凛凛的国王，现在变成了蓬头垢面、衣衫褴褛的乞丐模样，这怎能不让人感到难过呢？国王越想越伤心，后来竟双手掩面想要投河自尽。这时他想到了那枚戒指，于是急忙抠下了上面镶嵌的宝石，只见宝石里侧刻着一句话——这都会过去！看到这句话，国王的心头重新燃起了希望的火花。这有什么大不了的，这一切终究都会过去的。从此，他忍辱负重，重新召集部下并东山再起，最终赶走了外敌，夺回了国家。当他重返王宫后，第一件事就是将“这都会过去”这几个字镌刻在象征着王位的宝座上。后来，这位国王无论再遇到什么事情，都能妥善处理。据说，他在临终前特意留下遗嘱：死后，他的双手要空空地露出灵柩之外，以此向世人昭示那句箴言。

人生在世，没有什么事情是永恒不变的。身处顺境时，要学会珍惜和感恩；身处逆境时，要学会坚强和等待。人要充满希望地生活下去，要不断提醒自己，这都会过去。这是老国王留给子民和后世的箴言。

尼采说：“命运啊！请你让开，我充满信心地走过来了。”这是对生命中那些困苦的蔑视，他不相信命运，充满信心地走自己的人生之路。年轻的我们涉世未深，在人生的各个转折点上更容易迷失方向。请选择去尝试、坚持，勇敢地面对未知的磨难。优秀的人从来都相信自己，他们深知：泥泞的路才能有脚印。

接受所谓的不幸，期盼生活的彩虹

每个人都是被上帝咬过的苹果，之所以咬你更深，是因为独爱你的芬芳。有人说，活着就是一种莫大的幸福。拥有如此胸怀的人，定是经过无数大风大浪后，坦然面对命运的智者。也许你早已意识到，在生活中，许多事情总不会按照我们预想的方式发展，许多不期而遇的磨难，给予强者坚实的臂膀，而给予弱者的，则是无限的畏惧与退缩。逆境可以磨炼人的能力，可以磨炼人的毅力，可以使人坚强，可以使人成长。吃得苦中苦，方为人上人。乐观的人，把生活中一切不幸与磨难看作一笔财富，他们以洒脱的心情，看待上天给予的恩赐，把这样的财富，一笔又一笔，积蓄在人生的银行里，让自己的人生储蓄更为丰厚。没有一个人不希望自己的一生能活得绚烂多彩，同时也无风无浪，事事顺利。但这本身就是一种矛盾。不要抱怨生活中的不幸不断出现，不要慨叹你的生活总是出现逆境，苦难不会打倒一个强者，只会让他更坚强。

我们要告诉自己：任何现象的发生，都一定有它的原因。在紧急的情况下我们无法追究原因，也无暇追究原因，唯有面对它、改善它，才是最直接、最要紧的。也就是说，遇到任何困难、艰辛、不平的情况，都不要逃避，因为逃避不能解决问题，只有用我们的智慧和勇气把责任担负起来，才能真正从困扰的问题中获得解脱。

日本的船井先生大学毕业后，曾在几家公司工作过。由于他秉性倔强，经常和上司产生矛盾，最后总是毅然离去。

船井先生充满自信而且有着卓越的才能，因而开始独立创业。但是，他主办的经营研究班开课后没有人来听。后来他才深切体会到，别人依据的是招牌而不是个人实力。接着，他结了婚，有了孩子，妻子却突然撒手而去，抱着还在吃奶的孩子，他绝望了，感到自己已无路可走。

过了一段时间，他又有缘再婚，在开朗大度的妻子的支持下，研究班在流通行业中重新开始拓展市场。针对当时刚刚崭露头角的超市等流通行业，船井先生开始着手使其正规化的顾问工作，终于取得了连战连捷的战果。

不可否认，正是最初所有的不幸造就了今天船井先生的崛起。不惧生活的磨难，失败了又站起来，所有的不幸只是五彩缤纷的生活中的一种颜色，对于用心生活的人来说，它只会是轻描淡写的一笔，而不会是人生的主旋律。

当不幸忽然侵袭，一味悲伤是改变不了现状的，一切都不可能再复原，与其一味悲伤导致第二次不幸，不如振奋精神，转换思路，积极向前开拓自己的人生。除此之外没有其他更好的可以改变现状的办法。

《我希望能看见》一书的作家波纪儿·戴儿在书中这样写道：我只有一只眼睛，而眼睛上还满是疤痕，只能透过眼睛左边的一个小洞去看。看书的时候必须把书本拿得很贴近脸，而且不得不把我那一只眼睛尽量往左边斜过去……然而，尽管生活如此困苦，波纪儿·戴儿却始终不肯接受别人的怜悯，更不愿意让别人认为她“异于常人”。

小时候，波纪儿·戴儿想和别的小孩子一起玩跳房子，可是她看不见地上所画的白线，只好在别的孩子都回家以后，自己趴在地上用眼睛仔细地瞄来瞄去，尽量把小朋友们所玩过的每一个地方都牢牢地记在心里，很快她也成为玩跳房子游戏的好手了。在家里看书，波纪儿·戴儿把印着大字的书靠近自己的脸，以至于眼睫毛都要碰到书本了。正是凭着一股子顽强的拼搏劲儿，她先后获得了明尼苏达州立大学的学士学位和哥伦比亚大学的硕士学位。在波纪儿·戴儿52岁的时候，一个奇迹发生了：在著名的梅约诊所施行一次手术之后，她的视力比以前恢复了40倍，一个全新、可爱的、令人兴奋的美丽世界终于展现在了她的眼前。波纪儿·戴儿像个小孩子一样不停地手舞足蹈，她发现：即使是在厨房里的水龙头下洗刷碗筷，也让自己特别开心。波纪儿·戴儿这样写道：我开始玩着洗碗盆里的肥皂泡沫，我把手伸进去，抓起了一大把肥皂泡沫，我把它们迎着太阳举起来，可以清楚地看见：在每一个肥皂泡沫中，竟然都有一道小小的彩虹在闪耀着明丽的色彩……

对于心中满怀希望，对人生有着美好憧憬的人来说，不幸在他眼里只是前行路途中的一粒粒小小的石子，偶然被踩到脚下，只是感到微微发硬，抬起脚，向前迈一步，一切都将成为过去。

坚强的信念，是生命最强的支柱

坚强的信念如生命之花在枯萎之际遇到的那一滴甘露，有它在，这朵花儿便不会凋零；它亦如一缕微风，有它在，便能唤起生命的滚滚春潮，解冻生命的万水千山。

人生有三大支柱：亲情、友情、爱情。然而，当有一天最爱我们的亲人突然离去，最值得信赖的朋友突然背弃了我们，最在乎的人也与我们分道扬镳，生命的大厦在风雨飘摇中岌岌可危时，我们该怎么办？别绝望，朋友，只要有信念与我们为伴，生命中就不会有绝望的身影。坚强的信念是生命里那根最强的支柱，只要我们不丢掉它，生命的大厦就有免于倒塌或者重建的可能！坚强的信念是生命的最强支柱，在于当“黑云压城城欲摧”之际，是它给予我们继续生存下去的理由；在于当我们身陷绝望山谷之时，是它给予我们从绝望中寻找希望的勇气和力量。

人活一世，总不会一帆风顺。坎坷与荆棘，这是生活这盘大餐的配料，给予生活更多的滋味，而这些磨难拼凑起来，就成了从地狱走向天堂的阶梯，也成就了你坚强的品质。经受一次磨难的洗礼，当战胜它之后，这个天梯就会增高一节，你也会站得更高，看得更远。有人说，只有磨难才能造就人才。磨难是刀，它剜人心，让人心如刀绞；磨难是石，它磨人意志，让意志坚如磐石；磨难是福，它是难得的财富，令你人生阅历丰富。在与磨难的抗争中坚持不懈，自始至终拥有坚强的信念，当目标的蜡烛燃烧到最后的时候，燃尽的是阻碍，闪烁的是成功的光芒。

杰克是一个普通的邮递员，他始终坚信邮递员的职责不仅是向人们传递信件，更重要的是传递快乐。于是，每次出发前，他都要在自己的口袋里塞上一些纸条，上面写有许多鼓舞人心的话，诸如“微笑是最好的礼物”、“忘记忧愁吧”……这使得他虽身处平凡的工作岗位却收获了人们回馈给他的众多快乐。

转眼第二次世界大战爆发，他也想像年轻人一样奔赴战场，但由于年龄较大而被拒绝。他就申请到一家战地医院工作，救助那些伤员。由于战斗很激烈，很多伤员抢救无效而死亡。看着医院里死亡的人数越来越多，杰克痛心疾首，在医院的墙上写下了“没有一个人会死！”这句话。开始时，人们看到这条醒目的标语都很反感，因为每天死亡的人数还是有增无减，谁的心里都很悲痛和烦躁。但杰克不以为然。说来也奇怪，不久医院救活的伤员越来越多，最终医院实现了死亡人数为零。那些伤员们的家属兴奋之余都很好奇，最后医院的院长向人们透漏了秘密，答案就是杰克的那句话。

院长说正是因为那句话，所有的医生和护士都以坚定的信念和平静的思绪，给予伤员最奋力的救助和最细心的照料，最终取得了令他们自己都难以置信的效果。

“没有一个人会死”，当这种形影相随的暗示被演绎为坚定的信念时，便铸成了所向披靡的利剑。没有治不了的病，没有救不活的伤员，医院前后的变化正说明了一切事情可能或不可能做到完全取决于我们的信念。

“古之立大事者，不惟有超世之才，亦必有坚忍不拔之志。”坚强的信念，往往就是成功者的特别之处。

在一次新闻发布会上，一位拳击冠军向人们讲述了他的夺冠经历：我第一次与人对打，是在18岁的时候，身高只有1.60米，而对手是一个身高1.80米的30岁大汉。说心里话，当我跳上台去的时候，心想自己是绝对不可能打败他的。

果然，拳击开始后，对手的拳头又快又狠，几下子就把我打得满脸是血，没有还手之力，只有招架之功。

中场休息的时候，我劝自己干脆放弃得了，明知道自己打不过人家，还硬要拿鸡蛋去碰石头，不是找死又是什么？但教练一个劲儿地鼓励我：“相信自己，你一定能够打败他的，只要努力坚持下去就可以了……”教练的话深深地激励着我。再次上场的时候，我把自己整个儿地豁出去了，任凭对手的拳头雨点般地落在身上，我的脑子里只有一个念头：努力坚持下去。于是我也开始了疯狂地反击。慢慢地，我迷糊了，只觉得对手就是一团模糊的黑影，在我的面前来回地晃动。而我呢，什么也不顾了，逮着黑影就打，疯狂地打。终于，对面的黑影不见了。迷糊中，只觉得又有一个黑影奔过来，一把拉起我的手高高举起来，欢呼着：“赢了……”我这才回过神来，发现对手早已经趴在了地上。

从此之后，我就牢牢地记住了教练对我说过的话："只要努力坚持下去就可以了……"在现实生活中，磨难就是你需要搏击的一个强劲对手，你是被它威慑、打倒，还是勇敢坚定地击倒它，这将决定你人生的高度。一个人，只要精神不减、意志不衰、信念不倒，肉体也就不会倒下。即使处于非常恶劣的困境，但只要你自己不放弃，而是继续努力地坚持着，那么最后的胜利就一定属于你。

想拥有幸福的生活、成功的体验，我们就不能惧怕磨难，不能缺少坚定的信念。你要知道，困难会在不同的时间，光临每一个人。生活中，你不会是最倒霉、最糟糕的那一个。遇到为难的事，遇到看似天塌下来的困难，你只需要以这件事为起点，坚定从头再来的信念，即使是山重水复又如何，总有柳暗花明又一村的时候。

"文王拘而演周易，仲尼厄而作春秋；屈原放逐，乃赋离骚；左丘失明，厥有国语……"纵览历史，每一个伟人都拥有一颗坚不可摧的心。让生命的暴风骤雨来得更猛烈些吧！这是强者的呼唤，这是意志的呐喊。没有人能把你打倒，除非你自己！

不被模糊的远方羁绊，做好每天最重要的事

人生的时间、精力极其有限，想让有限的时间、精力造就人生最大的成功，就必须选择成功价值最大的事情去做。

很多人慨叹一生如白驹过隙，在睁眼与闭眼之间就走到了尽头。垂垂暮年的老者无力再去改变自己的生活，在那个苍老的身躯中，那颗心即使依然会时而异常跳动，但这种冲动就像汹涌的大浪一样，来得凶猛，消失得迅速。一生的时间有多长，有人说是一辈子，也有人说只是一天。

一位曾经到阿拉斯加拜访过爱斯基摩人的作家，回来之后向人们讲述了他在那里的一个见闻："永远不要问爱斯基摩人他多大了。如果你问的话，他们会对你说，'我不知道，我也不在乎。'再追问下去，他们就会说，'不到一

天大！’爱斯基摩人相信，到了晚上入睡的时候，他们就死了。但在第二天的清晨醒来时，他们又重新活了过来，获得新生。因此，没有一个爱斯基摩人能活过‘一天’！也正因为如此，每一个爱斯基摩人的面容都不带忧愁和焦虑，他们快快乐乐地过着自己的每一个‘一天’。”“不到一天大！”这并不是爱斯基摩人的一句玩笑话，仔细地回味这种“不到一天大”的心态与理念，你的心中一定会增添一份深刻的崇敬，甚至还感受到了一种莫大的震撼。把每一天都当做一辈子来过，我们才会万分珍惜宝贵的一天的每一分、每一秒时光。把每一天都当做一辈子来过，那么，谁还会有时间去挥霍、去做些无用功呢？人生的时间、精力极其有限，想让有限的时间、精力造就人生最大的成功，就必须要选对成功价值最大的事情去做。也就是说，我们每天都要有清晰的目标可以追求。

目标不在远，不在多，而在于清晰有力，能给人以强烈的指引。目标对于成功者，犹如空气对于生命，不可缺少。没有目标就没有成功，没有空气就不能生存。设定明确的目标，是所有成就的出发点。98%的人之所以失败，就在于他们从来没有设定明确的目标，并且也从来没有踏出过第一步。有了明确的目标，并针对这一目标付诸行动，成功的希望便会青睐于你。

1871年的春天，英国某医学院的学生威廉斯勒不明白应该怎样处理远大的理想和具体的身边小事，一个人应该有怎样的做事态度才能成功。他的老师的一句话让他眼前一亮：“最重要的，就是不要去看远方模糊的事情，而要做手边最具体的事情。”他这才恍然大悟：是啊，不论多么远大的理想，都需要一步步实现；不论多么浩大的工程，都需要一砖一瓦垒起来。

也就是从那一天开始，威廉斯勒开始埋头读书，两年以后，威廉斯勒以全校最优异的成绩毕业。毕业后来到一家医院做医生。他认真对待每一个患者，对每一次出诊都一丝不苟。兢兢业业的态度和精益求精的精神，使他很快成了当地的名医。几年以后，他创办了约翰·霍普金斯学院。他把自己的人生态度贯彻到每一个细节里。许多专家学者慕名来到他的学院工作，使他的学院很快成为英国乃至世界最知名的医学院。威廉斯勒总是告诉他身边的人：最重要的是把你手边的事情做好，这就足够了。

每天都能做好手边的事，有几个人能够做到？在现实生活中，有些人并不是好高骛远，在生活的重压下，眼前的一点点收获和利益不足以满足他们那颗强烈追求成功的心。于是，他们的眼光变得很长远，长远到遥不可及但仍异常渴望。

不知不觉，高不成低不就成了他们的习惯，在对生活的憧憬中，偶然有一天他们低头发现，原来自己每一天都荒废了，都在原地的小小的圈子里踏步，远走的是心，而不是自己的脚步。给自己一个清晰而合理的目标，在较短的时间内、正常的努力幅度下，它是能高高地踮脚就能够到的，这样的目标才会对你的人生有推进的作用。而那些看似远大，只能当作谈资而最终束之高阁的理想，对于它的过分追求，最终只是一种妄想。

哲人说，生活中的坎坷多是由自己、由心造成的。你之所以迷茫，甚至跌倒，多是因为你没有看清自己。清楚地认清自己的实力，选择一条适合自己的路。每天积累一点点，成功就会更快降临。但你要知道，成功的尺度不是做了多少工作，而是做出了怎样的成果。确立了目标并坚定地“咬住”目标的人，才是最有力量的人。目标始终如一的人，能抛除一切杂念，聚积所有力量，全力以赴向目标挺进。把你需要做的事想象成一大排抽屉中的一个小抽屉，你的工作只是每天拉开一个抽屉，令人满意地完成抽屉内的工作，然后将抽屉推回去。不要总想着所有的抽屉，而要将精力集中于你已经打开的那个抽屉。一旦你把一个抽屉推回去了，就不要再去想它。

用心把一天中最重要的那件事做好，执著地追求，你就会发现，你所有的行动都会带领你朝着这个目标迈进。在激烈的竞争中，如果你能做好一天中最重要、最清楚的事情，成功的机会将大大增加。

学会思考，向卓越者迈进

思考具有一种神奇的力量，它可以开启心灵，激励生命。人生离不开思考，思考是生命运动的一部分。

在生活的重压之下，每个人都渴望早日成就一番大事业。走在成功的队伍前面的人，他们懂得成绩的取得不仅仅来自强烈的渴望和积极的行动，更源于思考、想法。

人人都追求成功，思考是成功的第一级台阶。思考可以作为武器摧毁自己，也能作为利器，开创一片充满智慧、无限快乐的人生新天地。学会思考，是我们向卓越迈进的第一步。哲人说，思考是精神的往下扎根，是灵魂与自己的论辩性谈话。科学家说，思考是大脑逻辑思维的体现。当思考能力最终作用于人的行为，就会成就一个人的事业。

生活中的某些人在生活的重压下机械地生活，缺乏思考的自主性、主动性。低头做事成了他们人生的座右铭。殊不知，思考并不是科学家、发明家和伟人的专利，普通人同样有思考的权利和能力。激进者说，人的成就首先是“想”出来的，只有正确思考，并积极采取行动，才能干出一番成绩来。每一个追求成功的人，几乎都能意识到：思考是打开成功大门的钥匙。

面对一件困难的事，失败者会说：这件事情太难了，我无法办到。反之，成功者会说：这个问题我会仔细考虑的。日积月累，成功者积累了许多的工作经验，面对每一件看似不可能做到的事情，成功者都会应付自如。而选择逃避的失败者一次次地失去了尝试的信心与勇气。可见，良好的思维方式与做事情的积极态度是成功者走向卓越的重要因素。当我们面对困难的事情时，首先，我们必须学会思考。其次，不要忘了提醒自己：这种思考方式科学吗?

1965年，一位韩国留学生到剑桥大学主修心理学。在喝下午茶的时候，他常到学校的咖啡厅或茶座听一些成功人士聊天。这些成功人士包括诺贝尔奖获得者，医学、物理、化学等领域的学术权威和一些创造了经济神话的人。这些人幽默风趣，举重若轻，把自己的成功都看得非常自然和顺理成章。他一直在思考，原来不是所有的人都有艰辛的创业历程，甚至他怀疑，他被一些成功人士欺骗了。那些人为了让正在创业的人知难而退，普遍把自己的创业艰辛夸大了，也就是说，他们在用自己的成功经历吓唬那些还没有取得成功的人。作为心理学专业的学生而言，他认为很有必要对韩国成功人士的心态加以研究。1970年，他把《成功并不像你想象的那么难》作为毕业论文，提交给现代经济心理学的创始人威尔·布雷登教授。布雷登教授很高兴这位学生以此作为研究对象，因为在此之前还没有任何人涉足这个领域。

这本书鼓舞了许多人，因为它从一个新的角度告诉人们，只要你对某一事业感兴趣，愿意积极思考，一切皆有可能；而如果你只是接受现实，不从问题的另外一面思考，那么成功可能就与你失之交臂。后来，这位善于思考的青年获得了成功，他就是韩国著名企业泛亚集团的总裁。

这位韩国大学生从一个新的角度思考问题，打破人们的传统观念，更为重要的是他敢于挑战权威，颠覆了人们的固有观念。他以自己的智慧和勇气将无比困难的事情变成可能的结果。所以，我们在日常生活中要学会从崭新的角度看问题，也许我们的想法很幼稚，很不成熟，有点不切合实际，但是又有谁能够说我们永远都不能按我们自己的想法去做呢？因为，思考的力量有多大，自己的舞台就有多大，相信思考的力量，总有一天你会克服困难，将当初人们认为的“不可能”变成现实中的成功。当然，我们为了取得更好的效果，思考一定要全面，思维一定要缜密，而且不能让情绪成为思考的主宰者。

美国化学家利特尔诺非就是因为在行动之前的思考，才避免做了一件错事。他单独经营工业化学企业几年之后，企业亏损严重，他觉得自己的前途黯淡，于是认定自己不适合这个行业，他觉得以后再也没有做这个行业的可能了。当他这样决定的时候，从前聘用他的老板来了，他想把自己的想法告诉他。

他们来到了一个俱乐部，点了几盘好菜喝起酒来，然后他们随便交谈，谈得很愉快，以至于他把烦恼都抛在脑后了。就这样，他们吃了一顿很愉快的晚餐。

经过一整晚良好的睡眠，清晨醒来在新鲜的空气中走一走，他发现自己当初的决定是多么的愚蠢。第二天他依旧回到实验室，从那天以后，他更加执著于自己所从事的事业。

从这次经历以后，他就断定无论任何人，当他们处于困难中的时候，不可以决定什么事情。因为在这种情况下，你的精神和自信心都会降低，而你的判断力也会处于变化之中而变得不可靠。因为，这个时候你是戴着有色的眼镜来看世界的。

假如利特尔诺非在情绪的干扰之下做出决定，失去冷静、缜密的思考能力，也许我们就失去了一个伟大的化学家。他以为自己没有可能再从事化学工作，可是恰恰是他老板的到来冲淡了他的想法。而等到他冷静下来思考，他才发现自己当初选择放弃化学是多么不明智的想法。

当我们面对人生中的困难时，我们不可以轻言放弃，因为我们可以用思考来改变现状。

换一种想法，发现另一条路

思想有多远，你就能走多远，不同的思维决定不同的出路。平庸的人只知道“埋头拉车”，成功的人却能“低头去想”。

曾经有两个囚犯，从狱中望窗外，一个看到的是满目泥土，一个看到的是万点星光。前者悲伤而死，后者欢笑一生。

不同的处世态度，不同的思考方法，其结果往往大相径庭。态度是长期培养得来的，而想法则可以在灵光一现间给你带来巨大的突破。

一般人认为，收废品的一定是穷人，一辈子干这个，不仅抬不起头来，而且更不会发家致富。靠收废品成为百万富翁，那简直就是违背了客观规律，是近乎天方夜谭的事。可是，真就有人做到了。

沈阳有个以收废品为生的人，名叫王洪怀。有一天他突发奇想：收一个易拉罐才赚几分钱，如果将它熔化了，作为金属材料卖，是否可以多卖些钱？于是他把一个空罐剪碎，装进自行车的铃盖里，熔化成一块指甲盖大小的银灰色金属，然后花了600元在有色金属研究所做了化验。化验结果出来了，这是一种很贵重的铝镁合金！当时市场上的铝锭价格为每吨14000元至18000元，每个空易拉罐重18.5克，54000个就是1吨，这样算下来，卖熔化后的材料比直接卖易拉罐要多赚六七倍的钱。他决定回收易拉罐熔炼。

从收易拉罐到熔炼易拉罐，一念之间，不仅改变了他所做的工作的性质，也让他的人生走上另外一条轨迹。

为了多收到易拉罐，他把回收价格从每个几分钱提高到每个一角四分，又将回收价格以及指定收购地点印在卡片上，向所有收废品的同行散发。一周以后，王洪怀骑着自行车到指定地点一看，只见一大片货车在等待他，车上装的全是空易拉罐。这一天，他回收了13万多个，足足2.5吨。

向他提供易拉罐的同行们，卸完货仍然又去收他们的废品，而王怀洪却彻底变了。他立即办了一个金属再生加工厂。一年内，加工厂用空易拉罐炼出了二百四十多吨铝锭，3年内赚了270万元。他从一个“拾荒者”一跃成为百万富翁。

从收废品的人到百万富翁的距离有多远，王洪怀用他的行动给予了我们最实际的答案——一个想法。能够想到不仅是收，还要改造收来的东西，这已经不简单了。改造之后能够送到科研机构去化验，就更具有专业眼光。

哲人说，有什么样的想法，就会有什么样的命运。在任何关键的时候，正确的想法都是解决问题的唯一途径。思想有多远，你就能走多远，不同的思维决定不同的出路。一个人在做事之前，一定要善于变换角度看问题，学会变通是跨越生命障碍、走向成熟的重要一步。激动人心的成功总是和出类拔萃的创意联系在一起，善于改变自己的思维，就会取得非同一般的成效。某饮料公司生产的一种饮料原先销路不畅，后来他们采纳了一位专家的建议，在每包饮料的包装上印上一则动人的很有诗意的爱情小故事，并将此饮料命名为“爱情饮料”。品种依旧，但包装一换，马上就吸引了众多的青年男女，他们边饮用边欣赏故事。接着该公司又动脑筋搞了个征文比赛，将从中选出的爱情故事印在包装上，反响十分强烈，参赛者踊跃。这些参赛者还做了公司的义务推销员，饮料销量顿时猛增。无独有偶，日本有个叫吉田正夫的人，他有一次去外地省亲，在市集上看到一个渔民在摆弄一种小虾，这种虾不是用来吃而是用来观赏的。原来这种虾产于日本的南方，自幼就习惯于成双成对地生活在石缝中，长大后已无法从石缝中游出来，就这样在石缝中度过一生。渔民根据这种虾的特性，捕捞后，把它们一对对放在稍作加工的石缝中，注入清水，略加装饰，作为观赏性的小动物出售。

但吉田正夫更进一步想，这些小虾成双成对地在石缝中生活一辈子，不是可以作为爱情专一的象征吗？吉田正夫顾不得省亲，急忙赶回东京，经过一番筹划后，在东京开了一间结婚礼品商店，专卖这种小虾。

他经过精心设计，使用一种小巧玲珑的玻璃箱，将人工制作的假山石置于其中，作为小虾的“房子”，再装饰一些水生植物，注入清水，让虾在“石房子”内生活得十分安逸。纪念品上还附有简短说明，把小虾从一而终、白头偕老的故事描绘得真切动人。许多新婚夫妇见了后都会买一件带回家，甚至很多老夫老妻也纷纷买一件回去作观赏和纪念。东西相同，但因想法的差异、经营方式的不同，最终收到的效果就会完全不一样。饮料还是原来的饮料，小虾依旧是原来的小虾，但加上一个故事、一个寓意之后，产品变得有趣起来，一下吸引了顾客的眼球，成了抢手货，而且身价倍增。

在这个世界上，绝对无用的东西或失败的事物是没有的，就像“天生我材必有用”一样。同一种事物，在不同的人眼里，或者在不同的际遇里，往往会有不同的价值，关键还是看你怎么去运作和经营。

有人经常说：“我忙得没有时间去想。”然而，就是“没时间去想”这五个字，成为成功与失败的分水岭。平庸的人只知道“埋头拉车”，成功的人却能“低头去想”，换个角度去思考。正因思考，他们能够找到解决问题最好的方法。

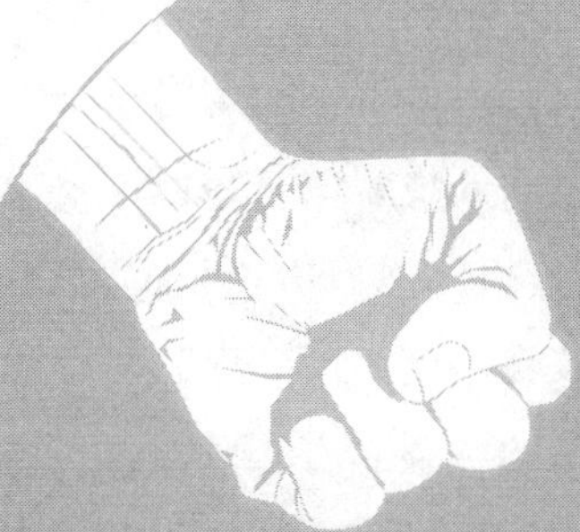

第 8 章

锻造自我，积极铸造心灵的韧度

人生需要选择，更要懂得放弃

人生就像演戏，每个人都是自己的导演，只有学会选择和懂得放弃的人才能创作出精彩的电影，才能拥有海阔天空的人生境界。

有人说，人的一生，只有一件事不能选择——就是自己的出身。其他一切命运，都是自己选择的结果。人生就像是一份试卷，它有大量的选择题，不可不选而且还不以分数计算。有时，A或B你都不想放弃，但它却是一道单选题，所以你必须要有所选择和放弃。这时就要求我们冷静地思考，仔细地斟酌，最后再选出自己认为可能正确的答案。古人有云："知人者智，自知者明。"所谓"自知"，意指正确认识和评价自身的实力与局限，正确选择力所能及之职。选择一个自己可能成功的方向，这样做起事来才能充满希望，也能使自己的潜力得到最大的发挥，从而达到事半功倍的效果。

古今中外很多取得巨大成功的人，都是睿智地选择了一个自己可能达到的目标，毅然决然地放弃了不适合自己的方向，然后克服了重重的困难，最终走向了成功。

出生在英国伦敦贫民窟的卓别林拥有一个十分悲惨的童年。就在卓别林10岁那年，父亲因酗酒过度而身亡。小卓别林为了挣钱养家，先后做过杂货店的帮工、诊所里的佣人、书店里的伙计、印刷厂的学徒。当母亲被送进疯人院后，11岁的卓别林就失去了家，他只能流浪街头，靠乞讨和卖艺为生。但卓别林的梦想是当一名演员，于是他放弃乞讨和卖艺所赚取的收入，放弃了这种不用努力工作也能活命的生活，即使生活困苦不堪，他也没有后悔过。因为，他始终认为那是一条不可能实现自己梦想的道路，为了一个不可能而继续走下去，他的人生也将会永远悲惨下去。

他选择了做一名演员，那才是他真正的梦想。但是，这对于一个流浪儿来说，可以想象是多么艰难。就在别人认为不可能的情况下，经过卓别林的不懈努力，从自身的经历和体验中创造了有人格、有灵魂的流浪汉这个形象，他成了全球闻名的喜剧明星。

卓别林选择了自己的梦想，并且经过他的努力以及自身特有的流浪汉的经历使这个梦想成真。他放弃了自己那种“不劳而获”的生活方式，放弃了通过博取同情和给人取笑轻而易举就能换取的收入，他选择了一个自己可能实现的理想，最终也获得了成功。

“不可能”是凡人的障碍，却是伟人的阶梯。所有伟大的成就在普通人的眼里都有一个共同的标签：“不可能！”而“不可能”的背面却写着：“没有什么是不可能的。”只要我们能够正确地认清自己，选择一个可能成功的方向继续前进，就一定能找到我们人生真正的出口。

没有选择，你的人生就是没有航标的小船，毫无目的地随波逐流。但是生活中仅仅学会了选择还是远远不够的，你还要懂得放弃。选择是人生成功路上的指南针，学会如何运用它，你才不会迷失方向。放弃是智者对生活正确的选择，懂得怎样运用它，你才能更快地到达目的地。

巴尔扎克说：“在人生的大风浪中，我们常常学船长的样子，在狂风暴雨之下把笨重的货物扔掉，以减轻船的重量。”这告诉我们，在权衡自身能力的情况下，我们应果断地选择一个“可能”实现的理想与目标，勇往直前。

一个小女孩来到沙滩上捡拾美丽的贝壳，没用多久，她手里已经满是贝壳，妈妈对女儿说：“不要捡得太快，慢慢来，先把手中的贝壳，放在一边，等会儿你会捡到更美的贝壳。”小女孩的母亲想以此来告诉她：她要舍弃更多，不管她愿不愿意。

在我们的思维定势中，总以为一味坚持会让我们收获更多，所以对于放弃我们根本不加考虑。对坚持我们情有独钟，把不轻易放弃作为固定的人生哲学，作为成功的唯一途径。因此，有很多人在面临抉择的时候总是不懂取舍，结果也因此而“赔了夫人又折兵”。

生命更沉重的负荷来源于哪里？归根结底还在于一种不愿舍弃的心理。我们总会听到身处职场的人抱怨："累啊，累啊！"可他们就是舍不得放下压得自己喘不过气来的肩头重担，以为这样走到尽头才会有收获，才能获得生命的享受。殊不知中途有人承载不了负荷而被压倒，失去了寻找快乐的心，再也起不来了。

"塞翁失马，焉知非福"是一种乐观、豁达的心态，是一种勇于放弃的智慧。放弃是顾全大局的果敢和胆识，是一种量力而行的睿智和远见。面对人生，我们要做自己的导演，只有学会选择和懂得放弃才能彻悟人生，才能拥有海阔天空的人生境界。

让心先到达，一切皆有可能

生活中有很多事情看似不可更改和不可实现，其实在许多时候是事物给我们的错觉，我们被迷惑了。

在这个世界上，一些人成功了，轰轰烈烈；一些人却失败了，平平庸庸。究其失败的原因，并不是他们缺少智慧，也不是缺少机会，而是因为他们在通往成功的大道上，在突如其来的障碍面前丧失了坚持下去的勇气和信心，因为他们认为目标遥不可及，理想是不可能实现的。这样的心态使他们在到达成功的彼岸之前，黯然离去……非凡与平庸的最大区别并不在于身体的强健与否，而在于人的思想正确与否，人的心智清明与否。我们对世界的认知，以及感悟大自然的精神能量，使我们有能力为自己创造美丽新世界。面对一座高山，让我们疲惫的往往不是遥远的路途，而是我们认为"不可能"到达的心态。

一位哲人曾经说过："你的态度决定你的高度。"你用什么样的态度去对待某件事，其结果也会像你的态度一样。生活中许多事情的成败，并不是事情本身的困难大小决定的，而是由我们的心态决定的。如果你认为某件事情不可能办成，那么你就会失去尝试的勇气和动力，它也就真的变得不可实现了。如果你觉得某件事你可能做到，你能够通过自己的努力接近目标，在你勇于尝试之后，也许它真的就实现了。

曾经有位学者在一所小学里做过一个著名的实验。新学年开始的第一天，这位学者让校长把三位教师叫进办公室，对他们说："我这几天查看了你们过去的教学档案和成绩，认为你们是本校最优秀的老师。因此，我们特意挑选了100名全校最聪明的学生组成三个班让你们教。这些学生的聪明才智比其他孩子都高，希望你们能把他们带出来，让他们取得更好的成绩。"三位老师都高兴地表示一定尽力。校长又叮嘱他们，对待这些孩子要像对待其他学生一样，不要让孩子或孩子的家长知道他们是被特意挑选出来的，老师们都答应了。

一学年之后，这三个班的学生成绩果然名列整个学区的前茅。这时，校长告诉了三位老师真相：这些学生并不是刻意选出的最聪明的学生，而是随机抽调的。三位老师跌破眼镜，他们没想到会是这样，于是就都认为是因为他们的教学的功劳。没想到，更让这三位老师想不到的是，这时校长又告诉了他们另一个真相，那就是，他们三位也不是被特意挑选出的全校最优秀的教师，他们也不过是随机抽调的普通老师罢了。

故事中的这三位教师都认为自己是最优秀的，并且所带的学生又都是最聪明的，他们投入全部的信心和精力用于教学活动。对教学工作前所未有的热情使得他们工作起来非常卖力，取得好成绩也就成了理所当然的事情。

做任何事情，最怕的就是对自己没信心，否定自己的能力。当面临一些挑战时，便以为自己做不了，结果当然是一事无成。反之，如果做事情之前充分地肯定自己，对自己充满信心，坚定地对自己说"我能，我行"，那么即使是一些以前从未做过的事情也能完成得很完美，甚至能创造奇迹。

不要随便否定自己，告诉自己，无论前方的路有多遥远、多崎岖，都能到达。

要正确面对失败与挫折，认真总结经验教训，永不气馁。失败了并不可怕，可怕的是我们失败后不能采取一种正确的心态和行动。失败是每个人在前行路上必经的坎坷，不要因为一两次小小的失败就怀疑自己、看轻自己、否定自己。

在非洲中部地区干旱的大草原上，有一种体形肥胖的巨蜂。巨蜂的翅膀非常小，脖子也很粗短。但是这种蜂在非洲大草原上能够连续飞行250公里，飞行高度也是一般蜂类所不能及的。它们非常聪明，平时藏在岩石缝隙或者草丛里，一旦有了食物便立即振翅飞起；尤其是当它们发现这一地区即将面临极度干旱的时候，它们就会成群结队地迅速逃离，向着水草丰美的地方飞行。

这种强健的蜂被科学家称为“非洲蜂”，科学家们对这种蜂充满了好奇。因为根据生物学的理论，这种蜂体形臃肿而翅膀非常短小，在能够飞行的物种当中，它们的飞行条件是最差的，从飞行的先天条件来说，它们甚至连鸡、鸭都不如；从流体力学来分析，它们的身体和翅膀的比例根本是不能够起飞的；即使人们用力把它们扔到天空去，它们的翅膀也不可能产生承载肥胖身体的浮力，会立刻掉下来摔死。

但事实却是，非洲蜂不仅能飞，而且是飞行队伍里最顽强、最有耐力、飞得最远的物种之一。

哲学家们对此给出了合理的解释：非洲蜂天资低劣，但它们必须生存，而且只有学会长途飞行的本领，才能够在气候恶劣的非洲大草原活下去。简单地说，若是非洲蜂不能飞行，它就只有死路一条。

什么叫“置之死地而后生”？非洲蜂给出了很好的回答。非洲蜂更让我们相信，在一个执著顽强的生命里，没有什么叫做“不可能”。

让心先到达，不管是因环境所迫还是自己发自内心地积极主动。要有一颗认为一切都可能实现的心，坚信脚永远比路长，取得理想的成就只是时间和机遇的问题。

世上无难事，只怕有心人。有“心”就是要有一颗“可能”之心，世间并没有真正意义上的障碍，有的只是不同的选择、不同的心态。有“可能”的态度，选择“可能”就等于给自己一个敢于超越自我的机会，从某种意义上说，也是鼓舞自己向生命高地冲锋的一个机会，给自己一张出类拔萃的入场券。所谓“不可能”，也许只是自己在自我面前设立的一道障碍。只要你心怀可能，拥有足够的勇气，成功也许近在咫尺。

生活中有很多事情看似不可能更改和不可能实现，在许多时候其实是事物给我们的错觉，我们被迷惑了。生命本身就是神奇的，每一个人的身上都蕴藏着无数的奇迹。

心若在，梦想就永远存在

在不断求索的过程中，因为我们年轻，我们怀有希望，失败并不会成为一件可怕的事情。年轻没有失败，失败了就从头再来。

人生的路途千万条，每一条都有荆棘为伴。坚强者一往无前，无所畏惧，而失败者逡巡不前，最终选择寻找更为平坦的路。殊不知，艰苦的环境不一定就是人生的不幸，相反还会成为磨砺人生的砥石。

在现实生活中，当你看着别人走进成功的大门，享受功成名就的幸福时，你还在门外徘徊。只有你自己清楚，你的内心也是那样渴望成功，你也无数次在夜深人静的时候思考怎样实现自己的理想，怎样成功。但你又让无数的失望将你打败，让无数的困难将你绊倒，于是你落在平庸人的队伍中。

生命如此短暂，你甘心让它在无为中消逝吗？充分地肯定自己，拥有一颗坚强的心，拥有对成功的强烈渴望，跌倒时不沮丧，失败时不气馁，你很快就会迎来明媚的彩虹。

从前，在一座高山上的古庙里，生活着一位人人敬仰的智者。

这一天，一个在追求成功的道路上屡屡失意的年轻人艰难地爬上山来，向智者询问成功的秘诀。智者递给他一粒带壳的花生，说："来吧，用力捏碎它。"

只稍稍用了一点儿力，年轻人就把花生捏开了，饱满圆润的花生米一下子就蹦了出来。但是，智者却微微一笑，叫他再用力去搓花生米。年轻人也照着办了，搓下红色的花生皮，只留下了白白的果实。智者再叫他用力去捏。年轻人甚是迷惑不解，但还是照着做了。但他不论如何用力，却怎么也捏不碎这粒花生仁。

这个时候，智者才语重心长地告诉年轻人："虽然屡屡遭受打击与磨难，也失去了很多东西，但始终都要拥有一颗坚强不屈的心，只有这样才会有美梦成真的希望啊！"失败和挫折是铸造强者最好的磨具。只有经历过不幸、挫折、失败和痛苦的磨练，努力打造心灵的韧度，把不幸和命运掌握在自己手中，才能在生活中做到宠辱不惊、镇定自若，在面对突发情况时临危不惧、冷静处之；才能使自己始终保持积极而平和的心态，不偏不倚、不疾不缓地朝着既定目标前行。

如果你的产业被大火付之一炬，在废墟中，你是否有勇气高唱：从头再来！东北的一位女士这样做了。

小刘自己创办了一家小企业，效益还算不错。但天灾让她瞬间一无所有。仅两个多月后，一场无情的大火再次把她推入谷底。那天，一阵急促的电话铃声把小刘惊醒："经理不好了，厂子着火了！"小刘眼前一黑，跌跌撞撞跑出家门。距离工厂不远时，她已经看到翻滚的黑烟直冲天空。她走入工厂，看到整个厂房都烧塌了，工人们拿着水桶、脸盆还在救火，满身焦黑。在东北这个最寒冷的早晨，她无声地哭了。马上要交付客户的货都烧没了。但她更担心自己的工人，她让工人都站出来，挨个点名，得知都安然无恙后，她吁出一口长气。

站在一片焦黑的瓦砾中，她沉思良久，走到工人面前，深深鞠了一躬，高声说："厂子和货都烧没了，现在如果有人想走，每人发二百元钱，天亮就可以走。如果大家能留下来，我一定不会让大家失望的。一年后的今天，我为大家举行庆功会！"

工人们半晌没有吱声，这时不知是谁带着哭音唱了起来：心若在，梦就在，天地间还有真爱，看成败，人生豪迈，只不过是从头再来……是啊，这是为他们经理的行动唱的。她用行动唱了最动听的《从头再来》。18天后，人们看到工厂奇迹般浴火重生了。而且由于她良好的人际关系，工厂很快恢复了运转。

一个人一时的失败是在所难免的，并不可羞、可悲，但如果不敢正视失败，一辈子活在畏惧失败的阴影里，那将永远也不能抬起头来。

在不断求索的过程中，因为我们年轻，我们怀有希望，失败并不会成为一件可怕的事情。如果你在失败后不敢再次尝试，在现实的苦难中变得越发软弱，你心甘情愿地停留在现有的状态，平淡的生活将会磨去你对美好生活的向往。

一分耕耘，一分收获，这是再浅显不过的道理。而只有真正用心付出，用心努力的人，才能拥有更多的收获。努力去做，就算次失败了也不要灰心，记住一句话："年轻没有失败，失败了就从头再来。"

我只看我所有的，不看我没有的

如果你的眼里充满对生活的希冀，即使在命运的玩笑中也能高昂着头，跨过心灵的绊马索，不断地充实自己和超越自己。

在竞争的环境中成长起来的我们，在比、学、赶、帮、超的同时，也不经意地多了些复杂的心理。很多人容易嫉妒，相反，也有那么一小部分人容易自卑。

在竞争的路上不断比较，在得与失的笑与悲之中，有些人逐渐失去了最初的目标，失去了真实的自我。

有竞争，就有成功和失败。特别是在生活压力越来越沉重的今天，每一点小小的收获，每一步小小的成功，对我们都很重要，让你我们不敢轻易松手和做出其他选择。也正是因为过于看重获得的利益，害怕失去，以至于让很多人逐渐畏怯去选择看似更好的机遇，因此他们的人生就此停滞不前。

更有甚者，在某一次不幸成为竞争的失败者或淘汰者后，他们就失去了再一次站起来的能力和勇气。从此，自卑和胆怯占据了他们的内心，在希冀成功的到来时，多少没了些底气。其实，成功的机会对于每个人都是公平的，关键看我们如何对待它。只有克服畏怯和自卑感，在可能成功时充分相信自己，才能将成功紧紧地攥在我们的手心里。面对一件将要去做的事时，不要考虑过多，甩开自卑，抛去畏怯，相信自己，勇敢地迈出第一步，你的命运或许就会改变。

在现实生活中，畏怯和自卑感往往会让一个人与成功的机会失之交臂，抱憾终生。害怕与陌生人交谈，害怕在大庭广众之下发表自己的观点，害怕与别人不一样……渐渐地，我们消失在大众的眼中，躲在角落里为心中的那份理想默默地努力奋斗着。

俗话说，金无足赤，人无完人。既然如此，何必因为自卑或缺乏自信而抹杀了你所有的“闪光点”呢？每个人都具备走向成功的条件，但是具备成功者心态的人却不多。而只有看到自己所拥有的，不自卑于自己所没有的，才能跻身于成功者的行列。

这是一场特殊的演讲会，她站在台上，双手不规律地在空中挥舞着；她的嘴张着，偶尔也会咿咿唔唔地说些什么。可以说她是一个不会说话的人，但是她的听力很好，只要有人说出她的意思，她就会激动得歪歪斜斜地向他走来，送给他一张她自己制作的明信片。她是一位自小就患脑性麻痹的病人。脑性麻痹在夺去她肢体的平衡感的同时，也夺走了她发声讲话的能力。从小，肢体的残疾给她的生活带来了诸多不便，众人异样的眼光更是令她难堪。然而她并没有让这些外在的痛苦击败她内在奋斗的精神，也不接受命运造成的既定事实。她并不自卑，更不畏怯，充分相信自己在艺术方面的天赋，经过常人难以想象的努力，终于获得了加州大学艺术博士学位。

一个学生小声地问她，“请问黄博士，你怎么看待自己的残疾？你都没有怨恨吗？”“我怎么看自己？”她在黑板上写下这几个字，她写字时有股力透纸背的气势。写完这个问题，她回头看看发问的同学，然后嫣然一笑，又龙飞凤舞地写了起来：

① 我很可爱！

② 我的腿很长、很美！

③ 爸爸妈妈很爱我！

④ 我会画画！

⑤ 我会写稿！

⑥ 还有……

……

她接着在黑板上写到，“我只看我所有的，不看我没有的。”

掌声在学生群中响起，她倾斜着身子站在台上，满足的笑容从她的嘴角荡漾开来，有一种永远也不被击败的傲然，写在她脸上。她就是黄美廉。

很少人的生活是这样残酷的，很少人像黄美廉这样身体残疾。但能像她这样坚强自信的人却不多。面对自身的缺陷，她没有感到自卑；面对生活中的重重困难，她没有畏怯。她以一种永远也不被击败的傲然姿态面对生活。

“我只看我所有的，不看我没有的。”多么掷地有声的一句话。哲人说，上帝是公平的，给谁的都不会太多。关键是你怎样看待自己的一生和命运。

从前，有两个小孩子，一个叫赛迪，他很聪明，学什么东西都一点就通，因此颇为骄傲；另一个叫迈克，有些笨，一直都在用功，却很难进入前茅，于是就变得自卑了。不过，迈克的母亲总是鼓励他："如果你总是以别人的成绩来对照自己，那你始终也不过是一个'追逐者'。有时候，虽然奔驰的骏马在起初的时候呼啸在前，但最终抵达目的地的，往往是那些充满耐心和毅力的骆驼。"慢慢地，赛迪和迈克都长大了，但奇怪的是：以聪明自诩的赛迪，一生业绩平平；而有些笨的迈克，尽量在各个方面充实自己，一点一点地超越自我，最终成就了非凡的业绩。这就使得赛迪愤愤不平，以至于很快就郁郁而终了。赛迪的灵魂随风飞到了天堂，他气呼呼地质问上帝："你也知道的，我的聪明才智远远超过了迈克，应该比他更伟大，可为什么你却让他成为人间的卓越者呢？"上帝笑了，说："可怜的赛迪啊，你到死都没有弄明白：我在把每个人送到人间去之前，就已经在他生命的'褡裢'里放了一件相同的东西，这就是世人常说的'聪明'。只不过，我把你的聪明放在了'褡裢'的前面，所以你看到自己的聪明之后就开始骄傲自大起来，以至于贻误了你的一生；至于迈克，我把他的聪明放在了'褡裢'的后面，他因为看不到自己的聪明，也就只有一个劲儿地仰头看着前方了，所以他一生都在不停地迈步向前，最后取得非凡的成就也在所难免了！"在生活中，不管我们遇到什么事情，你都要坚信，任何一个人，都有着自己独特的秉性和天赋，也都有着自己实现人生价值的切入点和突破口。如果你只能看到眼前的优势，因此而沾沾自喜，那你很可能就无法取得更大的突破。反之，如果你的眼里充满对生活的希冀，即使在命运的玩笑中也能高昂着头，跨过心灵的绊马索，不断地充实自己和超越自己。

给人生一个支点，让自己亮在暗处

给人生一个支点，给生活一个位置，找到属于你的那一条起跑线，做一个勇敢奔跑的人，你会发现，你的生活中会拥有更多的闪光点。

我们经常说"在其位，谋其政"，处于什么身份、位置的人，在最适合自己的领域施展拳脚，才不至于四处碰壁。古往今来，有多少能人志士感叹："时运不济，命运多舛。"又有无数英雄豪杰慨叹："英雄无用武之地。"但是，他们没有发现，自己只是一味固守着属于自己的一方净土，没有转换思想，展示自己，走出那不属于自己的舞台。现如今的我们时常感叹自己无人欣赏，"埋没人才"一词经常挂在嘴边。要知道，"千里马常有而伯乐不常有"，与其整天怨天尤人，不如寻求突破，自己做自己的伯乐。

看到同自己一起长大、一起上学的人逐渐飞黄腾达、锦衣玉食，闲暇时开着私家车去郊游、购物，还在为下月房租奔忙的你是否也慨叹命运的不公呢？"他上学时成绩不如我，人缘也不如我，如今收入却是我的好几倍。真不公平啊！"这些牢骚的话，你是否也经常将它们挂在嘴边呢？不需去嫉贤妒能、抱怨再三，是金子总有发亮的时候，但就怕那金子在明亮的日光灯下不愿挪动，最终毫无光芒可言。一个人能否成功，从某种程度上来说，取决于对自己的评价，这种评价有一个通俗的名词——定位。在心中你给自己定位是什么，你就是什么，因为定位能决定人生，定位能改变一个人的命运。

有人说，"人放对了地方是天才，放错了地方就是垃圾。"为了使自己充分发展，给自己的人生找一个闪亮的位置，给生活找一个坚强的支点是至关重要的。记住：在很大程度上，你可以掌握自己的命运，展现自己的价值！

一个乞丐站在地铁出口卖钥匙链，一名商人路过，向乞丐面前的杯子里投入几枚硬币，匆匆而去。过了一会儿，商人回来取钥匙链，说："对不起，我忘了拿钥匙链，因为你我毕竟都是商人。"

几年后，这位商人参加一次高级酒会，遇见了一位衣冠楚楚的老板向他敬酒致谢，并对他说："我就是当初卖钥匙链的那个乞丐。"他的生活的改变，得益于商人的那句话。乞丐也可以成为卓越的商人，你甘心做一个乞丐，你就是乞丐，当你把商人的座位放在自己的屁股下，你就是商人。它会强迫你具有商人的头脑和心态，从似懂百懂到用心钻研再到驾轻就熟，这是一个顺其自然的蜕变过程。不过，我们还应该认识到，就算你给自己定位了，如果定位不切实际，也不会取得成功。因此，你一定要记住，在给自己定位时，有一条原则不能变，即你无论做什么，都要选择你最擅长的。只有找准自己最擅长的，才能最大限度地发挥自己的潜能，调动自己身上一切可以调动的因素，并把自己的优势发挥得淋漓尽致，从而获得成功。生活中，很多年轻人对自己的长处认识得还不够充分。例如，善于待人接物的人并不认为他们的特长与别人有什么区别；口才出众的人也不一定会想到这可是自己身上的一个长处。而许多成就卓著的人士，他们的成功首先得益于他们充分了解自己的长处，根据自己的特长来进行定位或者重新定位，最终找准了真正属于自己的行业，让自己在最合适的地方闪闪放光。

比尔供职于一家拥有数千名员工的大公司。在这么大的公司中，像他这样的普通员工多如牛毛，比尔一直为自己得不到提拔和重用而懊恼。

一天晚上加班，他的主管让他到地下仓储室去取一件东西，刚走进门，突然停电了。他摸摸身上的打火机，可惜没有找到。如果返回35层的办公室取应急灯或者蜡烛，又浪费时间，主管着急要呢！正当他一筹莫展的时候，他身上的手机响了起来，伴随着悦耳的铃声，一片光亮在偌大的仓储室里漫溢开来。比尔一拍脑袋，马上有了办法。尽管白天或者在有光亮时这个手机的屏幕光不是很明显，甚至由于习惯了都没感觉到它的光亮，可是在这黑暗的地下室里，手机屏幕的光非常耀眼。借助手机的光亮，比尔在货物堆里找到了他要的东西，及时地交给了主管。

比尔从这件事上获得了灵感。他在当晚的日记里写道：星星悬挂于月亮旁边，当然无法让人看到其光芒。如果懂得如何把自己放在一个恰当的位置上，让自己亮在暗处，原来微弱的光就会特别耀眼。

过了几天，比尔就向其主管辞职，加盟了一个只有几十人的小公司，并从市场部的一个小职员开始做起。因为他在原先那个大公司里积累了丰富的工作经验，自己又有不俗的实力，不久他就被提升为项目部主任。后来，他又从主任的位置升任项目部经理。然而，他没有在这个位置上久留，又从这家公司跳槽到了另一家更适合他的公司，并逐渐做到了经理的位置。最后，比尔成了一家跨国公司的经理。别人在问他的成功经验时，他是这么说的："一个人要成功，必须找准个人能力和职业的最佳结合点，找准自己的位置。"一个人越早找到最适合自己的位置，就越能够以最快的速度取得成功。如果你坚信自己是金子，能迸发出耀眼的光芒，但你现在却终日郁郁寡欢，被众多的无足轻重的琐事缠身而无法自拔，那么，请你看一下自己是不是站在了"暗处"。你要知道，同样是一块金子，你把它放在阳光底下和放在屋子里，它发出的光亮是截然不同的。

人生有诸多的选择，让我们最为困惑的不是选择走哪条路，而是当走在某条路上时，我们不知道、不肯定我们的脚是否走在了最光明的路上，我们依然会时不时地顾盼其他路途上的旅客，用他们走过的每一个脚印的深浅和自身比较，用他们所暂时得到的耀眼的荣誉、利益和自己相斟酌。你会发现，在他们中间，你不是生活得最好的一个，但你也不是最差的一个。生命就像是一次赛跑，在生活诸多的跑道上，你不必去顾忌你是占据了内道还是外道，只要你选择一个适合自己的赛跑项目，用心去起跑，那么到达终点的距离是一样长的。

看清自己的价值，给予心进取的方向

人活于世，每个人都有自己的价值，都是独一无二的，切不可因为在某方面逊色于别人就失去自我。

有这样一个故事：有一天，国王心血来潮，到花园里散步。当他看到花园里面的景象时，不禁吃了一惊！过去绿意盎然、花团簇锦的花园，竟然变得无比荒凉。于是，国王疑惑地询问园丁，究竟发生了什么事，花园怎么会变成这样。

园丁说："我尊敬的国王啊！这是因为橡树认为它比不过松树的高大，所以死了；松树因为比不过葡萄秧能结果子，所以也死了；而葡萄秧因为不能像橡树一样直立，因此也死了；至于其他的植物花卉，也都是因为各有比较而死去了。最终，花园因此而渐渐荒凉了。"

忽然间，国王发现花园里的草仍然生机蓬勃，不免又好奇地问园丁："为何其他的植物都枯死了，只有这一片草地仍然绿意盎然呢？"

园丁微笑着说道："这是因为小草们并不想成为松树、橡树、葡萄秧或者其他植物，它们知道自己的价值是什么，所以也只想做它们自己而已。因为这样的想法，所以，它们自然就生机蓬勃，绿意盎然！”

每个人都想做高大的树木，都想攀升到高处，感受一览众山小的感觉。但生活的现实，却往往会让你处于一个劣势地位，跟别人相比，你的日子过得捉襟见肘。于是就有许多人觉得自己一无是处、毫无建树，一生都会如此庸庸碌碌。

殊不知，每个人都具有世界上独一无二的价值，没有任何人、事、物能够取代我们，也没有任何人、事、物能够贬低我们，除非我们自己看轻自己、自己贬损自己。

人活着就应该善待自己，在低潮时给予自己鼓励。在人生的旅程中，我们无法避免诸多的挫折，但是不管那些无情的打击如何使我们痛苦、受伤、难堪，我们都不应该忘记自身的价值，更不应该妄自菲薄。

有一个出家弟子跑去请教一位很有智慧的师父，他跟在师父的身边，天天问同样的问题："师父啊，什么是人生真正的价值？"问得师父烦透了。

有一天，师父从房间拿出一块石头，对他说："你把这块石头，拿到市场去卖，但不要真的卖掉，只要有人出价就好了，看看市场上的人出多少钱买这块石头？"弟子就带着石头到市场，有的人说这块石头很大，很好看，就出价两元钱；有的人说这块石头可以做秤砣，出价十元钱。结果大家七嘴八舌，最高也只出到十元钱。弟子很开心地回去，告诉师父："这块没用的石头，还可以卖到十元钱，真该把它卖了。"

师父说："先不要卖，再把它拿去黄金市场卖卖看，也不要真的卖掉。"

弟子就把这块石头拿去黄金市场卖，一开始就有人出价一千元钱，第二个人出一万元钱，最后被出到十万元钱。

弟子兴冲冲地跑回去，向师父报告这不可思议的结果。

师父对他说："把石头拿去最贵、最高级的珠宝商场去估价。"

弟子就去了。第一个人开价就是十万元钱，但他不卖，于是又加到二十万元钱、三十万元钱，一直加到后来对方生气了，要他自己出价。他对买家说，师父不许他卖，就把石头带了回去，对师父说："这块石头居然被出价到数十万元钱。"

师父说："是呀！我现在不能教你人生的价值，因为你一直在用市场的眼光看待你的人生。人生的价值，应该是在一个人心中，先有了最好的珠宝商的眼光，才可以看到真正的人生价值。”

每个人都有属于自己的独特的价值，善待自己的人，懂得自身价值的大小，绝不在于别人的评价，而是在我们给自己的定价。

坚持自己具有崇高的价值，接纳自己，磨砺自己，给自己成长的空间，每个人都能成为“无价之宝”。

黏土在天才的手中变成了堡垒，柏树在天才的手中变成了殿堂，羊毛在天才的手中变成了袈裟。如果黏土、柏树、羊毛经过人的创造，可以成百上千倍地提高自身的价值，那么你为什么不能使自己身价百倍呢?

哲人说，我们的命运如同一颗麦粒，有着三种不同的道路。麦粒可能被装进麻袋，堆在货架上，等着喂给家畜；也可能被磨成面粉，做成面包；还可能播种在土壤里，让它生长，直到金黄色的麦穗上结出很多颗麦粒。人和一颗麦粒唯一的不同在于：麦粒无法选择是变得腐烂还是做成面包，或是被种植生长。而我们有选择的自由，有行动的自由，更有心的自由。我们不该让生命腐烂，更不该让它在失败、绝望的岩石下磨碎，任人摆布。

善待自己的人知道，每个人都是一座宝藏，重视自己的价值，并不断开发和提升它，平庸的人生才不会属于自己。

学会忍耐，感谢折磨你的人

生活中不管别人怎样对待你，重要的不是发生了什么事，而是我们处理它的方法和态度。是羞辱还是尊重，施者与受者可以有不同的感受。

一个老农在暴风雨过后走进田里，看着在风雨后仍然屹立不倒的禾苗，欣慰地点着头。有人好奇地问：“禾苗白白死了那么多，你为什么不伤心，反而感到安慰呢？”老农解释道，“狂风暴雨往往摧残禾苗的生长，却也是它们成长中必然要面对的。当这种折磨来临的时候，不也说明它们快速、茁壮地成长的时机来临了吗？”

自然界万物如此，推及于人，也具有同样的意味。生活中那些看似刁难你、折磨你的人，往往能够使得你更快取得成功；看似折磨、煎熬你的环境，却总能历练出最后的强者。所以我们经常听乐观、积极者这样鼓舞世人：感谢折磨你的人。

罗曼·罗丹曾说：“只有把抱怨别人和环境的心情，化为上进的力量才是成功的保证。”

内托今年刚从学校毕业，在一场招聘会上，他很走运地被一家石油公司看中，随即被总公司分配到一个海上油田工作。

工作的第一天，工头便要求他在限定时间内登上几十米高的钻井架，并将一个包装好的漂亮盒子送到最顶层的主管手中。他拿着盒子，迅速登上又高又窄的梯子。当他气喘吁吁地登上顶层后，只见主管在盒子上签了自己的名字，又让他送回给工头。他一接到命令，连忙又快速地下了梯子，并把盒子交给工头。但是，没想到工头草草签完名字之后，又原封不动地交给他，要求他再送回去给顶层的主管。年轻人看了看工头，却又不知道要如何发问，只得乖乖地跑上顶层。然而，主管这回同样只在盒子上签名而已，便又要他送回去。

年轻人就这样来来回回，莫名其妙地上下跑了两次，心里隐约感觉到，这一切似乎是主管与工头在故意刁难他。直到第三次，这个全身都被海水溅湿的年轻人，内心已经充满熊熊怒火，不过他仍然强忍着怒气。当他第三次将盒子交给主管时，主管则说：“把它打开。”年轻人将盒子拆开后，里头居然是一罐咖啡与一罐奶精，这次他更可以确定，这是主管与工头联合起来欺负他。他愤怒地看着主管，但是主管仿佛一点也没感觉似的，接着又对他说：“去冲杯咖啡吧！”这个命令一下，年轻人再也忍不住了，用力把盒子摔到海面上，气愤地说：“我不干了！”说完之后，他感觉痛快许多，因为一肚子的怒火全部发泄出来了！但是，主管却失望地摇了摇头，并对他说：“孩子，你知道刚刚这一切，其实是一种训练啊！那叫做承受极限的训练，因为我们每天都在海上作业，随时都可能遇到危险，因此，工作人员都必须要有极强的承受力才能够完成海上的作业与任务。”主管叹了口气说：“原本你前面三次都通过了，就差那么一点点，你无缘喝到自己冲泡的咖啡，真是可惜！现在，你可以走了。”

在朝代更替的历史中，那些最终成就霸业的人，都是经受了无数的折磨，忍别人所不能忍，才登上王位的。这一代的年轻人崇尚个性的张扬，主张活出自己，无拘无束。走上工作岗位，面对更为现实的竞争，主张个性而不懂得隐忍的年轻人，处处碰壁就成了在所难免的事。

对于成熟的人来说，他们不仅具有忍耐的性情，更懂得怀有一颗豁达、包容的心。凡事心怀感激，即使受到别人的攻击，也不要轻易予以还击。当我们拿花送给别人时，首先闻到花香的是我们自己。当我们抓起泥巴想抛向别人时，首先弄脏的是自己的手。

从前，有一个人喜欢徒步旅行，从莫斯科到波良纳约有200公里，这个旅者经常行走在这条路上。他总是背着一个大背包，沿途与那些流浪的人结伴而行。虽然大家对这位旅者很熟悉，但是，没有一个人知道他的姓名与来历，只知道他是个喜欢步行的旅者。

走完这段路程，预计要花5天的时间，旅者的食宿都在路上解决，或随便向农家借宿，偶尔他也会走进火车站，到三等车厢的候车室里歇息。有一次，他又准备进入候车室里小歇，但是这时候候车室里挤满了人，于是他便到月台上走走，想等人少以后再进去休息。就在这个时候，旅者忽然听见有人招呼他。原来是车上的一位夫人在叫他："老头儿！老头儿！"旅者连忙转身，看见有人朝他不停地招手，便上前去询问："夫人，请问有什么事吗？"坐在火车上的太太着急地说："麻烦您，快到洗手间去，我把手提包遗落在那里了！"旅者一听，连忙跑到洗手间寻找，幸好手提包还在，于是他连忙把它拿了出来。那位太太一见，非常开心地说："谢谢您了！这是给您的酬金。"太太递给了旅者一枚5戈比的铜钱，而旅者也欣然接受。旅者转身准备离去，就在这时，这位太太身边同行的旅伴却问："你知道你把钱给了谁吗？"太太不解地看着她的伙伴，只见她的朋友带着惊喜的口吻说："他是《战争与和平》的作者——托尔斯泰啊！""是吗？真的吗？天哪，我在做什么呢？托尔斯泰啊！看在上帝的份儿上，请原谅我的无知，请把那枚铜钱还给我吧！唉，我把它给了您，真是不好意思，哎呀，我的天，我是在做什么呢？"这位太太吃惊地说。旅者听见太太的呼喊声，便转过身，笑着说："您不必感到不安，您没做错任何事，这5戈比，是我自己赚来的，所以我一定要收下！"

火车鸣笛了，开始缓缓启动，虽然那位太太仍内疚地请求归还，然而，托尔斯泰却带着满脸微笑，目送着火车远去。

生活中不管别人怎样对你，重要的不是发生了什么事，而是我们处理它的方法和态度。就像故事中的“5戈比”，是羞辱还是尊重，施者与受者可以有不同的感受。面对那些看似的折磨，有人把自己推向痛苦的深渊，在里面挣扎、哀怨，甚至自暴自弃地用消极的行动惩罚别人，其实他们是在惩罚自己，让自己一次次沦为情绪的奴隶。

有些人则不尽然，他们反而感谢别人给予的考验和折磨，当煎熬、痛苦甚至仇恨层出不穷时，他们能把身子转过来面向阳光，不让自己陷身在阴影里，光明使他们看见许多积极的东西。就如没有黑夜，便看不到天上闪亮的星辰一样，如果没有这些生活中的苦难，人就很难快速成熟，难以感受到“若无闲事挂心头，便是人生好时节”的惬意。

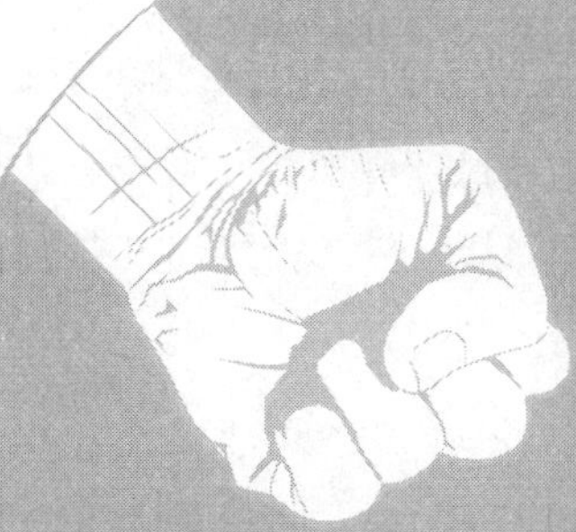

第 9 章

拓展张力，勇敢地做最好的自己

心中充满自信，做最出色的自己

人生是依靠强烈的自信支撑起来的，一旦我们失去了自信，就违背了自己的本性，不敢肯定一切，人生也就没有了根。

善待自己，就要学会放松心情，让自己拥有旺盛的斗志和坚定的信心。萧伯纳说："有信心的人，可以化渺小为伟大，化平庸为神奇。"哲人说，相信自己是一种信念，它不是繁花如梦似锦，却如青松雪压不倒。正因为有了这样的信念，我们才会坚持到底，自信永远。相信自己，不管前面的路如何难走，只要我们努力，就会成功。同样也不要在意成功多少，只要今天比昨天稍微好一点，我们就要庆祝，因为这是自信的开始。有时我们会消极、迷惘，不知道自己该干什么。一遇到不利于自己的情势，就会为难发愁，甚至逃避，结果，无论多么好的机会摆在你面前，你都抓不住。信心是走向成功的最有力的保障。生活就是这样，有时决定你成败的不是能力的高低，而是你是否有信心，是否一如既往地相信自己。

英国有一位年轻的建筑设计师，很幸运地受邀参加了温泽市政府大厅的设计。他运用工程力学的知识，根据自己的经验，巧妙地设计了只用一根柱子支撑大厅天顶的方案。一年后，市政府请权威人士进行验收时，对他设计的一根支柱的方案提出了异议，他们认为，用一根柱子支撑天花板太危险了，要求他再多加几根柱子。年轻的设计师十分自信，他说，只要用一根柱子便足以保证大厅的稳固。他详细地通过计算和列举相关实例加以说明，拒绝了工程验收专家们的建议。

他的固执惹恼了市政官员，年轻的设计师险些因此被送上法庭。在万不得已的情况下，他只好在大厅四周增加了4根柱子。不过，这4根柱子全部都没有接触天花板，其间相隔了不易察觉的2毫米。时光如梭，岁月更迭，一晃就是300年。300年的时间里，市政府官员换了一批又一批，市府大厅坚固如初。直到20 世纪后期，市政府准备修缮大厅的天顶时，才发现了这个秘密。消息传出，世界各国的建筑师和游客慕名前来，观赏这几根神奇的柱子，并把这个市政大厅称作“嘲笑无知的建筑”。最为人们称奇的，是这位建筑师当年刻在中央圆柱顶端的一行字：自信和真理只需要一根支柱。

这位年轻的设计师就是克里斯托·莱伊恩，这是一个很陌生的名字。很多人极力搜寻有关他的信息，在仅存的一点资料中，记录了他当时说过的一句话：“我很相信，至少100 年后，当你们面对这根柱子时，只能哑口无言，甚至瞠目结舌。我要说明的是，你们看到的不是什么奇迹，而是我对自信的一点坚持。”

自信是一根柱子，能撑起精神的广阔天空。自信是一片阳光，能驱散迷失者眼前的阴影。马尔顿说：“坚决的信心，能使平凡的人们做出惊人的事业。”在现实生活中，每个人的能力大小虽然各不相同，但如果一个人对自己充满信心，肯定会对他的事业产生不可估量的推动作用。

自信的英文是Confidence，这个英文单词源自两个拉丁字：con以及fidens，意思是“有信心”。对自我有信心并不表示环境完全不会使你产生动摇的念头，或者使你怀疑自己的判断力。它所指的不是一般的自信心，而是一种内在的对自我的信任，让你相信自己可以解决你所面对的一切问题，没有什么能难住你。

对于善待自己的人来说，他们懂得如何培养和激发自己的信心。一位心理学家给出了一个简单的建议：每天早上，你都可以对着镜子大声地说你是最棒的。每天晚上临睡前，你都可以夸一夸自己，找一下自己的优点。在每天这样的循环中，你就会发现你越来越自信了。

活着不是感受苦难，而是脱离苦难拥有希望

希望是不幸者的第二灵魂，向往美好的未来，是困难时候最好的自我安慰。

在众多的书籍中，你经常看到在困境中坚韧不屈、奋发图强的故事，坚韧、勤奋、自信……这些都是一个人成功的必备素质，其间没有捷径可走。有耕耘才有收获，这是世间不变的真理。

有奋斗就有苦难，有人说，“苦难本是一条狗。生活中，它不经意就向我们扑来。如果我们畏惧、躲避，它就凶残地追着我们不放；如果我们直起身子，挥舞着拳头向它大声吆喝，它就只有夹着尾巴灰溜溜地逃走。”

人生来就有很大的差别，这一点我们不得不无奈地面对。有些人注定一生无需努力奋斗就能拥有荣华富贵，而有些人一辈子忙忙碌碌，到头来却也是平凡普通，甚至有的连一个固定的栖身之地都没有。

还有些人，他们生来就身体不健全，苦难就如同那个神奇的苹果砸在牛顿头上一样，也砸中了他们的生活，而且看似更加现实和残酷。

有这样一个真实的故事。她是一个从娘胎里出来就无手无脚的女人，手脚的末端只是圆秃秃的肉球。8岁时，有了思想的她就想到了死。可悲的是，她无法找到死的方法：用头撞墙，由于没有四肢支撑，在碰出几个血泡、摔得一脸青肿之后还是安然活着；绝食，又遭到母亲的怒骂：“8年，我千辛万苦拉扯你8年了……”看着母亲的眼泪，她毅然反省：“我要像一个正常人一样活下去！”于是，她开始训练拿筷子。她先用一只手臂放在桌子边缘，再用另一只手臂从桌面上将筷子滑过去，然后两个肉球合在一起。她从一根筷子开始，再到两根筷子，日复一日，血痕复血痕，9岁那年，她终于吃到了自己用筷子夹起的第一口饭。

学会拿筷子后，她又开始学走路。她将腿直立于地面，努力保持身体的平衡，和地面接触的部位从血痕到血泡，从血泡到厚茧，摔倒了爬起，爬起了又摔倒。10岁时，她学会了走路。也就在这年，她有了读书的念头。在父母及老师的帮助下，她成了村上小学的一名班外生。于是，她用胶皮缠在腿上，不论

寒暑和风雨，总是早早到校。她用手臂的末端夹着笔写字，付出了比常人多无数倍的努力，从小学到初中，到自学财务大专。

1988年，她被云南省的一家工厂破格录用为会计，后因回报父母养育之恩返回父母身边。回家后，她自谋生路，贩卖水果。如今，她不仅是远近有名的孝女，而且“贩回”一个高大健康的丈夫，膝下有一双活泼可爱的儿女，一家人温馨、甜蜜，其乐融融。她的名字叫胡春香，她给手脚健全的我们上了生动的一课——只要你勇敢地面对苦难，苦难就会如一片浮云一样从你生活的天空轻轻掠过。

面对苦难，你撕心裂肺地痛哭、煎熬，但同样的痛苦也发生在自己的亲人身上。比如故事中主人公的母亲，她心中的痛苦与自责，不会比承受苦难的女儿要少。

有时人的选择是坚强的，也是无奈的。很多人的坚强都源于没有退路，自己只有坚强起来，才能存活下去。面对苦难，抬起头来，笑对它，相信“这一切都会过去，今后会好起来的”。要谨记，希望是不幸者的第二灵魂，向往美好的未来，是困难时候最好的自我安慰。在多难而漫长的人生路上，我们需要一颗健康的心，需要绚烂的笑容。格连·康宁罕是美国体育史上一位伟大的长跑选手，他的伟大不仅在于他取得的成绩，更在于他笑对苦难、把握命运的信心。

在他8岁那年，一场爆炸事故使他双腿严重受伤，而且腿上没有一块完整的肌肤。医生曾断言他此生再也无法行走。面对黯然神伤的父母，康宁罕没有哭泣，而是大声宣誓：“我一定要站起来！”

康宁罕在床上躺了两个月之后，便尝试着下床了。为了不让父母伤心，康宁罕总是背着父母，拄着父亲为他做的那根小拐杖在房间里挪动。钻心的疼痛把他一次次击倒，他跌得遍体鳞伤也毫不在乎，他坚信自己一定可以重新站起来，重新走路奔跑。几个月后，康宁罕的两条腿可以慢慢地屈伸了。他在心底默默为自己欢呼：“我站起来了！我站起来了！”于是，康宁罕又想起了离家两英里的一个湖泊。他喜欢那里的蓝天碧水，他喜欢那里的小伙伴。康宁罕心向湖泊，更加坚强地锻炼着自己。两年后，他凭借着自己的坚韧和毅力，走到了湖边。从此，康宁罕又开始练习跑步，他把农场上的牛马作为追逐对象，数年如一日，寒暑都不放弃。后来，他的双腿就这样“奇迹”般地强壮了起来。再后来，康宁罕不断地挑战自己，成了美国历史上有名的长跑运动员。康宁罕用他的行动告诉我们：苍天不会虐待生命的热爱者，不会辜负与苦难顽强斗争的人心底执著的渴望。

苦难是一所没人愿意上的大学，但从那里毕业的往往都是强者。面对苦难和挫折，应该把自己的情感和精力转移到有益的活动中去，从而将不良情绪导向更加崇高的方向，使其得到升华，这是最为积极的办法。善于采取升华这种积极的方式，就能像贝多芬说的一样：“通过苦难，走向欢乐。”

永远不满足于现状，努力做最好的自己

对于那些永不满足、希望人生能不断实现突破的人来说，人生最精彩的部分永远在下一次，在未来。

在这个世界上，有两种人很可能一生一事无成：一种是自甘堕落、无所追求的人；一种是那些轻易满足，从此不思进取的人。对于大多数受过高等教育的年轻人而言，理想教育在他们心底早已根深蒂固，教育专家们所担心的不再是个人的盲目、无知，而是考虑怎样帮助他们树立可行的、实际的目标和理想。

因此我们说，这一代的年轻人，如果了此一生时仍无所作为，那他多半属于容易满足的人。

古人云：路漫漫其修远兮，吾将上下而求索。这是对知识、对自我的一种永不满足，也只有这样的人，才能最终成就伟大。

世界顶尖潜能成功学大师安东尼·罗宾在心灵革命的课程中，为了证明人类的巨大潜能曾做过下面的实验：那是一个赤足从火上走过的课程，在整堂课里，所有学员都必须面对火红炽热的木炭所铺成的“火路”，然后大胆地赤足走过。对于那些没有这种经验的人来说，那是极为骇人的场面，有的人哭叫，有的人腿软，更有的人浑身发抖，甚至有人苦苦哀求免去这种“考验”，不过

最终所有的学员还是得走过这条路，因为没有经历过这场考验的人，就无法在随后的课程中取得最大的效果。

对此，安东尼·罗宾说：“我们当中很少有人有过这样的经验，但是有不少人看见过他人赤足走过火路的场面，特别是在寺庙的拜火祭奠中。当我们看见别人平安走过火堆之后，总以为是神明在庇护那些人，或者有人预先在火堆中做了手脚，殊不知只要在妥善安排的情况下，人人都能平安走过。”

根据美国一些科学家的观察与测试，发现不需要跑，只要步行的速度足够快，便不容易灼伤脚底。因为在脚掌接触火炭的瞬间，会立即释放出汗水，在那层汗膜尚未蒸发前提起脚掌，汗水便会吸收先前的热量而化为蒸汽消逝，因而脚掌丝毫不会受到灼伤。由于大多数人不了解人体的神奇机能，以无知来面对那些自己视为可怕的遭遇，便容易陷入畏缩不前的状态中。当那些学员在咬紧牙关平安走过火堆后，他们整个观念会有很大的改变，因为原先认为做不到的事情，竟然可以轻易地做到，而且毫发无损。原来，“任何限制都是从自己的内心开始的。”

被无知蒙蔽双眼、绊倒自己，其中的可悲与悔恨想必每个人都曾有过。并不是我们天生愚昧，而是认识自己、认识事物时，你在中途跑偏，没有尽快跑到终点。

认识自己，把握自己，从而不断地“修筑”自己，你的事业才能尽快扬帆起航。在远行的途中，任何光彩夺目的成就只是迈向事业成功的一小步。只有不满足于现在的成就，才能认识到自己在成功的道路上只走了一小步；只有不满足，才会懂得不断地提高和完善自己；只有不满足，才会渴求下一次更大的成功。

在艺术界，毕加索的大名无人不知。这位西班牙著名的画家，活了91岁。在90岁高龄时，当他拿起画笔开始创作一幅新画的时候，对眼前的事物仍然好像是第一次看到一样。年轻人总喜欢探索新鲜事物，探索解决新问题的方法，他们朝气蓬勃，热衷于试验，从不安于现状；老年人总是害怕变化，他们知道自己什么最拿手，宁愿把过去的成功之道如法炮制，也不愿冒失败的风险。可毕加索不是普通人，当他90岁时，仍然像年轻人一样生活着，不安于现状，寻求新思路和新的表现手法，所以他成了20世纪最负盛名的画家之一。

毕加索生前体验了从穷困潦倒到荣华富贵的转变，其艺术作品也经历了从无人问津到被人高度赞赏的两种境遇。这正是他永远把现在的成就看做成功的一小步，满怀希望地憧憬着下一次的成功，永不满足、不懈追求的结果。

“球王”贝利在足坛上初露锋芒时，有个记者曾问他：“你觉得，自己哪个球踢得最好？”他回答说：“下一个！”当贝利在世界足坛上大红大紫、踢进1000个球之后，记者又问他同样的问题，他仍然回答：“下一个！”在事业上有所建树的人都同贝利一样，有着永不满足、不断进取的精神。

永远对未来充满憧憬，才能以更好的心态去面对、去希望，然后用这种满怀希望的心态做事，才能取得更大的成就。

优秀的人永远把现在的成就看做一个新的起点，现在的成功只是万里长征中的第一步；而普通人取得一点成就，很可能就洋洋得意，满足于现状。所以，优秀者一步一步从优秀走向卓越，而普通人故步自封，往往坐吃山空。

即使是一个螺丝钉，也要变得不可替代

在生活和工作中要不断完善自己，使自己变得不可替代。让组织离了你就无法正常运转，这样你的地位就会大大提高。

大部分年轻人，在初入职场时都干着微不足道的工作，当着一个小小的螺丝钉，为整个组织机器的运转保驾护航。对于一个庞大的运行体系来说，每一个螺丝钉都具有不同的价值。倘若你被安排在了枢纽环节，你的失误或松懈也许就会造成“千里之堤，溃于蚁穴”的遗憾和悲剧。反之，也只有处于那个位置，才能逐步活出自己的意义，不在被别人蔑视的目光里苟且一生。

每个人在少年时代都有很多理想，要成为指挥千军万马的将军，要成为驾驶宇宙飞船上天的宇航员，很少有人一开始就想到自己要做平凡的工作，要投入平凡的人生。等他们真正进入社会之后，才会明白生活中的琐碎远比激情要多，大多数人还是要伏下身子做事的。

耐不住性子的年轻人，在浮躁心态的作用下、在跳槽心理的作用下，难免

会出现“松动”，这是最为可怕的。既要干这份工作，又不专心致志，岂不是白白浪费自己的时间？抬头观察周围的人，同样是一颗“螺丝钉”，但发挥的光和热是不一样的。

能够在平凡的岗位上经受别人不能经受的历练，展现自身强大的价值，你才能逐渐让自己变得不可替代，这样的你，才拥有更上一步、不断高升的资本。

在很久以前，在某个地方建起了一座规模宏大的寺庙。竣工之后，寺庙附近的善男信女们就每天祈求佛祖给他们送来一个最好的雕刻师，好雕刻一尊佛像让大家供奉，于是佛祖就派来了一个擅长雕刻的罗汉幻化成一个雕刻师来到人间。雕刻师在两块已经备好的石料中选了一块质地上乘的石头，开始了工作。

可是，没想到他刚拿起凿子凿了几下，这块石头就喊起痛来。雕刻的罗汉就劝它说：“不经过细细雕琢，你将永远都是一块不起眼的石头，还是忍一忍吧。”

可是，等到他的凿子一落到石头身上，那块石头依然哀嚎不已：“痛死我了，痛死我了。求求你，饶了我吧！”雕刻师实在忍受不了这块石头的叫嚷，只好停止工作。于是，雕刻师就只好选了另一块质地远不如它的粗糙石头雕琢。虽然这块石头的质地较差，但它因为自己能被雕刻师选中，而从内心感激不已，同时也对自己将被雕成一尊精美的雕像深信不疑。所以，任凭雕刻师的刀琢斧敲，它都以坚韧的毅力默默地承受着。

雕刻师则因为知道这块石头的质地差一些，为了展示自己的艺术，他工作得更加卖力，雕琢得更加精细。

不久，一尊肃穆庄严、气魄宏大的佛像赫然立在人们的面前，大家惊叹之余，就把它安放到了神坛上。

这座庙宇的香火非常鼎盛，日夜香烟缭绕，天天人流不息。为了方便日益增加的香客行走，那块怕痛的石头被人们弄去填坑筑路了。由于当初承受不了雕琢之苦，现在只得忍受人来车往、车碾脚踩的痛苦。看到那尊雕刻好的佛像安享人们的顶礼膜拜，这块石头的内心里总觉得不是滋味。

有一次，它愤愤不平地对正路过此处的佛祖说：“佛祖啊，这太不公平了！您看那块石头的质地比我差得多，如今却享受着人间的礼赞尊崇，而我却每天遭受凌辱践踏、日晒雨淋，您为什么要这样偏心啊？”佛祖微微一笑说：“它的资质也许并不如你，但是那块石头的荣耀却是来自一刀一锉的雕琢之痛啊！你既然受不了雕琢之苦，只能最后得到这样的命运！”

同样有机会从一块默默无名的石头成为万人敬仰的佛像，在雕刻自己的这条路上，由于不能承受痛苦，接受打磨，以致最终只能待在平凡的岗位，被众人轻视甚至踩在脚下，这样的下场着实可悲。

西班牙有位著名的智者在其《智慧书》中告诫人们：“在生活和工作中要不断完善自己，使自己变得不可替代，让别人离了你就无法正常运转，这样你的地位就会大大提高。”完善自己就要经受打磨，每个人在步入社会时都会活动于平凡的岗位。“一起毕业的同学，头一两年聚会时没有什么大的变化，大家的处境相差无几；五年之后，十年之后，就有了天壤之别。”一位成功的企业家在成名之后的同学聚会上发表这样的感慨。五年、十年，这期间每个人都在完成着从一个普通的“螺丝钉”到核心员工，甚至到管理者的蜕变。在每一步、每一个岗位的竞争中都努力让自己变得不可替代，你蜕变才具有了强大的加速度。现实生活中，很少有人甘于落后、不求进取，许多人总以为自己已尽最大的努力同艰辛与苦难做斗争，不断完善自己。实则他们并没有尽一切的可能去努力。世间许多的沉沦，都是由对客观境遇的妥协所造成的，都是由不愿努力、不肯奋斗所造成的。

每个人都是不同的，每个人都是独一无二的，只是有些人较早发现了这一点，“笨鸟先飞”；而那些一生庸庸碌碌的人，也并非生而平庸，只是在每一次选择完善自己、实现突破时，放松了自己，不愿让上帝的刻刀深深地打磨自己，最终落得原地踏步，仍是一个平凡的“螺丝钉”。

不逃避艰辛，从A奔向A+

无论一个人已经做得多好，都有再次突破的可能，在这个过程中，他们逐渐实现了由A到A +的蜕变。

大多数人都在二十几岁初入社会，除了原有积累，例如学历上的差异之外，其他的差别并不是很大。这些意气风发的年轻人，都眼睛闪亮，干劲十足，渴望着一个美好的未来。但是几年的拼搏过后，其中一些人感觉到了个人力量的渺小，于是他们失望了，退缩了，忘却了当年追求成功、出人头地的梦想，沉溺于休几天假、拿一点奖金、偶尔和三两个好友吃饭的小满足。长此以往，他们的人生目标模糊，头脑迟钝，能力退化。最为重要的是，他们渐渐失去了思考的能力，失去了挑战一切障碍的勇气。

在生活的重压之下，每个人对成功、对金钱的渴望几近疯狂。奔忙在成功队伍前列的人，他们懂得成绩的取得不仅仅来自强烈的渴望，更源于思考、想法，来自不畏艰辛地挑战生活中的一切。

“天将降大任于斯人也”的论调我们从小就听过，环境对于一个人日后的成长、成事具有举足轻重的作用。因为环境、际遇的不同，不是每棵树苗都可以一帆风顺地长成参天大树。如果你生来不幸，你应该坚信，没有人是注定要受苦的。处于苦难中时，不沮丧，不屈服，不逃避，给自己一个温馨的微笑，就会应验那句俗语：自助者，天助之。

日本最有名的推销员原一平，在刚走上保险推销岗位的头7个月，没有拉到一分钱保险，当然也拿不到一分钱薪水，只好上班不坐电车，中午不吃饭，每晚睡在公园的长凳上。但他依旧精神抖擞，每天清晨5点左右起来后，就从这个“家”徒步去上班。一路走得很有精神，有时还吹吹口哨，热情地和人打招呼。有一位很体面的绅士，经常看见他这副模样，很受感染，便与他寒暄：“我看你笑嘻嘻的，全身充满干劲，日子一定过得很痛快啦！”并邀请他吃早餐。他回答说：“谢谢您！我已经用过了。”绅士便问他在哪里高就，当得知他在保险公司当推销员时，绅士便说：“那我就投你的保险好了！”听了这句话，原一平猛觉“喜从天降”。原来这位先生是一家大酒楼的老板，他不仅自己投保，还帮助原一平介绍业务。从此，原一平彻底“转运”了。

到了1939年，他的销售业绩荣膺全日本之最，并从1948起，连续15年保持全日本销量第一的好成绩。1968年，他成为美国百万圆桌会议的终身会员。

虽处于逆境，但能让自己的脚步变得轻快，在心底仍抱有最强的成功信念的人，最终才有机会走出这种人生必然遇到的困境。

也许你常听到在困境中要坚韧不屈、要奋发图强的言论，这当然没有任何问题。但另有一点是，在苦难之中，你还要保持一种乐观精神。这种精神表示你并没有怨天尤人，表示你已经做好了改变自己命运的准备，随时听从机遇的召唤。

当一个人不断地受到艰辛与苦难的挑战，他就必然会磨亮自己的光环。就如那些敢于不断突破人生的境遇、自己给自己制造“艰辛”处境的人一样，他们的人生已经攀升到由优秀到卓越的阶段。

在中国，杨澜是一位妇孺皆知的著名节目主持人。1990年，还在北京外国语大学英语系读大四的杨澜，偶然地从一次央视公开招聘中脱颖而出，成为《正大综艺》节目的主持人。

1993年底，正大集团总裁谢国民来到北京。在与杨澜的接触中，认为杨澜是个很有潜力的年轻人，应该到国外去充充电，进一步提高自己的实力，发挥自己的潜力，并表示愿意无偿资助她去美国留学。

1994年，杨澜毅然辞去了人人羡慕的央视工作，选择了留学之路。在美国留学期间，杨澜用业余时间与上海东方电视台联合制作了《杨澜视线》，第一次以独立的眼光看待并介绍世界。凭借40集的《杨澜视线》，杨澜成功实现了从综艺节目主持人到复合型传媒人才的过渡。

1997年回国后，杨澜加盟了刚刚创办不久的香港凤凰卫视中文台。1998年1月，《杨澜工作室》在凤凰卫视正式开播。两年的名人采访经历，让杨澜产生了质的变化：她已经拥有了世界级的知名度、多年的媒体工作经验以及别人无法企及的名人关系资源。然而此时，杨澜又一次在成功的光环中选择了退出，选择开始新的生活。

2000年3月，杨澜收购了香港良记集团，并将其更名为阳光文化网络电视控股有限公司。可惜的是，杨澜的公司刚成立不久，就遭遇了全球经济不景气。杨澜着手削减成本，锐意改革，终于在2003年转亏为盈。

不久，阳光文化正式更名为阳光体育，走上了新的发展历程。可是，又一次获得成功的杨澜再次选择了退出，她辞去了董事局主席的职务，并表示将全心投入文化电视节目的制作。

从最初的《正大综艺》，接着到美国留学，之后转战香港凤凰卫视，开辟阳光卫视，到现在和湖南卫视合作，杨澜做出了太多人们想不到、不理解的选择。面对荣耀和掌声，她能够勇敢地走出来，需要的是非凡的胆识与勇气。人生就是这样，不要活在别人的限制里，只有让自己冲出传统与世俗，才能够自由翱翔。

每个人的生活中都有许多困难之事横亘在面前，有些人轻易地就被一些鸡毛蒜皮的小事囚困一生，愁苦哀怨。有些人则生而目光高远，希冀一个又一个人生的高峰，杨澜无疑属于后者。

有人说，人生最大的快乐就在于挑战自己、迎战困境，最终有所收获。从杨澜的身上，我们看到了不断选择人生新环境的勇气。无论一个人已经做得多好，都有再次突破的可能，在这个过程中，他们逐渐实现了由A到A +的蜕变。

燃烧激情，为未来主动行事

勤奋的神灯一直照在努力者的前方，失败的魔爪永远抓着懒惰者的后腿。激情和主动，是划分两者的最好的标尺。

生活本身就是平平淡淡的，生命本身也是普普通通的。但很多伟人能够在注定的平淡中创造出卓越的成绩，这多源于他们对生活、对事业强烈的追求及对成功的渴望。换句话说，是内心迸发出的激情，给予他们不断向着一个个目标前进的加速度。

我们常看到那些表面光滑的鹅卵石装点着鱼缸，但想必它原本不是圆滑的形状，是流水的冲刷让有棱有角的石头成了鹅卵状。人生如同鹅卵石，原本有棱有角的个性，在岁月的磨炼下逐渐变得圆滑，个性不再鲜明。

有人说激情是鼓动船帆的风，没有风船就不能行驶；激情是工作的动力，没有动力事业就难有起色。生活告诉我们，灵感可以催生不朽的艺术，激情能够创造不凡的业绩；缺乏激情，疲沓懒散，很可能一事无成。

轰轰烈烈、平平凡凡、凄凄惨惨，这是人生可能遇到的三种境界，如果上帝眷顾你，在你出生之时就给你一次机会让你选择，你会选择哪一种？轰轰烈烈的人生是每个人都追求的，但可悲的是，在现实生活中，大多数的人都平平凡凡，甚至凄凄惨惨！为什么不同的人会有如此大的差距呢？他们之间真的有不可逾越的鸿沟吗？当然不是的。他们之间的差别在于一个人是否富有渴望和激情地对待人生。

世界著名励志大师拿破仑·希尔描述过他和母亲一起乘船渡江到纽约的经历。那是一个有浓雾的夜晚，他们俩站在船上望着茫茫大海，母亲突然欢叫道："这是多么令人欣喜的景观啊！""什么东西让您如此欣喜呢？"希尔问道。

母亲依旧充满热情："你看呀，那浓雾，那四周若隐若现的灯光，还有消失在雾中的船带走了令人迷惑的灯光，多么令人不可思议。"母亲的热情极大地感染了希尔，他也着实感觉到厚厚的白色雾中那种隐藏着的神秘、虚无及点点的迷惑。一颗迟钝的心得到了一些新鲜血液的渗透，不再没有感觉了。母亲转过头，凝望着希尔，语重心长地说："从你出生之日起，你就一直在聆听着我给你的忠告。不管以前的忠告你有没有听进去，但今天的忠告你一定要听，而且要永远牢记。那就是，世界从来就有美丽和兴奋存在，她本身就是如此动人、如此令人神往，所以，你自己必须对她敏感，永远不要让自己感觉迟钝、嗅觉不灵，永远不要让自己失去那份应有的热情。"

母亲的这番话，被拿破仑·希尔永远地记在了脑海里，并在以后的日子里始终实践着。在被浓雾吞噬的海景中依然能看到令人欣喜的景象，如此乐观的人，他们的血液里永远不可缺少的一种元素就是激情。很难想象，一个生来就没有激情的人会是什么样子，同样不难看出，一个激情满怀的人会是怎样地热爱生活、充满朝气。激情催人奋进，让人永不停歇，直至生命的终结。当我们把激情看成一种动力，让自己热血沸腾时，你同样要记住这句话："勤奋的神灯一直照在努力者的前方，失败的魔爪永远抓着懒惰者的后腿。"

曾经在一本书中读过这样一个"对号入座"的游戏，十年后的你，在社会这个金字塔中位于哪一层呢？以下是现实社会中最常见的四种人，他们构成了不同阶层的金字塔。

最顶层是卓越的人，即领导者或领袖。具有很强的主动性是这类人最大的特点。对于他们来说，主动性就是没有被人告知，却在做着恰当的事情。他们是自动自发的，他们的体内有一部发动机。除了完成分内的事之外，一切有益的、合适的事，他们都会孜孜不倦地去做，他们永远都是领导、领袖的候选人。世界赋予了他们巨大的褒奖，这种褒奖不仅有财富，还有荣誉和地位。

第二层是优秀的人，是类似于《把信送给加西亚》中罗文式的人物，他们对待自己的工作和任务，“领袖”只需布置一次，他就能认真地做好，不论有什么困难险阻，不需要任何人再讲第二次，而且下次再做同类事情就不需要别人耳提面命了。这种人仅次于自动自发的人，他们是优秀的执行者，他们永远不会失业，是社会上的白领，是公司里出色的部门经理。

第三层是非常普通的人。他们对待要做的事，往往需要别人布置两到三次，提供相应的条件，才会去做好相应的事。且做事情的时候，他们也总是磨磨蹭蹭的。这种人与荣誉和财富绝缘，他们只能做普通人，并且永远不会有出人头地的日子。

处于金字塔最底层的是那些“贫困者”。他们的奋斗动力或者说激情只来自饥寒交迫、山穷水尽之时，而且要背后有人踹他们一脚才会出门找食。这种人似乎一辈子都在辛苦工作，却又怨天尤人，抱怨老天不公、运气不佳，而老板又如何压榨他们，却不知道反省自身的问题。只有当他们被贫穷压迫得没有出路时，才会去做事。但一旦有了钱，懒病又会发作。在现实生活中，这类人通常遭到漠视，收入当然十分微薄。他们一生中大部分时间都在盼望幸运之神突然降临到自己身上。但谁都知道，天下没有免费的午餐。如果上帝就上面的“金字塔”也给你一次选择的机会，无疑，傻子都知道顶层的风光无限好，一览众山小的感觉谁都想品味一下。但你更要明白的是，走向顶层的人，他们每一步都踩着艰辛，同时，你首先应该具有的就是他们共同的品质——自动自发，也就是主动性。

人生的成就是靠激情和主动缔造的，每一个不甘于“穷困”、“平凡”、

“不优秀”的人，在他们的字典里，在他们的人生中，都是给这几个字以最好的注解和诠释。

更具张力的人生，能看到更远处的风景

人生难免经历艰辛、痛苦，甚至会遭遇种种不幸。环境的艰苦不会使人倒下，只要你有一颗“坚硬”的心。

有人说，人生就是一个大舞台，每天我们都在表演，只有具有张力的演员，他的表演才更具内涵。

一滴水，因为有其内在的张力，才能不折不断。水本无色无形无味。它能顺应形势，变化出任何一种形状。它能根据需要，调配成任何一种口味。它是单纯的，却是变通的、灵动的。它因时而变，夜结露珠，晨飘雾霭，晴蒸祥瑞，阴披霓裳，夏为雨，冬为雪，化而生气，而成冰。它因势而变，舒缓为溪，低吟浅唱，陡峭为瀑，虎啸龙吟。它因器而变，遇圆则圆，逢方则方，直如刻线，曲可盘龙。

拥有内在的韧度，即使外界事物发生何种变化，自身的形状、形态有何改变，其本质依然。人是由水组成的，水在人体中占有很大的比重。人性如水，本如水一样富有张力。水的张力源于分子之间的力量，人的张力则在于内心的坚强。环境的艰苦不会使人倒下，只要你有一颗“坚硬”的心。

人生失意何其多，总是在种种的失意面前垂头丧气，生活就会布满乌云。也许你也总是渴望自己的工作和生活事事如意，每天都事遂心愿，处于一个舒服的环境中，轻轻松松地生活。但你是否知道，轻松的环境看起来是个养人的好地方，但它充其量只是一个“大鱼缸”而已，没有活水源，也没有自己的发展空间，表面的平静之下，其实隐藏着巨大的危机。

有一个单位办公室门口摆着一个大鱼缸，缸里放养着十几条产自热带的杂交鱼。这种鱼长约三寸，大头红背，长得特别漂亮，惹得许多人驻足观赏。一转眼两年过去了，那些鱼在这两年时间里似乎没有什么变化，依旧三寸来长，

大头红背，每天自得其乐地在鱼缸里时而游玩，时而小憩，吸引着人们的目光。忽一日，鱼缸的缸底被一个顽皮的小孩砸了一个大洞，待人们发现时，缸里的水已经所剩无几，十几条热带鱼可怜巴巴地趴在那儿苟延残喘，人们急忙把它们取了出来。怎么办呢？人们四处张望了一下，发现只有院子当中的喷水泉可以做它们的容身之所。于是，人们把那十几条鱼放了进去。两个月后，一个新的鱼缸被抬了回来。人们都跑到喷水泉边来捞鱼。捞来一条，人们大吃一惊，简直有点手足无措了。两个月，仅仅两个月的时间，那些鱼竟然都由三寸来长疯长到一尺来长！人们七嘴八舌，众说纷纭。有的说可能是因为喷水泉的水是活水，鱼才长这么大；有的说喷水泉里可能含有某种矿物质；也有的说那些鱼可能吃了什么特殊的食物。但无论如何，都有共同的前提，那就是喷水泉要比鱼缸大得多!

生活在重压下，人的内在张力和对环境的适应能力已变得越来越强，只是有些人天生畏怯，不愿也不敢主动去寻求一些改变，而是自觉不自觉地习惯于被事情、被环境推着走。他们怕主动选择后的失误，会给自己带来终身的遗憾，他们极力在当前被动选择的环境中做到最好，以告慰自己“我对得起自己、对得起家人，因为我已竭尽全力”。殊不知，人只有不断改变、适应、学习、突破，才能逐渐成长。长期固守于特定的环境中，只会如温水里的青蛙一样，最终在竞争到来或生存压力变大时，失去跳跃的本领。

很多人害怕改变、畏惧变动，除了不舍得放弃现有的优势资源外，更多是因为没有了从头做起、从低做起、重新面对艰苦条件的心态。其实，艰苦的环境不一定就是人生的不幸，相反还会成为磨砺人生的砥石，它可以培养坚强的品质、意志和毅力。只有经历过不幸、挫折、失败和痛苦的磨炼，努力打造心灵的韧度，努力拓展人生的张力，你才能把命运握在自己手中，才能在生活中做到宠辱不惊、镇定自若，在面对突发情况时临危不惧、冷静处之；才能使自己始终保持积极而平和的心态，不偏不倚、不疾不缓地朝着既定目标前行。

生活中没有无风无浪的时候，所以期待这样的生活本就是一种奢望。让心飞起来，努力缔造人生的坚韧与顽强，突破自己，改变环境，让自己的生命更具张力，你的生活才会在诸多色彩的点缀中呈现别样的风景。

自我特色将成为赢得竞争的砝码

现实粉碎着我们的理想，也粉碎着我们对自己的梦。我们会逐渐发现，自己不是那样完美，也不可能变成理想的自己，我们总是有着这样那样的缺点。接纳自己需要勇气，也需要毅力。接纳自己，是一个漫长而痛苦的过程，也是一个人成长、成熟的过程。

直面自己的缺点需要勇气，更需要坦诚，需要包容。认识自己的优点和缺点，自己想做的不一定就能做，自己能做的不一定全能做好，我们便会自信、自强，生活便多一些快乐，少一些烦恼。相反，斤斤计较自己的缺点，不原谅自己的失误，则会使我们沮丧、自卑。接受真实的自己，客观地对待自己，我们才能善待自己，善待他人。

其实，生命的价值不依赖我们的所作所为，也不仰仗我们结交的人物，而是取决于我们本身，我们是独特的，永远不要忘记这一点。生命没有高低贵贱之分。一只蜜蜂和一只雄鹰相比虽然不起眼，但它可以传播花粉从而使大自然色彩斑斓。任何时候都不要看轻了自己。在关键时刻，你敢说“我很重要”吗？试着说出来，也许你的人生会由此揭开新的一页！

在一次讨论会上，一位著名的演说家没讲一句开场白，手里却高举着一张20美元的钞票。面对会议室里的200个人，他问：“谁要这20美元？”一只只手举了起来。他接着说：“我打算把这20美元送给你们中的一位，但在这之前，请准许我做一件事。”他说着将钞票揉成一团，然后问：“谁还要？”仍有人举起手来。

他又说：“那么，假如我这样做又会怎么样呢？”他把钞票扔到地上，又踏上一只脚，并且用脚碾它。然后他拾起钞票，钞票已变得又脏又皱。“现在谁还要？”还是有人举起手来。

“朋友们，你们已经上了一堂很有意义的课。无论我如何对待那张钞票，你们还是想要它，因为它并没有贬值，它依旧值20美元。人生路上，我们会无数次被自己的决定或碰到的逆境击倒、欺凌甚至碾得粉身碎骨。我们觉得自己似乎一文不值。但无论发生什么，或将要发生什么，在上帝的眼中，你们永远不会丧失价值。在他看来，肮脏或洁净，衣着齐整或不齐整，你们依然是无价之宝。”

为了学习喜欢自己，我们必须面对自己的缺点，容忍自己的缺点，我们必须认识到，没有任何人，包括我们自己，能够100%地优秀。要求别人完美是不公平的，要求自己完美更是荒唐。所以，千万别这么苛待自己。有时候，我们要试着练习自我放松，要学习喜欢自己。

忘记过去的错误，爱自己，你认为你是巨人的时候，你才会成为真正的巨人。

真实是保持做人本色的本真体现，做人就应该讲究真实。真实是难得之美。当我们与自己内心和谐一致的时候，我们觉得自己是真实的。真实就像循环的能量一样帮助我们充满活力。保持做人的本色，就是不要丢掉自己真实的一面，用真实的一面去体察，你就能够透过肤浅的表象，看到一个人的实质。

一个人最为看重的幸福和成功只能从自己生命的本色里去获得。富翁看重金钱，而本分的庄稼人看重脚下那片拴紧他们灵魂的土地，因为他们深信“泥土里面有黄金”。失去本色的人生是灰色的、无光泽的，做人，就应该保持自己的本色。

蜚声世界影坛的意大利著名电影明星索菲亚·罗兰的成名经历十分传奇。在16岁的时候，她怀着成为电影明星的梦想，只身来到了罗马。没想到，她第一次试镜就失败了，所有的摄影师见了她都连连摇头，说她达不到美人的标准，都抱怨她的鼻子和臀部不完美。

导演卡洛·庞蒂把罗兰叫到办公室，建议她把臀部削减一点儿，把鼻子缩短一点儿。言外之意，导演还是想用她做演员。一般情况下，许多演员对导演是言听计从的。何况，导演并没有拒绝她，更何况，罗兰正做着明星梦呢！可是，罗兰年纪虽小，却非常自信，她毫不迟疑地拒绝了导演的要求。她说：

“我要保持我的本色，我不愿意做任何改变。”正是由于罗兰的坚持，使导演卡洛·庞蒂重新审视她，并真正认识了索菲亚·罗兰，开始了解她、欣赏她。

罗兰没有对摄影师和导演的话言听计从，没有为迎合别人而放弃自信，这使她得以充分展示自己与众不同的美。后来，她的独特外貌和热情、开朗、奔放的气质，得到了人们的喜爱。她主演的《烽火母女泪》获得巨大成功，并因此而荣获奥斯卡最佳女演员奖。

当索菲亚·罗兰获得了成功之后，她在自传中写道：“自我开始从影起，我就按照自己的想法行事，我谁也不模仿，也从不去奴隶似的跟着时尚走。我有自己的想法，也有自己的判断，我只要求我就像我自己。”

一个人在自己的生活经历中，在自己所处的社会境遇中，能否真正认识自我、肯定自我，如何塑造自我形象，如何把握自我发展，将在很大程度上影响或决定着一个人的前程与命运。换句话说，你可能渺小而平庸，也可能美好而杰出，这在很大程度上取决于你的自我意识，取决于你是否能够拥有真正的自信。

成功掌握在自己的手中，一个人对自我的态度，既可以作为武器，摧毁自己，也能作为利器，开创一片无限快乐与平和的新天地。要知道，你在这个世界上是唯一这样的人，你应该为这一点而庆幸，应该尽量利用大自然所赋予你的一切。你只能唱你自己的歌，你只能画你自己的画，你只能做一个由你的经验、你的环境和你的家庭所造成的你。不论好与坏，你都得自己创造一个自己的花园；不论好与坏，你都得在生命的交响乐中，演奏你自己的小乐器。

花开才是本质，你是不是一朵莲花，或一朵玫瑰，或什么无名的、普通的花，这没有什么关系，你是谁并不是关键，你是否像花一样，绽放、盛开，实现最美的自己才是最重要的。

把握前进的方向，胜于丈量成功的距离

方向不当势必牛头马面，选择失误肯定南辕北辙。

从坐标轴的原点，可以延伸出方向和距离这两个变量，它们的关系错综复杂，在读书时就让很多人费解。当我们一个个走出校门，站在社会的原点上时，在这新的坐标系上，映入眼帘的更多的是一片迷雾，那隐约可见的星星点点的亮光叫做机会，而它可以给予我们慰藉。

“一个人只有找到人生方向，才不会使自己迷失。”这句话我们经常听到，针对这句话，有些人提出了这样的疑问：“什么是人生方向”，“我该如何设定人生方向”，也有些人会发出这样的感叹：“究竟离成功还有多远”“方向与距离孰重孰轻”。

其实，这些问题的答案很简单，其中的道理大家也都再熟悉不过了，只是在生活中人们经常处于迷茫的状态中，致使自己失去前进的方向。

有一次，在高尔夫球场，成功大师罗曼·皮尔在草地边缘把球打进了杂草区。有一个青年刚好在那里清扫落叶，就和他一块儿找球，这时，那青年很犹豫地说：“皮尔先生，我想找个时间向你请教。”当皮尔问他有什么问题时，他说：“我也说不上来，只是想做一些事情，但不知道该往哪里用力。”“能够具体地说出你想做的事情吗？”皮尔问。“我自己也不太清楚。我很想做和现在不同、能激发自己全部潜力的事，但是不知道做什么才好。”他显得很困惑。

“原来如此，你想做某些事，但不知道做什么好，也不确定要在什么时候去做。更不知道自己最擅长或喜欢的事是什么。”听皮尔这样说，他有些不情愿地点头说：“我真是个没有用的人。”

“哪里。你只不过没有把自己的想法加以整理，缺乏整体构想，缺少一个行动的方向。”皮尔建议他花两个星期的时间考虑自己的将来，并明确自己的目标，不妨用最简单的文字将它写下来。然后估计何时能顺利实现，得出结论后就写在卡片上，再来找自己。两个星期以后，那个青年显得有些迫不及待，至少精神上看起来像完全变了一个人似的在皮尔面前出现。这次他带来明确而完整的构想，已经掌握了自己的目标和前进的方向，那就是要成为他现在工作的高尔夫球场的经理。现任经理5年后退休，所以他把达到目标的日期定在5年后。他在这5年的时间里确实学会了担任经理必备的学识和领导能力。经理的职务一旦空缺，没有一个人是他的竞争对手。

现在他的地位变得十分重要，成为了公司不可缺少的人物。他过得十分幸福，非常满意自己的人生。

如果你仔细研究，你或许会发现大凡成功人士，都把明确人生方向作为自己努力的推动力。而成功的方法就是，必须明确自己的方向，一个脚印一个脚印地走。

事实证明，成功人士与平庸之辈最根本的差别不在于天赋，也不在于机遇，而在于有无明确的人生方向。历史上无数成功的案例诠释了这一道理。林肯致力于解放黑奴，并因此而成为美国最伟大的总统；海伦·凯勒专注于写作，因此，尽管她双目失明、两耳失聪，但她还是创造了自己人生的辉煌；福烈兹专心于生产利润低微的小酵母饼，结果这种酵母饼行销全球。这些人的成功无不源于曾经明确的人生方向。

有人做过这样一个实验：组织三组人，让他们分别沿着十公里以外的三个村子步行。第一组的人不知道村庄的名字，也不知道路程有多远，只知道跟着向导走。刚走了两三公里就有人叫苦，走了一半时有人几乎愤怒了，他们抱怨为什么要走这么远，走到一半时有人甚至坐在路边不愿走了，而越往后走他们的情绪也就越低落。

第二组的人知道村庄的名字和路段，但路边没有里程碑，他们只能凭经验估计行程时间和距离。走到一半的时候大多数人就想知道他们已经走了多远，比较有经验的人说："大概走了一半的路程。"于是大家又簇拥着向前走，当走到全程的四分之三时，大家情绪低落，觉得疲惫不堪，而路程似乎还很长，当有人说："快到了！"大家又振作起来加快了步伐。

第三组的人不仅知道村子的名字、路程，而且公路上每一公里就有一块里程碑，人们边走边看里程碑，每缩短一公里大家便有一小阵的快乐。行程中他们用歌声和笑声来消除疲劳，情绪一直很高涨，所以很快就到达了目的地。

当人们的行动有了明确的方向，并且把自己的行动与目标不断加以对照，清楚地知道自己的行进速度与目标的距离时，行动的动机就会得到维持和加强，人也会自觉地克服一切困难，努力实现目标。

方向不当势必牛头马面，选择失误肯定南辕北辙。有了明确的人生方向，才会有希望，才能有梦想，也才能激发潜能，创造卓越的奇迹。

认清自己，根据兴趣发展优势

每个人都是一块金子，都是一个尚待挖掘的宝藏，就看你是否具有一双慧眼，是否勤奋，能够发现、挖掘出自己的价值，让自己的人生耀眼夺目、与众不同。

很多现实的问题在一个人刚刚步入社会之时就会扑面而来，一时间为了房租、水电费、伙食费奔忙，会让很多人失去最初理想的方向，也会让很多人为了眼前的既得利益，而放弃发展自己的机会。钱重要还是自己的发展重要，这个判断对于稍有点理智的人都很容易。每个人都有自己的兴趣，做自己喜欢做的事情，这是每一个人的梦想，同样，按照自己的兴趣爱好去做，最终也会得到一个很好的结果。

上天赋予每个人不同的个性，也给了每个人不同的兴趣爱好，可是有些人偏偏忽略了这一点，盲目跟风，无目的地效仿。看到别人成了钢琴家，自己也盲目地学钢琴；看到别人在画画上有所造诣，自己也去跟风学画画，结果什么都是半途而废，最终都以失败告终。

《罗密欧与朱丽叶》的剧情让无数人动容，他们那缠绵悱恻的爱情故事让无数读者如痴如醉、潸然泪下。至今回首这部名作，我们还会为莎士比亚的文字叫好、称赞。莎士比亚是英国伟大的戏剧家和诗人，他用自己毕生的经历为人类留下了37部戏剧，其中至少有15部被公认为世界文学史上的瑰宝。翻开莎士比亚的人生史册，我们会发现，在他的人生中也出现过抉择，也是在不断挖掘自己的兴趣与价值中成长的。莎士比亚出生在英格兰中部美丽的埃文河畔，7岁时开始自己的读书生涯，在校期间他并不喜欢古板的祈祷文，而偏爱一些古罗马作家用拉丁文写的历史故事，尤其到了每年的五月节，更是他一年中最快乐的日子，因为每每这时都会有戏剧班子演出。他每场演出必到，戏剧班子走到哪里，他就跟到哪里，如痴如醉地观看着每一场精彩的演出，直到戏班离开为止。14岁时，莎士比亚离开了学校，开始了他的谋生之路，他到父亲的铺子里做过帮工，在码头做过搬运工，替人家当过导购……但他发现这些都不是自己的兴趣所在。唯独有一次，他意外地在一家剧院找到一份工作，虽然工作很琐碎、普通，主要是替客人看管衣帽，照料富人观众上下马车，以及在后台打杂，但这个环境却是他梦寐以求的。从此，莎士比亚可以真正地接近戏剧了。一有空闲，他就躲在后台静静地观看演员们排练。这里成了他的戏剧学校，这里也孕育了一位名垂青史的戏剧大师。

1592年的新年，对于莎士比亚来说是个难忘的日子，他的剧本《亨利六世》在伦敦最大的三家剧场之一——玫瑰剧场上演，结果一炮打响。很快《理查三世》、《威尼斯商人》、《温莎的风流娘儿们》、《哈姆雷特》、《奥赛罗》、《李尔王》相继上演。悲剧《哈姆雷特》的轰动效应，更使莎士比亚登上了艺术的顶峰。

可以说，莎士比亚是在寻找兴趣、延续兴趣，并且发展自己的兴趣中成长的，他一生都在为自己的兴趣而努力，一生都在为兴趣而拼搏，最终也成就了自己的梦想。

从心理学的角度来说，当一个人在做与自己兴趣有关的事情、从事自己所喜爱的职业时，他的心情是愉悦的，态度是积极的，而且他很有可能在自己感兴趣的领域里发挥最大的才能，创造出最佳的成绩。莎士比亚难道不是一个成功的例子吗？不可否认，一个人在事业上取得的成就大小与兴趣是有很大关系的。如果你做自己一直喜欢做的事，你的内心便会充满愉悦与快乐。因为做自己喜欢的事才是幸福的，这样的幸福不用你做任何思想斗争，不用你去考虑任何不必要的琐碎事情，同时，它也不是你刻意追求的结果，因为它是自然而然的，与做事的过程相伴而生。

所以，千万不要逼迫自己去做不喜欢的事，把握好自己的兴趣，在该做出选择时不要犹豫。将你的精力使用在你喜欢的事情上，你不仅会拥有很强的动力，同时你也会爱上你所做的事。也正因为这样，你在做事时往往会觉得得心应手，顺理成章，事半功倍。

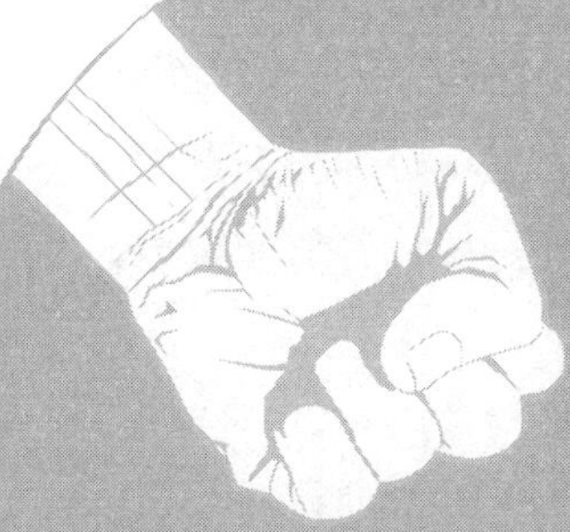

第 10 章

激发潜能，
让怯懦的因子无处藏身

释放自己，人生不加框

很多人被一些固有的、已习惯了的东西禁锢住的时候，就很难再有发展，而且还会慢慢倒退。如果这时他们还是衣食无忧，能够过上清淡的日子，恐怕就更难摆脱这种束缚、重振志向了。

人的思维具有潜在的力量，思维与观念直接决定一个人未来的路能走出多远。通常的情况下，我们都渴望过着那种无拘无束的生活，按照自己的设想，在舒适的环境中享受人生。但更多的时候，这只是理想状态，我们在人际关系的交织中，工作、生活、学习等的几点一线的穿梭中，把原本无拘无束的空间逐渐缩小，框起一块反复行走的天地。这是一个极为普遍和正常的行为规律，但值得一提的是，许多成功者和伟人在这个规律中保持着自己的志向，没有被框住思维和观念，他们仍可以充满动力地执著向前，走到另一个空间中去。

而那些意志不坚定，思想不成熟，思维无规律的人，多在人生无形的框框中原地踏步，少有大的成就。

每个人周围都存在着无形的框框，但由于人的思维、观念等变数的不同，有的人能够比较容易地从这个框住的空间中走出来，看到和体验到更为别样的、新颖的、流光溢彩的世界；也有一部分人只能“安分守己”、一如从前地在原地打转，走不出这固定的区域，人生的精彩便被框在这小小的区域中，更为可悲的是框住了他们探索、求知、思考的头脑。

人长期被禁锢在特定的框架内，就会形成一种固定模式的习惯，在潜意识里面深深植根，影响我们做出合理的判断。下面这则故事很好地说明了这一点。

卡里做了一个实验，他将一只最凶猛的鲨鱼和一群热带鱼放在同一个池子，然后用强化玻璃隔开。最初，鲨鱼每天不断冲撞那块看不到的玻璃，奈何这只是徒劳，它始终不能到对面去，而实验人员每天都放一些鲫鱼在池子里，所以鲨鱼也没缺少猎物，只是它仍想到对面去，每天仍不断地冲撞那块玻璃。它试撞了每个角落，每次都用尽全力，但每次也总是弄得伤痕累累，有好几次都浑身破裂出血。持续了一段时间，每当玻璃一出现裂痕，实验人员马上加上一块更厚的玻璃。

后来，鲨鱼不再冲撞那块玻璃了，对那些斑斓的热带鱼也不再在意，好像它们只是墙上会动的壁画。它开始等着每天固定会出现的鲫鱼，然后用它敏捷的本能进行狩猎，好像回到海中一样，显露自己不可一世的凶狠霸气，但这一切只不过是假象罢了。实验到了最后阶段，卡里将玻璃取走，但鲨鱼没有反应，每天仍在固定的区域游着，它不但对那些热带鱼视若无睹，甚至当那些鲫鱼逃到那边去，它也立刻放弃追逐，说什么也不愿过去。

鲨鱼在四周被框住的情况下，无法捕捉到热带鱼，起初的挣扎和探索来自猎杀的天性，但在反复行动都得出同一结果的情况下，鲨鱼渐渐失去了这种猎杀热带鱼的欲望。特别是在有鲫鱼作为食物、温饱不愁的情况下，鲨鱼似乎变得温顺而无大志了。鲨鱼在被框住一段时间后况且如此，人是否也会这样呢？结果应该是肯定的。

人的一生充满着许多的不可预知性，有着多姿多彩的变化才能称其为绚烂的一生。正如《阿甘正传》里面所说的：人生就像一盒巧克力，你永远不知道你会吃到什么口味。就这样慢慢地品尝，慢慢地成熟，不要让无形的框框束缚自己的思维和观念，你才能取得非凡的成就和拥有精彩的人生。

只要努力，你一定能做得更好

刚有点小小成绩就浅尝辄止、安于现状、不思进取的人是不会做出什么大成就的。一个有崇高目标、期望成就大业的人，总是不停地超越自我，拓宽思路，扩充知识。

生活在纷繁复杂的社会中，渴望一种世外桃源般的生活是许多人心中的一个梦想。但这种出世的态度在现今激烈的竞争中只能是一种空想。在财力平平、还处于打拼阶段时，把自己的心思从悠然与安逸中解放出来，积极地面对工作的竞争和生活的压力，让自己努力做得更好，这才是生活的意义和生存的价值。

如果你现在在一个平庸的职位上可以得到不错的待遇，并就此缺乏向更高职位努力的动力，那我们表示非常遗憾，因为你的进取心开始被消磨了。其实，你有能力做得更好，甚至有能力自己创业，过上财务自由的生活。

现今社会，不断学习、获得新的知识是每一个人都需认真对待的事情，置身于这个高速发展的时代，你会深切地体会到“逆水行舟，不进则退”的道理。不断充实自己，努力做到更好，这才是使自己在竞争中处于优势地位的长久之道。

一天，一位企业家为一群商学院学生讲课。他现场做了一个演示，给学生们留下一生都难以磨灭的印象。站在那些高智商、高学历的学生面前，他说：“我们来做个小测验。”他拿出一个容积1升的广口瓶放在他面前的桌上。随后，他取出一堆拳头大小的石块，仔细地一块块放进玻璃瓶里。直到石块高出瓶口，再也放不下了，他问道：“瓶子满了吗？”所有学生应道：“满了。”企业家反问：“真的？”他伸手从桌下拿出一桶砾石，倒了一些进去，又去敲击玻璃瓶壁使砾石填满下面石块的间隙。“现在瓶子满了吗？”他第二次问。但这一次学生有些明白了，“可能还没有”，一位学生回答道。“很好！”企业家说。

他伸手从桌下拿出一桶沙子，开始慢慢倒进玻璃瓶。沙子填满了石块和砾石的所有间隙。他又一次问学生：“瓶子满了吗？”“没满！”学生们大声说。他再一次说：“很好。”

然后，他拿过一壶水倒进玻璃瓶，直到水面与瓶口持平。接下来企业家发问：“你们明白了什么道理吗？”同学们纷纷发言。最后，他笑着说道：“你们的看法也是对的，但我认为这个演示说明的意思是，哪怕你工作得再好，但只要你继续努力的话，你完全可以做得更好！”

作为一个职员，如果你想迅速获得晋升，就找一些其他同事们啃不动的工作，去努力完成它。做好了，就容易超越那些资历比你高的职员。如果一个人做起事来总是精益求精，总是让别人惊喜，上司自然会注意到他，必要时自然会把他提拔到重要的位置。没有一个雇主不喜欢有上进心的下属，他们也在随时观察员工们的表现，你必须把经验、学识、智慧和创造力发挥得淋漓尽致，争取达到惊人的效果，为自己的发展创造条件，所以你没有理由不做得更好。

前Google中国区总裁李开复在攻读博士学位时，通过自己的努力，把语音识别系统的识别率从以前的40%提高到了80%，学术界对他的工作给予了充分的肯定。当时，他的老师认为，只要把已有的结果加工好，写好论文，几个月之内他就可以拿到博士学位了。但是，李开复很清楚，第一步的成功给他提供的只是一个机遇，而不是一个答案，因为80%的识别率虽然已经很优秀了，但绝不是最佳的结果。他已经公开发表了研究成果，每一个研究机构都会学习、使用他的方法，所以，如果李开复当时放松下来，不再做实验，埋头写论文以求尽快毕业的话，别的学校或公司很快就会超过他。

所以，李开复不但没有放松，反而更加抓紧时间研究攻关，甚至为此推迟了他的论文答辩时间。那时候，他每周要工作7天，每天工作16个小时。这些努力没有白费，它们让李开复的语音识别系统百尺竿头更进一步，识别率从80%提高到了96%。在李开复毕业之后，这个系统多年蝉联全美语音识别系统评比的冠军。如果李开复当时在80%的水平上止步不前、骄傲自满的话，不去精益求精完善它，他就不能取得今天的辉煌。年轻人拥有无限的精力，此时多付出一点时间，为了理想拼搏一下，努力一些，最终的成败姑且不提，至少在你暮霭之年时，不会后悔自己一生碌碌无为、平平庸庸。我们每个人都希望自己的生活能如想象中的一样完美，现实中的确有不少的人做到了，而这一切都是由他们自己创造的。

每个人都渴望自己走在通往成功的捷径上，但你要知道，这捷径除了努力之外，别无他路。在这个世界，天才并不多，比你强的人也并不多，成功者只不过比普通人多了一份勤奋刻苦和坚持不懈而已，他们努力让自己做到更好，最终真的成就了卓越的人生。

专注细节，让自己精益求精

做生活中的一个有心人，轻轻地对自己说："再用心一点，再细致一点。"你会发现，你在经历着从0到1的质变。

每个人都有一颗追求完美的心，希望自己在工作和生活的各个方面都表现得尽善尽美。虽然完美很难实现，但却是可以无限接近的。每个人都懂得努力去追求理想，望着自己远在天边的梦想一次次地暗下决心，一定要做到。但其中真正小有成就者有几人？也许有些人会感觉困惑，努力了，也坚定了自己的理想，怎么总是处处碰壁呢？生活中有这样一种人，他们常常只专注于结果，一心一意，盯着结果却忽略过程，匆匆忙忙地，以自己想当然的方法去思考、做事，最后总是适得其反。你是不是这种人呢？芸芸众生能做大事的实在太少，多数人在多数情况下只能做一些具体的事、琐碎的事、单调的事，也许过于平淡，也许鸡毛蒜皮，但这就是工作，是生活，是成就大事不可缺少的基础。我们必须改变心浮气躁、浅尝辄止的毛病。经济的快速发展，使得专业化程度越来越高，社会分工越来越细，这更要求我们要专注细节、精益求精。

洛克菲勒的成功经历给予了许多人醍醐灌顶的启示。年轻的洛克菲勒最初在石油公司工作时，既没有学历，又没有技术，被分配去检查石油罐盖有没有自动焊接好。这是整个公司中最简单、枯燥的工序，同事戏称连3岁的孩子都能做。每天洛克菲勒看着焊接剂自动滴下，沿着罐盖转一圈，再看着焊接好的罐盖被传送带移走。半个月后，洛克菲勒忍无可忍，他找到主管申请改换其他工种，但被回绝了。无计可施的洛克菲勒只好重新回到焊接机旁，既然换不到更好的工作，那就先踏实下心来把这份工作干好算了。

接下来，洛克菲勒开始认真观察罐盖的焊接质量，并仔细研究焊接剂的滴速与滴量。他发现，当时每焊接好一个罐盖，焊接剂要滴落39滴，而经过周密计算，实际上只要38滴焊接剂就可以将罐盖完全焊接好。经过反复测试、实验，最后洛克菲勒终于研制出"38滴型"焊接机，也就是说，用这种焊接机，每只罐盖比原先节约了一滴焊接剂。就这一滴焊接剂，一年下来却能够为公司节约出一大笔开支。公司也没想到还有人能在这个岗位做出这么大的成就，年轻的洛克菲勒很快得到提拔，就此迈出日后走向成功的第一步，直到成为世界石油大王。

对于一些看似不用动脑、谁都能轻易完成的工作，洛克菲勒能够认真对待，在关注一点点细节的同时，发挥自己的才能，把一个简单的任务做到了极致。

在工作和生活中，那些追求完美的人，也许他们不具备出众的才华、振奋的激情，但他们一定拥有一颗关注细节、精益求精的心。他们心中有一座灯塔，不管白天与黑夜，他们永远细心地追寻生活中的目标。

对于大多数人来说，顺其自然造就了他们的平庸无奇，粗心大意让他们时常功败垂成。为什么在可以选择更好的时候我们总是落于平庸？为什么我们总是有理由纵容自己碌碌无为？也许有人会说做到99分就很不错了，何必再花大力气做到100分呢？西方流传的一首民谣可以对此做形象的说明。这首民谣说：丢失一个钉子，坏了一个蹄铁；坏了一个蹄铁，折了一匹战马；折了一匹战马，伤了一位骑士；伤了一位骑士，输了一场战斗；输了一场战斗，亡了一个帝国。

马蹄铁上一个钉子是否会丢失，本是初始条件十分微小的变化，但所谓“千里之堤，溃于蚁穴”，你把一切都做得很好，就留下这么一个瑕疵，可能最后要你命的就是这个瑕疵。如果一个运动员不专注细节，不追求完美的话，那么他不可能赢得金牌，能把金牌带回家的运动员必须超越其他所有人和已有的记录，不用上百分之百的劲儿哪能成功。不要总说别人对你的期望值比你对自己的期望值高。不要总是觉得自己的工作很不错，要经常让别人来评判你的工作是否让人满意，如果哪个人在你所做的工作中找到失误，那么你就不是完美的，你也不需要去找一些理由，还是回去再把工作做得更好一点吧！

掌控自己，就要事事竭尽全力

有人说，人活在世界上，最难的不是控制别人和命运，而是掌控自己，让自己不被外界干扰，不被情绪、心态等影响而做出不理智甚至错误的判断。

“假如时光可以倒流，世界上将有一半的人成为伟人。”如果每个人都能重新活过一次，以成熟的、经历了社会检验的阅历重新选择人生，必然会少走不少弯路。也就是说，如果在不可逆转、且唯一一次的生命历程中，如果你能够竭尽全力地拼搏、付出，并做出尽可能多的最为合理的选择，你的人生就最接近圆满。

在职场中流行这样几句话：用力做事，可以把事做完；用脑做事，可以把事情做对；用心做事，才可以把事情做好。当我们对自己目前担负的任务付出百分之百的精力，并用力、用心之时，你所取得的突破往往会是惊人的。

人都是有惰性的，当这种情绪升腾起来的时候，它的渲染作用往往使你一整天、一个星期，或更长一段时间处于慵懒的状态，直至某一时刻你突然警醒，在心底默默告诉自己不能再过这样生活。于是，你开始新一轮的拼搏和努力。这样的体会，想必很多人都很熟悉。

人生是一个不断奔跑的过程，会冲刺，更要会减速，会工作，当然也要会休息。但这里的休息，并不是说你可以大摇大摆地放纵你的惰性。每天懒惰一点，不能做到日事日清，不能尽可能地完成任务，就无从谈及未来的幸福和成功。因为，明天的欣喜来自今天的积累，放掉了今天，就意味着放走了未来。

一个探险队准备攀登马特峰的北峰，在此之前从来没有人到达过那里。记者对这些来自世界各地的探险者进行了采访。一位记者问其中的一名探险者：“你打算登上马特峰的北峰吗？”他回答说：“我将尽力而为。”记者问另一名探险者：“你打算登上马特峰的北峰吗？”这名探险者答道：“我会全力以赴。”记者问了第三个探险者同样的问题。他说：“我将竭尽全力。”

最后，记者问一位美国青年：“你打算登上马特峰的北峰吗？”这个美国青年直视着记者说：“我将要登上马特峰的北峰。”结果，只有一个人登上了北峰，就是那个说“我将要”的美国青年。他想象自己到达了北峰，结果他的确做到了。

伟大的成功者跟一般人最大的差别就在“一定要”与“想要”之间，如果你希望自己的梦想能够成真的话，你就必须有“一定要成功”的决心。要有竭尽全力为了自己的目标而奋斗的勇气，也只有这样，你才不会感觉奋斗的路程是如此的艰辛。在美国西雅图的一所著名的教堂里，有一位德高望重的牧师——戴尔·泰勒。有一天，他向教会学校一个班的学生们讲了下面这个故事。

那年冬天，猎人带着猎狗去打猎。猎人一枪击中了一只兔子的后腿，受伤的兔子拼命地逃生，猎狗在其后穷追不舍。可是追了一阵子，兔子跑得越来越远了。猎狗知道实在追不上了，只好悻悻地回到猎人身边。猎人气急败坏地说："你真没用，连一只受伤的兔子都追不到！"猎狗听了很不服气地辩解道："我已经尽力而为了呀！"再说兔子，它带着枪伤成功地逃回家，兄弟们都围过来惊讶地问："那只猎狗很凶呀，你又带了伤，是怎么甩掉它的呢？"兔子说："它是尽力而为，我是竭尽全力呀！它没追上我，最多挨一顿骂，而我若不竭尽全力地跑，可就没命了呀！"

泰勒牧师讲完故事之后，又向全班同学郑重其事地承诺：谁能背出《圣经·马太福音》中第五章到第七章的全部内容，他就邀请谁去西雅图的"太空针"高塔餐厅参加免费聚餐会。

《圣经·马太福音》中第五章到第七章的全部内容有几万字，而且不押韵，要背诵全文无疑有相当大的难度。尽管参加免费聚餐会是许多学生梦寐以求的事情，但是几乎所有人都浅尝辄止、望而却步了。

几天后，班中一个11岁的男孩胸有成竹地站在泰勒牧师的面前，从头到尾地按要求背诵下来，竟然一字不漏，没出一点差错，而且到了最后，简直成了声情并茂的朗诵。泰勒牧师比别人更清楚，就是在成年的信徒中，能背诵这些篇幅的人也是罕见的，何况一个孩子。泰勒牧师在赞叹男孩那惊人记忆力的同时，不禁好奇地问："你为什么能背下这么长的文字呢？"这个男孩不假思索地回答："我竭尽全力。"16年后，这个男孩成了世界著名软件公司的老板，他就是比尔·盖茨。

你的人生决定于你所做的决定，取决于你做事的态度。不管你现在的境遇怎样，命运即将从你决定竭尽全力去奋斗的那一刻起开始改变。在生活中，并不是大多数人命里注定不能成为大人物，而是他们从来没有具备大人物的做事方法和决心！对于成功者来说，他们不是想要成功，而是一定要成功。他们不是努力尝试，而是竭尽全力获得最好的结果。当你把帽子扔过了墙，让自己没有退路的时候，你的潜能才可以真正被激发出来，之后你所感受到的必将是竭尽全力后的喜悦。

主宰生活，微笑是积极的人生态度

微笑是一种积极的人生态度，微笑着的我们，要用微笑的力量去关照他人，搏击命运，感化自己，影响世界。

微笑是一种无声的语言，它包含善意、接纳和温情，它能感染每一个人的心，浸润时间的杂质，沉浸烦躁的心灵。有位名人曾说过：“当生活像一首歌那样轻快流畅时，笑颜常开乃易事；而在一切事情都不妙时仍能微笑的人，才活得更有价值。”在生活中，微笑可以消除双方的戒心与不安，可以打开僵局；在工作上，微笑能让客户对你更加信赖。不管生命遭遇怎样的坎坷与曲折，用心生活的人都要保有安静而恬淡的微笑。生活就像一面镜子。你对它哭，它也对你哭，如果你想要它对你微笑，你只有一种办法，就是对它微笑。懂得生命的意义，品尝生活的苦楚，你必须接受这样的人生，并且要勇敢、大胆，而且永远以微笑来面对它。

人生如游戏，有很多的不可思议和惊喜，也有很多的手足无措、狼狈不堪，当命运在这一局发给你一副牌时，微笑且保有信心地玩下去，总比一脸沮丧地踌躇不前要更有收获。

艾森豪威尔是美国著名的五星上将，有一天晚饭后，年轻的艾森豪威尔跟家人一起玩纸牌游戏，连续几次都抓了很差的牌，他开始埋怨手气不好。

妈妈停了下来，郑重其事地对他说道：“如果你真要玩牌，就必须用你手中的牌玩下去，不管那些牌怎样，你都要坚持到底！”他愣了愣，母亲又说道：“人生也是如此，发牌的是上帝，不管是怎样的牌，你都必须拿着。你能做的就是以微笑面对并坚持到底，竭尽全力，求得最好的结果。”

很多年过去了，艾森豪威尔一直牢记着母亲的这番教导，从来没有抱怨过命运的不公。相反，他总是以积极、乐观的态度，以坚持不懈的意志去迎接命运的挑战，竭尽全力做好每一件事情，努力做最好的自己。

在人生的牌局中，艾森豪威尔以微笑的人生态度面对生活中的每一次折磨和挑战，最终从一个默默无闻的士兵成长为美国著名的五星上将。在顺境中微笑易，在逆境中微笑难。接连被失败打倒的人，还能够一而再再而三地面带微笑和充满自信地站起，他的人生画布必将异彩纷呈。

巴尔扎克说：世界上的事情永远不是绝对的，结果因人而异，苦难对于天才是一块垫脚石，对于能干的人却是一笔财富，对于弱者则是一个万丈深渊。对于永远微笑的人来说，苦难只是一种经历，一片风景，一种使生活更富味道的佐料。

体坛的微笑美女桑兰，她在面对人生中重大的变故时表现出来的乐观使每个人都曾为之感动。

那是1998年7月21日的晚上，在纽约友好运动会上，桑兰意外受伤，在很多人都为她的体育生涯将就此画上句号而万分遗憾、痛心之时，默默无语的、17岁的桑兰却用自己灿烂的微笑坦然地面对这一切，最终成了全世界最受关注的人。

桑兰当时受伤确实是个意外。当时桑兰正在进行跳马比赛的赛前热身，在她起跳的那一瞬间，外队一名教练“马”前探头干扰了她，导致她动作变形，从高空栽倒在地，而且是头先着地，以致身受重伤。

这个笑容甜美的姑娘来自浙江宁波，1993年进入国家队，个性温顺，但在遭受如此重大的变故后却表现出难得的坚毅。她的主治医生说：“桑兰表现得非常勇敢，她从未抱怨什么，对她我能找到的词就是‘勇气’。”就算知道自己再也站不起来之后，她也绝不后悔练体操，她说：“我对自己有信心，我永远不会放弃希望。”

因为她的坚强、乐观，美国院方称她为“伟大的中国人民光辉形象”，而那么多美国普通人去看她，并不只是因为她受伤了，而是为她的精神所感染。时任国务院副总理的钱其琛在看望桑兰时说：“中国领导人和中国人民都知道这位勇敢的女孩的事。”时任美国总统的克林顿、前总统卡特和里根都曾给桑兰写过信，赞扬她面对悲剧时表现出来的勇气和以微笑面对人生的态度。桑兰与“超人”会面的经过在美国ABC电视台播出，这个电视台50年来只采访过两个中国人，一个是邓小平，一个是桑兰。桑兰还如愿以偿地见到了自己的偶像里奥纳多·迪卡普里奥和席琳·迪翁。她的监护人说："她太可爱了，像我们这些在她身边的人都愿意去帮助她……"

以微笑面对生活，以情感温暖人心，桑兰这位年轻姑娘用惊人的毅力和乐观的态度感染着每一个关心她的人。在她的心中，从没有沮丧和失败这两个词，有的只是对生活的希望与感恩，对关心她的人的无限感激。保加利亚哲学家吉里尔·瓦西列夫在《情爱论》一书中说："爱的微笑像一把神奇的钥匙，可以打开心灵的迷宫，它的光芒照亮周围的一切，给周围的气氛增添了温暖和同情、殷切的期望和奇妙的幻境。"桑兰的微笑就具有如此神奇的力量。

苦难是人生的熔炉。它可以把人烤死，也可以使人变得坚强、自信。如果我们曾经微笑面对过苦难，到了年老时，我们可以对自己的子孙后代说："我们曾笑对苦难。"用微笑面对生活中的一切，这一切将变得更加美丽。

做最好的自己，铁可以比金子贵

生活本没有把人分成三六九等，有些人却自觉不自觉地自甘堕落，一步步和别人的差距越来越大。你要知道，一个再普通的东西，只要放在能人的手里，就能闪闪放光。

很多人总是以为富有价值的东西离自己很远，但他们极力追求时，却忘记一句著名的俗语，"钻石就在自家的后院"。

从前有一个铁匠，他的铁艺一般。然而，他却没有提高技艺的雄心壮志。他觉得铁块的最佳用途莫过于把它制成马掌，他为此自鸣得意。他认为这个粗铁块每磅只值两分钱，所以不值得花太多时间和精力去加工它，他这样简单的加工技术就已经把这块铁的价值提高到10美元了。

有一个磨刀匠，他受过比铁匠更好的训练，有更好的技术和更高的眼光。他对铁匠说："这就是你在那块铁里见到的一切吗？给我一块铁，看我能把它变成什么。"这个磨刀匠先把铁熔化掉，碳化成钢，然后取出来，经过锻冶、加热，然后投入冷水中淬火，最后再细致耐心地压磨抛光。当这项工作完成后，竟然把铁制成了价值更高的刀片，这让制马掌的铁匠惊讶万分。

然而，有一个工匠看了磨刀匠的出色成果后却说："如果你做不出更好的产品，那么能做成刀片也已经相当不错了。但是这块铁的价值你连一半都还没挖掘出来，我知道它还有更好的用途。我研究过铁，知道它里面藏着什么，知道能用它做出什么来。"

这个工匠的技艺更精湛，眼光也非常独到，他受过专业的训练，有更高的技术和卓越的意志力。他能更深入地看到这块铁的内在——不再局限于马掌和刀片——他用显微镜般精确的双眼把生铁变成了最精致的绣花针。制作针头需要比磨刀匠有更精细的工序和更高超的技艺。

这位工匠认为他的成果已经使磨刀匠的产品的价值翻了数倍，他已经榨尽了这块铁的价值。但是，又来了一个技艺更高超的工匠，他的头脑更发达，手艺更精湛，更有耐心，受过顶级训练。他对马掌、刀片、绣花针看都没看，他竟然制作出了精细的钟表发条。但是，故事到这里还没有结束，又一个更出色的工匠出现了。

他认为这块铁还没有物尽其用。他用他所拥有的神奇力量创造了更大的奇迹。在他眼里，即使钟表发条也称不上上乘之作，他知道用这种生铁可以制成一种弹性物质，而一般粗通冶金学的人是无能为力的。他知道，如果锻冶时再细心一些，它就不再坚硬锋利，而会变成一种特殊的金属。他采用了许多精加工和细致锻冶的工序，成功地把他的产品变成了肉眼几乎看不见的精细的游丝线圈。经过一番艰辛劳苦之后，他梦想成真，把价值几美元的铁块变成了价值比同样重量的黄金还要昂贵得多的游丝线圈。

因为技艺不同，制造出来的东西就有了天壤之别。一块普通的铁，通过不同的加工方式，经不同人的手就具有不同的价值。可见，平平常常、普普通通的东西中往往蕴藏着巨大的价值。哪怕你处在平凡的环境中，手中拥有的资源匮乏，如果你是那位技艺最精湛的工匠，你同样能取得惊人的成就。

在现实生活中，有很多人，当他们在生活中遇到困难时，或屡屡失意时，总愿意把这一切的霉运归结于命运。事情干不好，生活不如意，这一切在他们的眼中变得理所当然，因为自己出身不好，就是这个命。虽然教育制度越来越完善，但迷信仍然存在，特别是当人们面对一些无力改变的事情的时候，总愿意把自己本该勇敢承担起来的突破困境的责任辅以冠冕堂皇的借口，给自己的不求改变、不求上进找到若干个理由。这样，你拥有的只会是最初出土的一块普通得不入别人眼的铁块，它的价值因你的不求“提炼”、“升华”而越来越低。“适者生存，不适者则被淘汰”，这是自然规律，世上的事物时时刻刻都在发生着改变。

人活在世上的任务首先是改变自己，进而改变世界。改变自己就要学会挖掘自己，学会接受新事物，因为每个人都有着无限的潜能等待开发，只可惜，我们往往限制了自己的心态，在生活无奈的选择中，让自己不得不做一块平凡的生铁。只有让自己变得更好，让心走在脚的前面，你的收获才会更多。

破裂的水桶，可以浇灌出一路鲜花

你身上存在着某些缺点和不足，你是怎样看待它们的呢？假使我们自比泥土，那我们就将真的成为被人践踏的泥土了。

每个人都有存在于社会的价值，只是有些人认识到了这点。他们极力发现自己的能力，挖掘自身的潜力，以致走在了普通人的前面，成了众人关注的卓越者。

发现自身的能力，实现自己的价值，往往从接受自己、自己瞧得起自己开始。认同自己的能力，并在行为上表现出一种与环境和他人积极互动的心理态势，你的发展空间就会越来越大。认识自己，发现自身的价值，你就能够愉悦地接纳自己，包括自己的某些缺陷，并能不断地进行自我激励，使自己的人生过得充实而有意义。

一位挑水的农夫，他有两个用了很久的水桶，分别吊在扁担的两头，其中一个桶有裂缝，另一个则完好无缺。在每趟长途挑运之后，完好无缺的桶总是能将满满一桶水从溪边送到主人家中，但是有裂缝的桶到达主人家时，只能剩下半桶水。

两年来，挑水的农夫就这样每天挑一桶半的水到主人家。当然，好桶对自己能够送满整桶水感到很自豪。破桶呢？对于自己的缺陷则非常羞愧，它为只能负起一半责任感到非常难过。

饱尝了两年失败的苦楚，破桶终于忍不住，在小溪旁对挑水的农夫说：“我很惭愧，必须向你道歉。”“为什么呢？”挑水的农夫问道：“你为什么觉得惭愧？”“过去两年，因为水从我这边一路漏，我只能送半桶水到你主人家，我的缺陷，使你做了全部的工作，却只收到一半的成果。”破桶说。挑水的农夫替破桶感到难过，他有爱心地说：“我们回主人家的路上，我要你留意路旁盛开的花朵。”

果真，他们走在山坡上，破桶眼前一亮，看到缤纷的花朵开满路的一旁，沐浴在温暖的阳光之下，这景象使它开心了很多！但是，走到小路的尽头，它又难受了，因为一半的水又在路上漏掉了！破桶再次向挑水的农夫道歉。挑水的农夫温和地说：“你有没有注意到小路两旁，只有你的那一边有花，好桶的那一边却没有开花。我明白你有缺陷，因此我善加利用，在你那边的路旁撒了花种，每次我从溪边回来，你就替我一路浇了花！两年来，这些美丽的花朵装饰了主人的餐桌。如果你不是这个样子，主人的桌上也没有这么好看的花朵了！”

也许你身上也存在着某些缺点和不足，你是怎样看待它们的呢？在生活中，有许多人，特别是刚刚步入社会的青年人，他们可能会由于自己在某方面不如别人，而轻易轻视自己，从而变得自卑和逃避竞争。真的是你不如别人吗？或许是你高看了别人，或者只能说你在某方面处于劣势地位罢了。一叶障目，不见泰山，这从来就是愚蠢的思维方式。就如田忌赛马一样，拿你的劣势和别人的优势比，你永远是失败者，而用你的强项与别人的弱项相比，你就会处于获胜者的位置，并取得成功的喜悦。被自己的劣势蒙住双眼，自己瞧不起自己，是个人对自己的不恰当的认识，是一种自卑的消极心理。一个自卑的人很难有自信，如同一个没有脊椎的动物永远都不会站立起来。他们不会相信自己的判断，没有主见，对成功也没有期盼，因此做任何事情都不会付出自己的全部精力，没有排除艰难险阻的决心和毅力。那么，怎样才能从自卑的束缚下解脱出来呢？

常言道：“人贵有自知之明。”也就是说，对待自我要有一个全面而正确的认识。笼统地说，就是分析自己的优点和缺点，以便在待人处世时能扬长避短，使自我的优势得到更好的发挥。这样慢慢就会形成一个良好的心态，继而充满自信，超越自卑。

发展自己的能力，把眼光从修补劣势转移到发展优势上来，一个人才容易看到自身存在的价值和巨大的潜力。

美国农业部的一位秘书威尔逊了解到副总统莫尔曾是一个小布匹商人。从一个小布匹商到副总统，为什么会发展得这么快？他带着这个问题拜访了莫尔。莫尔说：“我做布匹生意真的很成功，可有一天，我读了一本文学家爱默尔的书，书中的一段话打动了我。书中是这样写的：‘一个人如果拥有一种人家需要的才能和特长，不管他处在什么环境，有一天终会被人发现。’这段话让我怦然心动，冥冥中我觉得自己应该向更大的空间发展。这使我想到了当时最重要的金融业。于是，我不顾别人的反对，放弃了布匹生意，改营银行，最终成为金融巨头。”

能够正视自己，看到自己价值的人，他们成长、成熟的脚步总是比别人迈得要大，就像莫尔一样，在年轻时锻炼了自己的能力，有了自身的优势，往前勇敢地跨出一步，就跨越了小商人和大总统之间的距离。莎士比亚曾经说过：“假使我们自比泥土，那我们就将真的成为被人践踏的泥土了。”“没有自尊心的人，即等于自卑。”人活着都想追求幸福，但是你要相信，你生来就与众不同，身上所存有的每一个缺陷都是另外一种美丽，既然无法改变它，那么就勇敢地接受它，同时把眼光放在挖掘自己的潜力上，每一个人都可以做最好的自己。

换一种态度做事，思路决定出路

在任何特定的环境中，人们还有另一种最后的自由，就是选择自己的态度。在你周围的朋友圈子里，是不是成功者寥寥无几、乏善可陈，平庸者却星罗密布、遍地都是呢？如果你用心观察，你会很容易发现，两类人之间的差异多在于做事的态度和思维方法上的不同。有些人有思想，而且敢做，就简简单单地成功了；有些人有思想，但没有胆识，在犹犹豫豫间只有憧憬，从来没有实现的那一天。

观察你的朋友，你会发现，他们之中很少有没有想法、没有思想者，在谈到自己的追求时，都能说得天花乱坠。每当看到别人成功时，他们总抱怨自己生不逢时，没有机会。“如果早出生十年，我一定能赶上改革开放初期下海潮，那时候机会太多了！没准现在已经是腰缠万贯的百万富翁了。”真是这样吗？

1492年，发现了美洲大陆的哥伦布回到西班牙后，出席了一个盛大的欢庆宴会。席间，一位衣冠楚楚的绅士以挑衅的口吻说：“我看这事算不了什么，你只不过是坐船一直往西走，碰到了一块新大陆而已。任何人乘船一直西行，都会有这个发现的。”哥伦布不置可否地看了他一眼，从桌上拿起一个煮熟的鸡蛋，微笑着说：“你来试试，让鸡蛋的小头朝下立在桌子上。”绅士试了半天也没把鸡蛋立住。

哥伦布接过来，尖头朝下轻轻一磕，鸡蛋稳稳地立住了。绅士大叫起来：“你把鸡蛋弄破了，不能算！”哥伦布说：“你和我的差别正在这里，你不敢磕，我敢磕。你懂不破不立的道理吗？如果懂，为什么还缩手缩脚呢？”

可见，机会其实对每个人都是公平的，能不能抓住就要看个人的思路、态度和能力了。这里有一个关于淘金的故事。

一天，有一个年轻人也想尾随别人去淘金。当他赶往淘金的路上时，遇到一条大河阻拦，然而河边没有船，他该怎么办呢？年轻人突然灵机一动：“别人都去淘金，我为什么不做一个送他们去淘金的人呢？”从此，别人去淘金，这个年轻人就用船送这些人过河。去淘金的人面对对岸黄金的诱惑，自然蜂拥而至。久而久之，这位年轻人也发迹了。其实，成功就是这样简单，除了要有尝试的态度，勇敢的坚持之外，如果你能积极地换个想法，避开竞争的焦点，你就能找到一条成就事业的捷径。

但是，说起来简单做起来难，并不是每个人都能及时调整思维，准确地判断出潜在机遇的。态度是一种选择，你自己完全可做选择。

一位俄罗斯运动员和一位美国运动员曾同时参加铅球比赛。论实力，俄罗斯运动员要超过美国运动员。

比赛的前一天晚上，两个人先后到场地训练。美国运动员不管怎样也掷不了俄罗斯运动员那样远。她干脆拿铅球在俄罗斯运动员的最远球痕前砸了两个坑，然后就去睡觉了。俄罗斯运动员看到美国运动员的“纪录”后，大吃一惊，由于心理压力太大，整个晚上都没有睡好。

第二天正式比赛时，俄罗斯运动员的正常水平没有发挥出来，输给了美国运动员。成功的要素其实就掌握在我们自己手中，成功是正确思考的结果。一个人能飞多高，是由他自己的态度所决定的。

成功人士始终用最积极的态度思考，用最乐观的精神和最辉煌的经验支配和控制人生。失败者刚好相反，他们的人生是受过去的种种失败与疑虑所引导和支配的。

足球比赛中有抢“第二落点”之说。在一般情况下，“第一落点”是有九成胜算的进攻位置，只要得手，极易进球，但是，也由于对方球员防守严密，进攻者经常无功而返；而“第二落点”由于少人跟防，往往会轻易取得成功。

足球比赛中如此，追求成功的路上也是如此。大家都在蜂拥而上抢“第一落点”时，谁能适时调转方向，找到不起眼的“第二落点”，谁就能把握住时代的脉搏。

每一个人的潜力都是无穷的，一旦你能静下心来，全心全意地做一件事，本身爆发的潜能会让自己也吃惊，而死钻牛角尖只会将自己推进死胡同。重新调整成功的目标，尽管是痛苦的，但走出了第一步，再走第二步就顺畅多了。

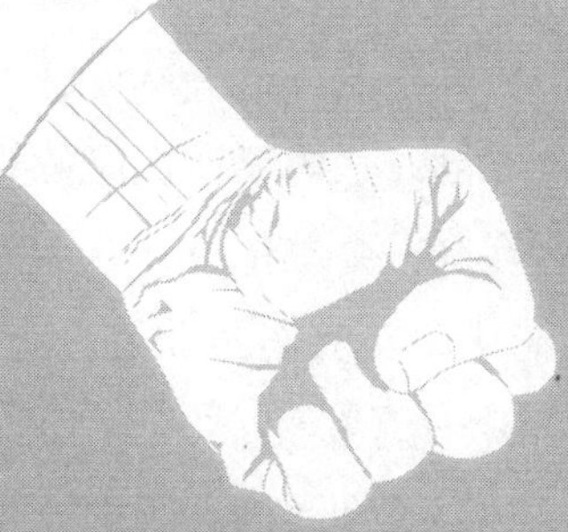

第 11 章

在不如意的现实里，积极地改变自己

学会取长补短，不要让差距加大

人没有生来就成功的，再聪明的人也需要学习别人的长处，以弥补自己的不足。

人生道路上从头到尾都充满着竞争，善待自己的人绝不会甘心落于人后。他们懂得人与人之间层次的不同，多源于知识储备的差异。在现实生活中，这一点明显地体现在学历上。在同一个单位里，高学历的人，多数拿着高薪，他们从事的工作，你一定不能干吗？答案并非是肯定的，但就是这一点点的差距，决定的不仅仅是你的金钱、地位，也许还会影响你的一生。

在竞争的每一个领域，把赢家和入围者区别开来的就是一些很小的差距，想一想那些二流人物的所得所失吧！他们只比一流人物差一点点，可是在享有的声誉和利益方面却相距甚远。

差距是不可避免的，但缩小差距、弥补差距，这一切都是有可能的。善待自己，弥补不足，这是在竞争中取得胜利的最简单的方法。

理查德·比尔是法国巴黎的一个铁匠，他和法国的其他铁匠一起凭借传统工艺的优势在铁器工艺品制造业中长期处于领袖地位。但是，英国的铁匠发明了一种“分裂法”新工艺，利用这种工艺制造出来的铁器工艺品更加美观，既具有现代工艺品的美感，又有传统工艺品的质感，成本也大大降低。这种铁器工艺技术一经出现，就动摇了比尔及其同行的领袖地位。一些法国传统铁器经营商不得不放弃经营而改行经营其他产品，把自己的市场让给了英国人。但不服输的比尔决心掌握这种新工艺，与英国人比个高低。

比尔曾经带着手风琴走街串巷卖过艺。他又利用这一条件和经验假扮成流浪艺人巡游在欧洲大陆。德国、意大利、比利时、西班牙等国的各大城市都留下了他的足迹。所到之处，他虚心请教各地铁器行家们的工艺技术。比尔到了英国后，化妆成铁器工匠，到处打工，没用多久就掌握了“分裂法”工艺。

之后，比尔回到法国，和朋友们一起经过多次试验，终于研制出了制作铁器工艺品的“分裂机”。这种“分裂机”制作的工艺品比手工制作的工艺品更加精密，也更加光洁、美观、耐用。比尔和他的同伴们终于又夺回了失去的市场，恢复了昔日的地位。

在竞争中，失败者永远是那些不知道充实自己、不懂得不断成长的人。人没有生来就成功的，再聪明的人也需要学习别人的长处以弥补自己的不足。由于人的生活环境不一样，每个人的成长经历、思维习惯、看问题的角度各不相同，生活中处处有能人，处处都有学问。同一个工艺品，能人制作起来，往往比一般人更快、更好。这是因为能人更善于发现别人的长处，吸收别人的经验，让自己的技艺更加精湛。

吉米总是认为自己是个很聪明的人，可惜的是他一生都很平庸，最后也没能成就任何一件大事。而老觉得自己很笨的杰克却能认识到自己的缺陷，努力弥补自己的不足，发扬自己的特长，从各个方面不断地充实自己，一点点地超越自我，最终成就了非凡的业绩。

吉米为此心里很不平衡，以致郁郁而终。他的灵魂飞到了天堂后，质问上帝：“我的聪明才智远远超过杰克，我应该比他更有成就，应该是我成为人间的卓越者啊，可是为什么是他呢？”上帝笑了笑说：“可怜的吉米啊，难道你现在还不明白吗？我把每个人送到尘世间，每个人都背着一个竹篓，竹篓里都放了同样的东西，包括聪明，只不过我把你的竹篓放在了胸前，你因为既能看到又能触摸到自己的聪明而沾沾自喜，不知道虚心向他人学习，不断充实自己，结果你的竹篓里面的东西只出不进，你也只能停留在那个人生高度，这是你自己造成的啊！而杰克的竹篓是背在背上的，他看不到自己的聪明，不把聪明当作资本，他总是在仰头看着前方，虚心地求教于每一个能够成为他老师的人，在取长补短、不断充实自己的过程中，他一生都在不自觉地迈步向前，不断地超越自我！”

取长补短是一种智慧，是从自己的不足出发，想方设法去赶上别人，甚至要超过别人，这种虚心的态度、进取的精神无疑是宝贵的。

人的成长，是一个不断发展自我、充实自我，使之成熟的过程。人生是一条奔腾不息的河流，永远不会停留在一个地方，也不会停留在某一阶段，它需要不断地超越，需要每一个人取长补短地充实自己，获得更多的知识、能力和资本，这才是善待自己的竞争法则。 发现自我，找到发动引擎的钥匙。发现自己，开发自身的潜能。

曾经听过这样一个小笑话：据说在很久以前，一个老汉在自己家的农田里挖掘出大量的石油，在一夕之间成了百万富翁，穷苦了大半辈子的他，发财后马上买了一辆高级轿车。这辆车堪称当时款式最新、马力最强的车型，但老人没有驾驶过它，因此在这辆气派非凡的汽车前，老人安排了两匹马儿负责拉车，即使机械师再三保证汽车本身的引擎完全正常，但是老人从没想过要用钥匙发动引擎！

老人的愚笨看似可笑，其实这是现实生活中某些人处事的缩影。生活中，许多人都犯过相同的错误，他们总是看着别人的成绩而自叹不如，同时又怨声载道地抱怨别人靠的是家庭背景才迅速成功的。他们就像老汉一样，只知道车外那两匹马的力量，却不知道车内的引擎足足有一百匹马力之强。如果你不能发现自己的优势和价值，而总是看到自己的短处和不足，那么即使你像老汉那样拥有了一辆马力强劲的汽车，你也不懂得怎样用钥匙发动它。

有人曾说过："1分钱和20元钱如果同时被扔进大海中，它们的价值就毫无区别。"只有当你将它们捞起来，并按照正确的方式使用时，它们才会各自显现价值。

《圣经》中有个关于才能的故事，大意是说上帝曾经分别给了三个人几种才能，不过第一个人只有一种才能，第二个人有三种，第三个人有五种。一段时间之后，上帝突然问起他们在此期间都做了些什么事情。第三个人回答说："我利用5种才能努力工作，结果因此具备了10种才能。"上帝听完之后，很高兴地夸奖他："你做得很好！由于你善于利用才能，因此我将赋予你更多的才能。"

第二个人也同样地增加了自己的才能，但是第一个人抱怨说："主啊！你给了别人很多才能，却只给我一种，真是不公平啊！我知道你是既严厉又残忍的主，所以我把你给我的才能给埋葬了。”上帝闻言后，很生气地说：“你真是又懒又坏！”随后便取走了他的才能，转而恩赐给其他两个人。

每个人生来都不是完美的，都会有不足之处，同时，每个人又都是一座宝藏，所不同的是，有些人在年轻力壮时就开始挖掘自己，以至于让自己快速地蜕变，显现出耀眼的光芒。而有些人从一开始就浑浑噩噩地过日子，他们虽然也有着自己的梦想，但他们的脚步从来都没有离开过温暖的床榻。待到年老时，看到那些出外闯荡的人都衣锦还乡，再想挖掘自己、闯荡世界，已经有心而无力了。

其实，每个人身上都存在着未被开发过的领域，若你消极地认为“天生就是如此”，那说明你对自己缺乏正确的认识，就像小河觉得自己只是流动的液体，却没发现自己也可以是飘浮在空中的水汽。挖掘自己的潜力，你就能够有所突破，而这种改变的勇气，也是成功者必须具备的特质之一。

从前，在美国有一个相貌极丑的人，走在街上行人都要对他多看一眼。他从不修饰，到死都不在乎衣着。甚至到他已经担任高职时，他的举止仍是田间农夫的样子，仍然不穿外衣就去开门，不戴手套就去歌剧院，讲不得体的笑话，还会在公众场合忽然忧郁起来，不言不语。无论在什么地方——法院、讲坛、国会、农庄，甚至于他自己家里，他处处都显得难以相容。他不但出身贫贱，而且身世蒙羞——是个私生子，他一生都对这个缺点非常敏感。没有人出身比他更低，但却没有人比他成就更高。他就是后来的美国总统——林肯。

一个人有这么多的弱点而不去补偿，他怎么取得非凡的成就呢？对于林肯来说，他并不是用每一个长处抵每一个短处来求补偿，而是凭借伟大的睿智与情操，使自己凌驾于一切短处之上，置身于更高的境界。他只在一个方面，即教育方面，直接补偿了自己的不足。他拼命自修来克服早期的障碍。他在烛光、灯光和火光前读书，读得眼球在眼眶里越陷越深。他填写国会议员履历，在“教育”这个项目下填的是“有缺点”。

发现自己，从自身的某一点进行突破，命运的闸门才会最终被你捅破，生命之水才能在梦想的河渠里尽情流淌。毕淑敏说：“如果把人间比作原野，每个人都是这片原野上生长着的茂盛植物，这种植物会开出美丽的三色花：一瓣是黄色的，代表我们的身体；一瓣是红色的，代表我们的心理；还有一瓣是蓝色的，代表我们的社会功能。”如果想让这朵三色花开得更为艳丽，常开不谢，你就需要不断地给自己浇水、施肥，发觉自身的生长特点和最适宜生存的环境。人生的灿烂不仅仅需要外界的阳光，更多的需要你发现自己。

学习是一种习惯，让成长永无止境

学校里学到的知识直接用于工作的部分几乎没有多少。参加工作之后，我们才开始真正地学习用以谋生的知识。对于刚刚步入社会的青年人来说，行业与职场上的竞争压力日渐增大，一个人要想在社会上更好地生存，在自己的职位上谋求更大的发展，在生活中拥有更高的生活条件，就必须让自己懂得并践行终生学习的道理。

苏格拉底曾说：“世上只有一样东西是珍宝，那就是知识；世上只有一样东西是罪恶，那就是无知。”由此可见，终生学习、不断获得新知的重要性和必要性。“我们今天知道的东西到明天就会过时。如果我们停止学习，就会停滞不前。”多萝茜·比琳顿的这句话，再一次强调了终生学习与自我进步相辅相成的关系。

“逆水行舟，不进则退”的道理听起来很浅显，但做起来实属不易。终生学习就是要随时保持高涨的求知热情，以谦虚的心态观察周围的事物和人，见贤思齐，学习他人的优点，掌握更精深的专业技能。如果你认为自己已经学会了一切，并不准备继续学习了，那么在你做出这个决定的那一刻就是你的竞争对手开始超越你的时刻。只有准备用一生去学习并付诸行动的人才会获得更长久的发展！

在教室里，一群聚集在一起的大四学生正在讨论着即将开始的考试——大学时代最后一科考试。他们脸上充满了自信和愉悦，走出校门的一天终于就要到来了。他们中有些人已经找到了工作，有的人即将找到工作。带着四年在学校学到的知识，他们相信自己已经准备好了去接受社会的挑战。

他们知道这场考试将是“小菜一碟”，因为教授说过，他们可以带任何书或笔记，只要不交头接耳就可以了。

他们兴冲冲地走进了考场，当教授把试卷发下来后他们的笑容更灿烂了，因为只有五道题目。

三个小时过去了，考试就要结束了，教授已经准备收试卷。此时大家看起来已不再那么自信了，他们的脸上是一种焦躁不安的表情，没有人说话。教授看着他们问："完成五道题的有多少人？"没有一个人举手。教授又问："完成四道的有没有？"还是没人举手。"三道、两道呢？"学生们此时有些不安了。教授又问："那做出来一道的总该有吧？"

但教室仍是一片沉默。教授继续说："这其实正是我期望的结果，我想让你们知道：即使你们已经完成了四年的大学学习，但你们不知道的还有很多，仅仅专业上你们也还有很多不知道的。"然后微笑地对他们补充道："你们都会通过这次考试，但请大家记住，即使你们已经毕业，你们学习的路程也只是刚刚开始，你们需要用一生去学习！"

许多年轻人在即将步入或刚刚步入社会的时候，都拥有奋力打拼、成就事业的雄心，他们往往觉得自己已经学成出徒了，该到大显身手、建功立业的时候了，他们觉得在学校的时间才是真正学习的时间，走出学校需要的就是拼搏、拼搏、再拼搏。

事实真的是这样吗？就一个普普通通的本科毕业生来说，6年小学、6年中学、4年大学，加一起有16年的时间待在学校，那么一个人在学校到底学到了什么东西？你肯定听到过新入职的毕业生说过，"学校里学到的知识直接用于工作的部分几乎没有多少。参加工作之后，我才开始真正地学习用以谋生的知识！"

被称为"台湾芯片之父"的张仲谋曾说："当我回顾这几十年的工作生涯，我发现只有在工作前5年用得到过去在大学、研究院所学的20%～30%的知识，之后的工作生涯，直接用到的部分几乎等于零。"

宋朝思想家朱熹说："无一人不学，无一时不学，无一地不学，无一物不学。"这正是终生学习的一种境界。我们常说"活到老，学到老"，在生活和工作中不断地充实自己的头脑，积聚更多更新的知识，在"升级"大脑的同时，增强自身的竞争力，成功和财富就会自然而然地来到你的身边。

知识是一种力量，让眼界与未来同行

人不是光靠他生来就拥有的一切，而是靠他从学习中所得到的一切来造就自己的。“世上只有一样东西是珍宝，那就是知识；世上只有一样东西是罪恶，那就是无知。”苏格拉底的这句话着重强调了获取知识的重要性。那么，我们怎样获取知识呢？天外天集团董事长徐海南曾说：“我把学习称作充电、洗脑子，只有不断地洗脑，吸收新知识和养分，才能适应瞬息万变的市场，增强自身的抗风险能力，不断发展壮大。”由此可见，不断充实自己，给自己充电是获得新知识的一条重要途径，其对于一个人职业生涯的发展有着深远的影响。给自己充电，不断获得新的知识，是每一个有理想、有追求的人都要亲身实践的事情和一种成功的习惯。这一点就连亚洲首富李嘉诚也不敢怠慢和轻视。

李嘉诚的名字早已响彻世界，他拥有一个巨大的商业王国，被称为亚洲首富、世界级富豪。李嘉诚的富有不是天生的，从前身无分文的李嘉诚是如何赚得第一桶金的呢？出身寒微的李嘉诚如何征服名门小姐的芳心？李嘉诚如何从小老板变为“塑胶花大王”？李嘉诚如何把握房地产市场良机？李嘉诚如何兵不血刃以7亿元搏60亿元？李嘉诚如何连续多年稳居全球华人首富宝座？这些答案的背后除了胆识、机遇、人脉等，有一个共同点，那就是李嘉诚拥有开阔的眼界和符合未来发展需求的丰富的知识，而这一点正来自其不断地为自己充电。

有位记者曾问李嘉诚：“今天你拥有如此巨大的商业王国，靠的是什么？”李嘉诚回答说：“依靠知识。”有位外商也曾经问过李嘉诚：“李先生，您成功靠什么？”李嘉诚毫不犹豫地回答：“靠学习，不断地学习。”不断地学习知识，给自己充电，是李嘉诚成功的奥秘！李嘉诚说：“在知识经济的时代里，如果你有资金，但缺乏知识，没有最新的信息，无论何种行业，你越拼搏，失败的可能性就越大；但是你有知识，没有资金的话，小小的付出就能够有回报，并且很有可能达到成功。现在跟数十年前相比，知识和资金在通往成功的道路上所起的作用完全不同。”

李嘉诚的话充分说明了一个人要想成功，及时储备知识和不断提升自己是关键的环节。21世纪将是“智本家”们独领风骚、大行其道的时代。对于普通人来说，储备知识，为自己充电，更是迫在眉睫的事情。

有句话说“唯一不变的就是变化”，在高等教育日渐普及的今天，人才越来越多，谁也不能凭借一纸文凭就换来一个铁饭碗。

利用时间，自主学习，是给自己进行充电的基本手段。法布尔说：“学习这件事不在乎有没有人教你，最重要的是自己有没有觉悟和恒心。”在树立自主学习的意识之后，学会处处留心、不断积累，一个人的知识底蕴才会越来越丰富。

歌德说：“人不是光靠他生来就拥有的一切，而是靠他从学习中所得到的一切来造就自己的。”因此，不断学习、经常充电是人生必不可少的事情，同时我们也要学会用所学的知识来改造自己，提升对知识的驾驭能力、对问题的解决能力、对资源的整合能力，这将是现代“智本家”们获得十倍速、百倍速发展的制胜法宝。

不断学习，储备知识，在给自己充电的过程中活学活用自己的知识，同时发现有价值、有商机的信息，让自己的头脑与未来的发展步调一致，你的竞争资本就会大大强于别人，即使是领取成功的号码牌，你也一定会排在队伍的前面。

不去选择成长，被淘汰就在眼前

一个人无论在顺境还是在逆境中，不断地自我完善和充电是其能够给生活、事业打开新局面的绝佳方法。

一个人的成长，是伴随他一生的。即使是身体技能开始衰竭的时候，对大脑的投资也不应停止。 我们的生活就像一辆不断提速的火车，飞快地向前行驶，而根据牛顿经典力学第一定律的原理，坐在车中的我们，如果不同步提高自己的速度，在某个大转弯处，就会在惯性的作用下狠狠向后退，甚至被甩下。当你被甩下之后，你才会发现自己的知识结构已经跟不上时代的发展，那时再想弥补，但迫于生活的压力，困难将比现在逐渐给自己充电要大得多。

现实生活中，生活的压力有多大，竞争到底意味着什么，初入职场的年轻人也许认识不清，但有几年工作经验的朋友则会对压力与竞争深有感触。有这样一则流传于职场的故事：夜幕下的草原上，一头狮子在沉思，当明天的太阳升起，我要拼命地奔跑，追上跑得最快的那只羚羊；与此同时，一只羚羊也在思考，当明天的太阳升起，我要拼命地奔跑，逃脱跑得最快的那只狮子的追赶。

在目前这个经济社会下，一旦投身其中，无论你是狮子还是羚羊，当太阳升起，你要做的就是奔跑。每个人都有一定程度的危机感，而消除这种危机感的唯一途径就是提高自身的文化素质。

吴孟达是如今香港影坛大腕级的喜剧演员，他最初入行完全是为了养家糊口，把演戏当作一个纯粹的工作，从来不知道表演是什么。而演艺圈是一个浮躁的地方，他在出演了一些角色后，收入渐渐好起来便开始敷衍了事，机械地说台词、走位，收工后就同一帮朋友去通宵喝酒，久而久之，恶性循环。他每天拍戏都会迟到，加上他的演出，用导演的话说就是完全没有灵魂，也就是没有个人特色和内涵，慢慢地，没有人再找他演戏，他的事业步入低谷，遭遇人生的滑铁卢，日常生活都变得窘迫起来。

可就是在这段最灰暗的岁月里，他开始重新审视自己和自己的职业，开始看表演方面的书籍，揣摩笑有多少种笑，哭有多少种哭。终于，当他再次有了演出机会，他的厚积薄发，终于没有辜负他的付出，在电影《天若有情》里饰演了一个唯唯诺诺，后来反戈一击的小混混，搞笑而悲凉，一鸣惊人，夺得了当年香港金像奖最佳男配角奖。同样，在早期的港台电视剧、电影中，今天的喜剧巨星周星驰常常是一个御用龙套，他从龙套起家，后来成为香港最善于捧红龙套的导演，而亚洲最好的“龙套”传记片就是他的《喜剧之王》。吴孟达和周星驰结识时，两人年龄相差一轮，但一样郁郁不得志，当时两人都比较落魄，住处又只隔一条马路，因此常常聚在一起探讨剧本。吴孟达说：“我们住的地方之间有一家美国餐厅，24小时营业，当年接到《他来自江湖》的剧本，我们就常到那里坐在一起研究台词、研究表演。”正是在这样的不断钻研中，最后两人都形成了一种独特的“无厘头”表演，周星驰更成为一代喜剧大师。

从周星驰与吴孟达的成名经历中，我们不难体会为自己的事业不断奋斗的精神。更为重要的是，他们及时地认识到自己在表演上的不足，积极地看书学习，相互交流，在充实大脑、充实知识的过程中，水到渠成地走向了他们事业的巅峰。

因此，我们要相信，一个人无论在顺境还是在逆境中，不断地自我完善和充电是一个能够给生活、事业打开新局面的绝佳方法。行动起来吧，还等什么，每当你多学会一样技能，多提高一种能力，你就在成功的道路上更前进了一步。

勤于思考，发现成功的契机

思考既可以作为武器摧毁自己，也能作为利器，开创一片充满智慧、无限快乐的人生新天地。

报刊亭在我们的日常生活中随处可见，很多经营者把它看做小本经营的生意，只为糊口，每天坐等顾客上门。而卡里比则与普通的报刊亭经营者不同，在经营中他发现，很多人对高档杂志有大量地阅读需求，但往往因为动辄几十元的零售价格望而却步。于是，他自创了一套崭新地经营模式，发展会员制，将杂志租给客户，每个客户每月交30元会费和20元押金，就可以不断租杂志回家阅读。

卡里比很快发展了几百名会员，测算下来他每个月能挣到8000元，收入水平远远超过同行。善于发现，勤于思考，结果就会如卡里比一样，在简单的工作岗位上做出卓越的业绩，使得自己尽快起步、起飞。

《百万英镑》是马克·吐温著名的小说作品，也许你也品读过它，但你不一定浏览过“百万美元” 网站主页。它不卖小说，也不卖电影，而是一个既像棋盘又像拼图的网址大全。网站首页被划分成1万个格子。只需花100美元买下其中一格，全世界就都可以通过点击它找到你的网页。创建这个网站只花了英国学生亚历克斯·图10分钟的时间，但迄今为止它已为他赚下近百万美元。

亚历克斯是家里四兄弟中最小的一个。一年暑假，高中毕业的亚历克斯为大学学费发愁，但又不想向银行贷款。整整一个夏天，他天天冥思苦想如何赚钱。8月26日深夜，一个点子突然闪现在亚历克斯的脑海。

亚历克斯在互联网上花10分钟创建了一个网站，起名为“百万美元”。他将主页划分为1万个小格，每个格子的大小为10×10像素，售价100美元。买家可以在自己买下的格子中放上任何东西，包括自己网站的图标、名称或网址链接。

起初，亚历克斯并未对此抱太大希望。虽然网站号称“百万美元”，但他认为能卖出百分之一的格子就不错了。不料，这个网站推出后竟异常受欢迎。订单源源不断而来，平均每天有40个格子被人买走。

截至当年12月26日，这一成本仅50英镑的网站已为亚历克斯带来九十多万美元。换句话说，1万个格子已成功售出一万个格子已经成功售出九千余个。离“百万美元”的终极目标已非常接近。有网友调侃说，如今非但亚历克斯自己不用再为学费发愁，连他下一代的学费都赚足了。如今“百万美元主页”已声名远播，每天亚历克斯都能收到几千封电子邮件。包括中国在内，已有26个国家的媒体采访过他。

靠卖“格子”变成百万富翁，听来像神话，但在这个网络经济时代，却被亚历克斯变成了现实。自从IT巨人比尔·盖茨获得成功后，网上淘金的热潮就从未中断过。在中国，李想等靠网络发家致富的成功者也越来越多。他们除了对计算机、网络等方面的知识非常精湛之外，另一个共同之处就是善于思考，并能够发现机遇。

生活中有这样一种人，他们总是在看到别人成功之后，悔恨自己当初没有想到这个点子，而让财富与自己擦身而过。一次又一次，从来都只有悔恨，而没有抓住机遇后的欣喜。究其原因，事后诸葛亮谁都会做，而在事情开始时就像诸葛亮一样善于谋划、善于思考的人却星星点点。如今当越来越多的人知道“百万美元主页”后，简单的模仿者层出不穷，其中获利者寥寥无几，而有个人则受到它的启发，借助自己的思考和“百万美元主页”的优势，又一次创造了一个白手起家的奇迹。

当我们点击进入“百万美元主页”，眼前就出现了一张“彩色地图”。从电影下载到人才招聘，从廉价CD到疾病治疗，从乐器吧到礼品铺，从租赁广告到个人博客，各种网站应有尽有。只有成人网站被拒之门外。

好创意往往能催生新点子。有一个人在登录这个主页几次后，突发奇想，借“百万美元主页”的点击率想出了一个赚钱新招。在主页中下方，一个格子里赫然出现美国已故影星玛莉莲·梦露的面容。

原来这是个“世界名人堂”网站的链接。该网站首页有一个600×450像素大小的“相框”，一旁附有说明：任何想要“出名”的人都可租用这个相框，上传“尊容”以及网站链接以供全世界“瞻仰”。费用为每分钟1美元，15分钟起租。

广告词这样写道：“人人都能扬名世界！……我们已为您在世界著名网站‘百万美元主页’上占据一席之地，保证全世界的人都能看到您的脸……在您展露于历史中的这段时间里，数以千计的人会点击玛莉莲（的图片），然后就被链接到我们的网页，而您就在那里。”很多人都曾憧憬过自己有一夜暴富的一天，很多人的想法和头脑都用在了憧憬过程中的描绘、想象上，到了现实生活中，他们的思想仍然很陈旧，思维局限于固定的框框中。人活着就要不断思考，因为我们可以用思考来改变现实状况，当我们一无所有而只剩一颗脑袋时，同样可以开创属于自己的人生。

最近，一家饭店生意火爆，原因之一是这个饭店推出了一项别家没有的简单优惠。这家饭店规定，等候20分钟以上的顾客可以全单打8折，等候10分钟的可以打9折，而在晚上6点半以前离开饭店的客人也可以打8折。如此一来，餐桌翻台率大大提高，愿意等待的人数也大大增加，小小的折扣杠杆为这家饭店撬动了更大的市场。

点燃激情，释放自己的能量

岁月使你皮肤起皱，但是失去了激情，就损伤了灵魂。

一张报纸，一杯茶，吃饱了混天黑的人，有人觉得他们过得很惬意，无比向往这种生活，而有的人则认为他们是在“坐着等死”。且不说工作自身的清闲程度，处在一个工作岗位上，真的会什么事情都没有吗？如果你觉得自己的工作就该“清闲”，你在这种工作氛围中已经懒惰了，那无疑说明现在的你没有给工作打一针激情的强心剂。

比尔·盖茨有句名言：“每天早晨醒来，一想到所从事的工作和所开发的技术将会给人类生活带来巨大的影响和变化，我就会无比兴奋和激动。”他对于成就事业有着独特的见解，他认为成功者最重要的素质是对工作的激情，而不是能力。抱着这样的心态，让积极性提升一点，每个人的生活和工作都会有很大的突破。

拿破仑·希尔是成功学专家，他的《思考致富》一书成为流传不朽的经典。他之所以取得辉煌的成就，和他激情工作是分不开的。

卡耐基曾说：岁月使你皮肤起皱，但是失去了激情，就损伤了灵魂。可见，激情与人的成长之间存在紧密的内在联系。“智慧的最大成就，也许要归功于激情。”沃韦纳戈的这句话更是精辟地阐释了激情与人的发展的关系。智慧依靠激情才能发挥它的最大效用，换句话说，对于整个大脑的开发和运转，激情就是它的催化剂。

激情是一种意识状态，能够鼓舞及激励一个人对自己的事业和工作采取行动。拥有激情的人，在自己的信念与目标面前，在重重困难挡路之时，激情让人执著行动，勇敢拼搏。

2006年的一个普通的清晨，在河南省郑州市西工房小区里，31岁的陈磊早早醒来，年迈的母亲帮他打开电脑，登陆了“快乐坊十字绣论坛”的QQ群后，很多网友热情地和他打招呼。这些网友也许并不知道，这个性格温和、网名为“眼镜”的年轻人，正躺在床上，用仅可移动的两根手指的关节和他们聊天。网友们也许更不知道，“快乐坊”论坛的这个创始者，是一位疾病缠身20年，全身几乎不能动弹，只能僵直地躺在病床上的人——他甚至不能用手指敲击键盘。

陈磊全身只有肘、腕关节能活动，此外，两根手指可以稍微弯曲，整个人就像被冰封住一样。虽然身体残疾，但他对网络尤为痴迷，并把全部的激情都投入了进去。

他与电脑的距离是1.5米，这样中间可以放下椅凳，方便母亲照顾他。每天，他就是通过台灯改造的镜子反射来浏览网页。但他建立的“快乐坊”网站，每天流量在2万左右。在十字绣领域，这是流量最大的网站之一。靠着这个平台，31岁的郑州青年陈磊自强自立，在艰难的人生路途中，成就自己的梦想。

对生活的激情，使得陈磊这样一个残疾人为了改造自己的生活，不懈地努力拼搏，最终成就了自己的一番事业。作为正常人的我们，能够利用自己对事业的激情，成就自己的人生吗？答案是肯定的。只要你重视并调动自己的激情，让自己为了明确且明智的目标，开足马力，勇往直前。

爱默生说过：“有史以来，没有任何一件伟大的事业不是因为激情而成功的。”只要抱着这种态度，任何人都有可能成功，都有可能达到目标。

节省时间，提高工作的效率

世界上只有两种物质：高效率和低效率；世界上只有两种人：高效率的人和低效率的人。珍惜时间、提高效率，这句口号在各行各业高喊了很多年，但很多人在身体力行时却又很自然地随意荒废着时间，随后又是后悔、忏悔。其实，时间对于每一个人都是一样多的，只是有些人懂得利用每一小段时间去努力、去行动，积少成多，而不是只抱怨忙，没有充足的时间干自己想干的事情。爱尔斯金就是这样一个善于管理时间、珍惜时间的典范。爱尔斯金是美国近代诗人、小说家，他对时间有着自己的认识，在谈及利用时间这个老生常谈的话题时，曾深有体会地说：“当我在哥伦比亚大学教书的时候，我想兼职从事创作。可是上课、看卷子、开会等事情把我白天、晚上的时间全占满了。差不多有两年我不曾动笔，我的借口是没有时间……后来，只要有五分钟左右的空闲时间，我就坐下来写作一百字或短短的几行。出乎意料，在那个星期的终了，我竟积有相当数量的稿子准备修改。后来我用同样积少成多的方法，创作长篇小说。我的教授工作一天比一天繁重，但是每天仍有许多可以利用的短短空闲。我同时还练习钢琴，发现每天小小的间歇时间，足够我从事创作与弹琴两项工作。”

改变你的时间观念，在认识时间就是金钱的基础上，合理利用你的时间，不放过每一小块时间，是你取得成就、成为成功者的捷径。对于现实工作来说，利用短时间，就是要求你把工作进行得迅速，如果只有五分钟的时间给你写作，你不可把四分钟消磨在咬你的铅笔头上。思想上事前要有所准备，到工作时间来临的时候，立刻把心神集中在工作上，迅速集中脑力，并全力以赴地行动。

时间与效率往往是紧密联系在一起的，拥有较强的时间观念的人，在提高工作效率的前提下，他的成长步伐往往比别人迈得更大更快。

切斯特菲尔德说：“效率是做好工作的灵魂。”约·艾迪生说：“工作中最重要的是提高效率。”

有些人经常抱怨自己办事效率太低，经常被老板批评。为什么会这样呢？那些办事效率低的人并不是没有努力工作，而是因为他们没有树立正确的时间观念，没有掌握正确的方法。世界上做同一种工作的人不计其数，做同一种工作的方法更是数不胜数，其中不乏效率高的方法。

诺斯古德·帕金森是英国著名的历史学家，他在分析了为何“大型组织大而无当，毫无生气”时，指出：“事情增加是为了填满完成工作所剩的多余时间。”这个定律告诉我们，工作效率低，是因为我们给了这个工作太多的时间。

帕金森描述了一位老太太花了一整天时间寄一张明信片给她侄女的过程：花1小时找那张明信片；花1小时找眼镜；花30分钟查地址；花1.5小时写明信片；用20分钟考虑寄信时要不要带伞。就这样，一个人只需花3分钟就能干完的事情，却让另一个人花了一整天时间才干完，并且犹豫不决，疲惫不堪。

帕金森得出结论：做一份工作所需要的资源，与工作本身并没有太大的关系，一件事情膨胀出来的重要性和复杂性，与完成这件事花的时间成正比。换句话说，给自己很多时间做一件事，不一定能提高工作的效率。时间越多反而越容易使人懒散，缺乏动力，效率低。

一个学生平均成绩一直较低，家长只好让他修学分最低的功课。儿童心理学家却建议这个学生多修一些课。结果出乎大家意料，这个学生多修课后，所有功课成绩不降反升。事实上，这个学生要做的就是打起精神，提高学习效率。

我们常说，观念决定思路，思路决定出路。转变自己的错误观念，优化自己的思维，你的做事效率就会有很大的提升。观念转、天地宽，观念的力量是无穷的。对待一件事情，一堆事情，一天的事情，甚至是更为长远的规划，能做到帕金森那样对利用时间、提高效率有如此清晰的认识，你的工作就会取得卓越的成效。

做事不拖延，学会马上行动

有了目标后，最重要的就是放弃任何借口，立刻将它付诸实施，并且坚持到底。

有人说自己是一座宝藏，挖掘得越深，获得的越多。也有人说，自己是一匹奔腾的野马，重要的不是学会怎样提速，而是控制自己。

人有各种各样的优缺点，也有一种惰性，这种惰性经常导致计划落空。人在计划落空时又很容易形成新的计划，新计划其实是旧计划的翻版。结果就是，一项计划翻来覆去总没有结果。这是十分悲哀的事情。成就一番事业必须雷厉风行，要有一种魄力，说干就干，一点也不拖延。这是成就事业的一种品格。

拖延是一种坏习惯，它会让人在不知不觉中丧失进取心，阻碍计划的实施。一个人如果进入拖延状态就会像一台受到病毒攻击的计算机，效率极低。拖延最常见的表现就是寻找借口。虽然目标已经确立了，却磨磨蹭蹭，像个生病的羔羊，没有一点精神。不论什么时候，总能找到拖延的理由，计划当然就会一拖再拖，成功也就遥遥无期。

你是否有这样的表现呢？今天的事拖到明天做，六点钟起床拖到七点再起，上午该打的电话等到下午再打，每天要写的文章攒到最后时刻写，这周要洗的衣服拖到下周再洗，这个月该拜访的朋友拖到下个月。

对于一个公司来说，很有可能会因为拖延而损失惨重。1989年3月24日，埃克森公司的一艘巨型油轮触礁，大量原油泄漏，给生态环境造成了巨大破坏。

但埃克森公司迟迟没有做出外界期待的反应，以致引发了一场“反埃克森运动”，甚至惊动了当时的总统布什。最后，埃克森公司总损失达几亿美元，形象严重受损。

对一个渴望成功的人来说，拖延将成为制约他取得成功的桎梏。在公司没有一个老板喜欢有拖延习惯的员工，在家里没有一个妻子喜欢有拖延习惯的丈夫。

社会学家卢因曾经提出一个概念：“力量分析”。他描述了两种力量：阻力和动力。他说，有些人一生都踩着刹车前进，比如被拖延、害怕和消极的想法捆住手脚；有的人则是一直踩着油门呼啸前进，比如始终保持积极、合理和自信的心态。

人生不应该停留在等和靠上，成功不会像买彩票那样依靠侥幸，唯一需要的应该是制订计划并立即执行。不等不靠，现在就去做，表现出来的是一个成功人士应有的精神风貌。如果你因为没有信心才迟迟不敢行动，那么最好的消除障碍的办法就是立刻去做，用行动来证明你的能力，增强你的自信。

李大钊曾经说过：“凡事都要脚踏实地地去做，不弛于空想，不骛于虚声，而唯以求真的态度做踏实的功夫。以此态度求学，则真理可明。以此态度做事，则功业可就。”小说《根》的作者哈里说：“取得成功的唯一途径就是‘立刻行动’，努力工作，并且对自己的目标深信不疑。世上并没有什么神奇的魔法可以将你一举推上成功之巅，你必须有理想和信心，遇到艰难险阻必须设法克服它。”

哈里起初只是美国海岸警卫队的一名厨师。他从代同事写情书开始，爱上了写作。于是他给自己制订了用两三年的时间写一本长篇小说的目标。他立刻行动起来，每天不停地写作，从不停息。8年以后，他终于在杂志上发表了自己的第一篇作品，字数仅有600字。他没有灰心，退休后，仍然不停地写，稿费没有多少，欠款却越来越多。尽管如此，他仍然锲而不舍地写着。朋友们帮他介绍了一份工作，可他说：“我要做一个作家，我必须不停地写作。”又过了4

年，小说《根》终于面世了，引起了巨大轰动，仅在美国就发行了530万册。小说还被改编成电视剧，被更广泛地传播。他因此获得了普利策奖，收入超过500万美元。

所以，有了目标后，最重要的就是放弃任何借口，立刻将它付诸实施，并且坚持到底。我们常说，千里之行始于足下，就是要求我们行动起来，把心中的梦想通过立刻行动变成美好的现实。如果只是因为自己有一个美好的梦想就沾沾自喜，而忘记了行动，那么无论天上的星星多么漂亮，你也不能够把它捧在手中；无论对岸的风景多么诱人，你也不能够亲眼目睹；无论海中的贝壳多么美丽，你也不能够把它挂在你的胸前。

受雇不会终生，学习永无终止

学无止境，这句话在我们的学生时代经常被提及，步入社会后，你是否把这句话忘到九霄云外了呢？你要知道，你的知识储备会随着社会的发展和竞争的加剧而变得日渐单薄，如果不及时吸收新的技能和知识，你的“自备资源库”就可能常常处于入不敷出的状态，对于追求稳定生活的你，坐吃山空显然不是长远之计。

一个人不管以前积累了多么丰富的知识，都应该有谦虚的态度，认识到充实自己的重要性，这样你才能一个台阶一个台阶地不断向上发展。

苏轼从小喜欢读书。他天资聪明，记忆力特别强，每看完一篇文章，就能一字不漏地背出来。几年苦读，年轻的苏轼已是饱学之士。一天，苏轼乘着酒兴，挥笔写了一副对联，命家人贴在大门口：读遍天下书，识尽人间字。

这天，苏轼正在家里看书，忽听仆人通报门外有人求见。他出来一看，是一位白发苍苍的老婆婆，便问道：“老人家有什么事？”老婆婆指指门上的对联，问：“先生真已读遍天下书，识尽人间字了？”苏轼一听，心里很不高兴，傲慢地说：“难道我能骗人？”老婆婆从口袋里摸出一本书，递上前说：“我这里有一本书，请先生帮我识识看，那上面写的是什么？”苏轼想：“这有何难！”他接过书，看也不看，就说：“你听着，我念给你听！”可他仔细一看，从头翻到尾，又从尾翻到头，那书上的字竟一个也不认得。苏轼急得满头大汗，只得问：“你这书是从哪里来的？”老婆婆笑笑说：“先生，别问是哪里来的啦！天下的书你不是都已读完了吗？”苏轼满脸通红，只好回答说：“我没有读过这本书。”“你这本书都没有读过，那为什么要贴这副对联呢？”老婆婆问道。苏轼听了，羞愧万分，伸手想把门上的对联撕掉。老婆婆忙上前阻止道：“慢！我把这副对联改一下吧。”边说边把对联改成：发奋读遍天下书，立志识尽人间字。并谆谆告诫说：“年轻人，学无止境啊！”苏轼回到书房，立刻找出启蒙老师曾经赠给自己的“学无止境”的条幅，把它张贴起来。从此，他谦恭苦读、勤奋学习，终于成为有名的大学问家。

不自满，多勤奋，及时地充实自己的知识，取得一番成就只是时间和机遇的问题，等到这一切都成熟之后，你的人生就会像迎着东风的帆船一样，疾速航行。

多年前，一位劳苦的牧羊人领着两个年幼的儿子以替别人放羊来维持生计。一天，他们赶着羊来到一个山坡，这时，一群大雁鸣叫着从他们的头顶上飞过，并很快消失在远处。牧羊人的小儿子问他的父亲：“大雁要往哪里飞？”“它们要去一个温暖的地方，在那里安家，度过寒冷的冬天。”牧羊人说。小儿子问：“它们为什么能够长久地飞行呢？”牧羊人说：“因为它们小时候听从妈妈的教诲，认真学习飞行的本领，不断掌握知识，更为重要的是，它们最终把这种知识变成了飞行的能力。”

他的大儿子眨着眼睛羡慕地说：“要是我们也能像大雁一样飞起来就好了，那我就要飞得比大雁还要高，去天堂，看妈妈是不是在那里。”小儿子也对父亲说：“做个会飞的大雁多好啊！那样就不用放羊了，可以飞到自己想去的地方。”

牧羊人沉默了一下，然后对两个儿子说：“只要你们想，你们也能飞起来，关键是你们是否有飞行的知识，是否能把这些知识变成能力。”听完这番话，两个儿子试了试，并没有飞起来。他们用怀疑的眼神看着父亲。

牧羊人说，“让我飞给你们看。”于是他飞了两下，也没飞起来。牧羊人肯定地说，“我是因为年纪大了，学不了飞行的本领了，没有飞行的能力，所以才飞不起来，但你们还小，只要不断努力，就一定能飞起来，去想去的地方。”

儿子们牢牢记住了父亲的话，并一直不断地努力，学习飞行的知识。等他们长大以后，果然飞起来了，他们发明了飞机，他们就是美国的莱特兄弟。

每个人都有一个“飞行”的梦想，有的人最终飞了起来，看到了蓝天、白云和更广阔的天地，他们的人生走得更远、更美好。而有的人，只能在风烛残年懊悔地行走在自己那几平方米的天地里。之所以有这么大的不同，不是机遇垂青于否，不是命运捉弄与否，是因为在年轻的时候，在成长的过程中，个人对自己大脑的投资程度不同，才造就了不同的人生。投资自己，是新时代青年人应必备的一种生存能力，不断投资、不断接受新鲜事物就是一种成长。

事物的发展趋势就是变化，看似亘古不变的宇宙实际上时时都在变，酝酿着大变革。环境改变，人也要随之改变。在生活中，敢于迎接新鲜的事物，学习新鲜的知识，飞翔于广阔的天空就是指日可待的事情。

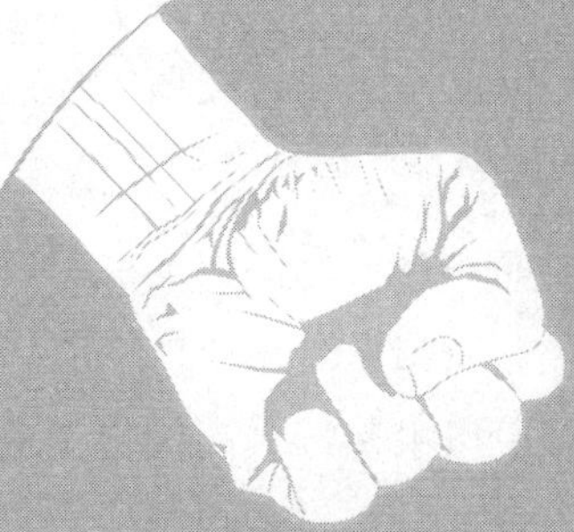

第 12 章

在人生的每个低潮里，积蓄质变的力量

快乐工作，享受拼搏的过程

不要只把工作看成一种谋生手段，还应该把工作当成一种乐趣，只有这样你才能对工作投入，甚至为它痴迷。

工作会给人带来什么，很多人回答是荣誉、金钱、人脉等。这些是工作给你的全部吗？不，工作给予你的是快乐，是对生活的调剂。

有一个问题是这样的：如果有一天你中了彩票，得到1000万元，你的生活会有哪些改变？据调查显示，有82%的人选择立即辞掉工作。当然也有例外，据报载，2003年年底美国有史以来奖额最高的彩票被一个老先生投中。这位老先生是一家餐馆的侍应生，为这家餐馆工作超过20年。当记者问他辞掉工作后怎样安排生活时，老先生回答，“不，我还要来这上班，因为我喜欢这份工作。”有了钱，可以不用靠工作来满足自身基本需求的时候，选择立即辞掉工作的人，他们只把工作当作获取生活费的一个手段。只了解这一面，我们就知道，工作对他们就会变为一种苦役。其实，工作是我们人生的一个重要的组成部分，每天的24小时，除掉休息时间，8小时的工作加上准备时间要占掉生命的大半。所以要享受人生，首先要享受工作。不要只把工作看成一种谋生手段，还应该把工作当成一种乐趣，只有这样你才能对工作投入，甚至为它痴迷。这时所有的困难都会变得轻松起来，因为工作已经成为一种快乐和享受。国外一家报纸曾举办一次有奖征答，题目是“在这个世界上谁最快乐”，从数以万计的答案中评选出的四个最佳答案是：作品刚完成，自己吹着口哨欣赏的艺术家；正在筑沙堡的儿童；忙碌了一天，为婴儿洗澡的妈妈；辛苦开刀之后，终于救了危急患者一命的医生。

由此可见，工作着的人是最快乐的。确切地说应该是：正从事自己喜爱的工作的人是最快乐的。而从另一个角度来说，不快乐的人，往往是生活中没有自己喜爱的事可做的人。我们常常认为只要准时上班，按点工作，不迟到，不早退就是完成工作了，就可以心安理得地去领所谓的工资了。可是，我们没有想到，我们固然是踩着时间的尾巴上下班的，可是，我们的工作很可能是死气沉沉的、被动的。其实，工作就是工作，它永远不可能像休闲度假一样充满了新奇和喜悦，关键是你如何在其中寻找并创造乐趣。对于自己所从事的工作，爱与厌，苦与乐，大都存乎一念之间。有人整天郁郁寡欢，抱怨自己的工作不好；有人天天心情舒畅，把工作当成享受。“三百六十行，行行出状元”，这不仅强调了每一项工作的重要，更说明了每一项工作都大有可为。工作带给你的是快乐还是折磨，主要在于你对工作的态度。

干好工作首先要热爱工作，而热爱的前提之一就是找到工作的乐趣。之所以提倡寻找工作中的乐趣，主要原因是有些人感觉不到工作的乐趣，甚至仅仅看到了工作的难度与压力、艰辛与枯燥。善待工作，热爱工作，我们才能变得轻松，变得从容，变得愉快，进而有所成就。

发现优势，更要做最擅长的事

在成功心理学看来，判断一个人是否成功，最主要的是看他是否最大限度地发挥了自己的优势。

扬长避短的做法不管在哪一个领域都有着非常现实的意义，每个人都有自己的闪光点，这也就是我们所谓的长处，是自己的优势所在。如果将它进行深度挖掘、投资，你会惊喜地发现，你的行动往往总是取得事半功倍的效果。

比尔·盖茨有一句口头禅：“做自己最擅长的事。”这句话被众多的企业家所认同。如果你留心那些成功人士，就会发现他们的一个共同特征：不论智商高低，也不论他们从事哪一种行业、担任何种职务，他们都在做自己最擅长的事。

在美国，一个关于成功的寓言故事至今广为流传。看完这则寓言，或许你就会对“善用其长，不显其短”有更深的体会。为了给自己“充电”，森林里的动物们开办了一所学校，开学典礼的那天，来了许多动物，有小鸡、小鸭、小鸟，还有小兔、小山羊、小松鼠。学校为它们开设了5门课程，分别是唱歌、跳舞、跑步、爬山和游泳。第一天，老师决定上跑步课，小兔子兴奋地在体育场跑满了一个来回，自豪地说，我能做好自己天生就喜欢做的事！可其他小动物，却有的撅着嘴，有的耷拉着脑袋……小兔回到家里对妈妈说，这所学校太好了，我实在太喜欢了。第二天一大早，小兔子蹦蹦跳跳地来到学校。老师宣布今天上游泳课，这时小鸭子兴奋得一下跳进了水里。天生恐水的小兔子傻眼了，其他小动物也只能“望水兴叹”。接下来，第三天是唱歌课，第四天是爬山课……学校里每一天的课程，小动物们总是有擅长的与不擅长的。

这则寓言看似很普通、简单，却蕴涵了一个深刻的哲理：要成功，小兔子就应跑步，小鸭子就该游泳，小松鼠就得爬树。它的潜在寓意就是说，做自己最擅长的事情，最容易有所发展。

在竞争的路上，那些具有灵性、聪明的人都知道寻找最合适的方法。做擅长的事，走熟悉的道路，这就是通向成功的捷径。走捷径会使你摆脱很多不必要的干扰，走捷径会使你觉得成功近在咫尺。

盖洛普名誉董事长唐纳德·克利夫顿曾说过：“在成功心理学看来，判断一个人是不是成功，最主要的是看他是否最大限度地发挥了自己的优势。”可往往有些人不在意这些事，觉得天底下没有自己干不了的事，没有自己做不成的行业，盲目地“挑战极限”，结果也不言而喻。无论一个人具备多么好的天赋，多么高的智商，他也不会将所有能力收于囊中，难免存在优势与劣势。就才能而言，有人敏于感知，有人善于记忆，有人强于创造，有人思维活跃，有人逻辑缜密，有人判断客观，有人处事巧妙……既然人各有所长，也各有所短，那就应该处理好“长与短”的关系。大凡聪明的人，都会懂得“善用其长，不显其短”的道理。一般来说，善取长弃短者，都能将自己的优势发挥到最大化；反之，“舍长就短者”，便难以称之为智者。

“万科”是国内一家著名的房地产公司，曾专注于住宅房地产的开发，在国内赫赫有名。在过去经济萧条、市场最艰难的时候，万科凭借自己的努力坚持下来，但是当它迎来明媚的春天的时候，却禁不住市场的诱惑，耐不住一时的寂寞，盲目地放弃了自己的特长，转移了业务，去做生命科学项目，去做IT项目，到头来竹篮打水一场空。这是万科董事长王石发自内心的忏悔。离开了自己熟悉的地方，放弃了自己最擅长的事，在激烈的竞争中，往往就会败下阵来，拿自己的劣势跟别人的优势相抗衡，就像用鸡蛋去撞击石头，结果很惨重。

每个人的优势不同，善于发掘自己的长处，做自己擅长的事，其实就是属于你自己的一笔宝贵的财富。将优势发挥到最大化，不断给予优势一定的营养，你会发现你正在将自己的财富升值。

失败别找借口，成功更有方法

抛弃找借口的习惯，你就会在工作中学会大量解决问题的技巧，这样借口就会离你越来越远，而成功就会离你越来越近。

很多人在生活和工作中习惯于将一些借口放在嘴边，以掩饰自己的懒惰、平庸、无能。就如小时候，每当我们不小心摔倒后，第一个念头就是找找看是什么东西绊了脚一样。我们总是怪别人乱放东西，尽管那样做对于疼痛的减轻并没有直接效果，这也不是自己跌倒的直接原因，但能找到一个可以责怪的对象多少算是一种安慰，可以证明自己没有责任。多年以后，当我们肩上的担子更加沉重，当挫折接二连三出现时，也总是不自觉地找出许多客观原因来开脱自己，实在找不到原因时就说自己的命不好。虽然我们并不认为这样开脱自己其实是一种绝对的幼稚，但是我们总在想方设法地一次又一次欺骗自己。仔细想想，为什么你收获很少，至今仍没有按照自己的意愿生活呢？是否因为你总是习惯于失败，有借口地去失败，而缺少寻找方法、开拓思路的勇气呢？

1971年，徐明出生于辽宁庄河，他是一个典型的东北人，身上天生有一种桀骜不驯的因子。从沈阳航空航天大学毕业后，徐明被分配到大连庄河县的经贸委工作。两年后，徐明决定自己闯一闯。毅然辞掉公职后，豪气满怀的徐明便单枪匹马地来到车水马龙的大连。

当一踏进快节奏的大连时，高度敏感的徐明便发现自己并不占有什么优势，只不过是个平凡的小角色而已。但对于勇于接受挑战的人，机会总是有的。两年的平凡工作使得徐明对国家的贸易政策烂熟于心，并发现了一个发财致富的大好商机，那就是在对虾出口需要许可证的年代，却没有对熟虾出口实行许可证的规定。无疑，这是一个可遇而不可求的机会。当徐明将这个重大发现告诉一个从事虾出口的外商时，外商在感激不已的同时，极力劝说刚刚辞职下海的徐明一同来做。1992年，徐明开始从事卖虾的生意。买入1吨虾需要7万元左右，卖出却为37万元之多，在这样的情形下，没过多久，徐明便轻而易举地从一个毫无资产可言的普通人一举变为拥有千万资产的大亨。也就在这一买一卖中，不到30岁的徐明便赚了3000万元，为自己掘到了人生的第一桶金。

只有拥有与众不同的思维，才能永远走在他人的前面。从某种意义上说，在现在这个商业社会里，与众不同也就代表着财富。

这是一个讲求创意、创新致富的年代，没有灵活的思路，没有先人一步的胆识，唯唯诺诺地跟在别人的后面，虽然看似稳妥，风险很小，但收获的可能性也会相应更低。“方法总比问题多”，在遇到困难时，智者通常会这样鼓励自己，他们对拥有种种借口的愚者往往嗤之以鼻。不会思考，只会退缩的人，注定难成大事。

拥有自己独特的思想，做事前多多思考，才更容易获得突破。总是跟在别人的后面跑，就只能吃别人的剩饭，要想胜人一筹，就要独辟蹊径。做事讲方法是成功者的第一思维模式。

世界著名的成功学大师拿破仑·希尔曾著过《思考致富》一书。为什么是“思考”致富，而不是“努力工作”致富？希尔强调，最努力工作的人最终绝不会富有。如果你想变富，你需要“思考”，独立思考而不是盲从他人。成功者最大的一项资产就是他们的思考方式与众不同，他们做事时拥有更多的更为合理的方法。

某些年轻人看到别人做出不凡的成就时，往往会认为他们是因为起点高或者天生走运，却很少会想到是那些人善用脑力的结果。善于思考的人善于改变，思考对于行动，是“磨刀不误砍柴工”。将自己的现状、前景和方向分析得很透彻，远远胜过所有盲目奔波。

懂得感恩，在人生的低潮积蓄能量

生活中总有磨难，也总有痛苦，有高潮来临，也会有失落出现。于磨难处翻身，于低潮时奋起，这不仅是一种乐观向上的人生态度，更是一种对人生深刻的体悟。

人生几时愉快，几时悲伤，几时欢笑，几时流泪，有谁能够说得清楚。如果每天清晨你都能幸福地醒来，感受阳光的温暖，体会空气的清新，你就应该感激生命的赐予，感恩于活着的幸运。

感恩是蕴藏在人的内心深处的一种情感，时时怀着一颗感恩的心，不只可以除去心中仇恨的种子，更可以让自己的生命变得更加温馨。

一次，汤姆在一家雅致的餐厅就餐时，发现旁边有三个黑人孩子，他们似乎在餐桌上写着什么。在就餐的时间、就餐的地方，这三个孩子却没做与吃饭有关的事。汤姆难以按捺心中的好奇，试着走了过去。这几个孩子看汤姆这样一个肤色不同的外国人到来，他们没有一丝扭捏，而是落落大方地和汤姆谈了起来。这三个孩子中，一个约十二三岁戴眼镜的男孩是老大，八九岁的女孩是老二，另外一个五六岁的男孩是老三。从谈话中汤姆了解到他们和母亲暂时住在这家酒店里，因为他们正在搬家，新房还未安顿好。

当汤姆问他们在做什么时，老大回答说正在写感谢信。他一副理所当然的神情使汤姆满脸疑惑。这三个孩子一大早起来写感谢信？汤姆愣了一阵后追问道：“写给谁的？”“给妈妈。”汤姆心中的疑团一个未解一个又生。“为什么？”汤姆又问道。“我们每天都写，这是我们每日必做的功课。”孩子回答道。

哪有每天都写感谢信的？真是不可思议！汤姆凑过去看了一眼他们每人手下的那沓纸。老大在纸上写了八九行字，妹妹写了五六行字，小弟弟只写了两三行。再细看其中的内容，却是诸如“路边的野花开得真漂亮”、“昨天吃的比萨饼很香”、“昨天妈妈给我讲了一个很有意思的故事”之类的简单语句。汤姆的心头一震。原来他们写给妈妈的感谢信不是专门感谢妈妈给他们帮了多大的忙，而是记录下他们幼小心灵中感觉很幸福的一点一滴。他们还不知道什么叫大恩大德，只知道对于每一件美好的事物都应心存感激。他们感谢母亲辛勤的工作，感谢同伴热心的帮助，感谢兄弟姐妹之间的相互理解……他们对许多我们认为理所当然的事都怀有一颗“感恩的心”。对于平凡的小事都懂得感恩的人，能把幸福的底线放得如此之低的人，他在生活中会感受到更多的快乐。

“感谢折磨你的人”，这是最近较为流行的一句话。即便生活误解了你，使你遭遇挫折与打击，你也要心怀感恩。

在世界纪录中，销售汽车最多的人是一位名叫乔依·吉拉德的汽车业务员，他在一生中卖出的汽车总数高达1425辆，这个数字让许多同行望尘莫及。但是，在乔依成为汽车销售高手之前，他过着负债累累的生活。

当时，经济不景气，乔依根本无法顺利找到糊口的工作，因此，家人们经常吃不饱。而每一次，当门铃声响起的时候，一定是债主在门外等着要钱。一天，一位穷凶极恶的债主又登门讨债，于是，乔依只得从家中的窗户爬出去，逃避债主。乔依离开家以后，内心十分痛苦，但这一切没有使乔依感到人生灰暗，反而刺激了他奋起的斗志 。当他走在街道上，抬头看见一家汽车公司的招牌，他决定要去争取一份汽车销售的工作，乔依去应聘了。虽然汽车公司的经理一开始便回绝了他，但是乔依仍然不停地向经理说明他的工作能力，在经过了几个小时的努力之后，经理终于同意让乔依试一试，不过附带的条件是：乔依没有基本底薪与福利，而且他只能赚取销售汽车的佣金。

后来，当乔依好不容易邀约到一名客人来公司看车时，他的心中只有一个想法，要是这笔生意能够成交，他就可以帮助家人购买许多食物，并且，当他想到能够看见家人满足与幸福的神情时，他的心中就无比快乐。因此，无论如何，他一定要全力以赴！没过多久，怀抱着热切期望的乔依，终于成功地卖出他的第一辆汽车，从此以后，他开始踏上了销售高手的旅程！

生命中最大的阻力与挫折，往往也能够成为人生最大的动力，对磨难常怀感恩、在人生的低谷时仍能积极进取的人，更容易实现人生的突破。不知你是否发现，名画家们最得意的画作，常常是在他们的生命低谷时期创作的；名作家流传千古的作品，也常常是在人生的低潮时期写下的。这其中，包括许多登上人生巅峰的成功人士，他们在人生低谷，在磨难重重时，没有对磨难抱怨，没有被磨难打倒，而是常怀感恩之心，从人生的低谷里逐渐向辉煌攀升。生活给予你挫折的同时，也赐予了你坚强，你也就有了另一种阅历。对于热爱生活的人，它从来不吝啬。 酸甜苦辣不是生活的追求，但一定是生活的全部。试着用一颗感恩的心来体会，你会发现不一样的人生。人的一生，登高时，不可以张狂自满；低谷时，也不要气馁沮丧；因为，在人生的每一个阶段，都能够重新开始。所以，即便你在最痛苦难熬的时候，也应该牢记光明和美好始终存在，感恩活着的幸运，感谢众多给予你磨难、让你更加坚强的人。

给生活一个笑脸，给自己一个安慰

生活给予你的很少有尽如人意的地方。不是因为生活对你刻薄，而是你很难找到一个合适的基点，来比较命运的公平与否。

年轻时，人生是漫长的，因为我们拥有各种版本的希望和明天。对于老人来说，人生如一部历史悠久的老电影，每次一个人静静地坐在那里观看，其中的画面看似如此熟悉，但又如此遥远。卢梭说，生活的理想，就是为了理想的生活。把理想当作生活的人，无疑具有很高的人生境界。而如果你选择平凡地感悟生活，也可以在自己的人生轨迹上描绘自己的风景。

生命是多彩的，它对每个人都是平等的，关键看你如何把握生活、享受生命。用微笑来面对生活，即使在寒冷的冬天也会感到生活的温暖，在漆黑的午夜也会看到希望的曙光。用微笑来面对生活，用微笑来面对每个人、每件事，你就会感受到阳光灿烂，迎接你的必定是一路的鸟语花香。

俄国诗人普希金说过：“假如生活欺骗了你，不要悲伤，不要心急，忧郁的日子里需要镇静，相信吧，快乐的日子将会来临。”如果生命没有给予你完美与幸福，那你更要以笑容来面对。

有一个出生在普通家庭的小男孩，很不喜欢被父母严加管束的僵硬生活，时常反抗和故意捣蛋，于是严厉的父亲就想了个法子来“对付”他。这一天，父亲把小男孩叫到了身边，对他说：“我有个要紧的信，你赶紧把它送到警察局去！”说着，从口袋里摸出了一张纸条。

小男孩二话没说，接过纸条拔脚就往警察局跑去。见到一个警察，小男孩迫不及待地把纸条交了上去。没想到，警察看完纸条之后什么话也没说，揪起小男孩就把他拖进了一间黑黝黝的屋子里。

小男孩吓坏了，使劲儿地拍打着屋门号啕大哭起来，但是没有人来理他，四周只回荡着他那惊恐无助的哭声。

“我到底犯了什么罪呢？”小男孩不明白，越想越怕，越害怕越紧张……也不知道过了多久，小男孩被释放了出来，只见那个警察凶巴巴地说道：“小家伙，知道为什么把你关起来吗？告诉你，我们就是专门对付像你这样的顽皮孩子的。”这个时候，小男孩才明白原来是父亲让警察把自己关押起来的。不过，虽然被关押了几天，但惩罚似乎并未因此而结束。紧接着，父亲又把小男孩送进以严格著称的圣那休格公学，那里的体罚是所有小朋友的噩梦——每犯一次错，都要打6下手心。于是，隔三差五的，小男孩的双手总被打得红肿。

就这样，一连串的可怕经历，深深地烙印在了小男孩的童年记忆之中，而且严重地影响着他长大成人之后的生活——每天都生活在一片阴影之下，恐惧、紧张、焦虑，构成了他性格中最重要的部分。

20岁时，他进入电影界，但一直无法成名，为此常常苦恼不已。27岁那一年，他突发奇想地把自己对世界深深的恐惧、紧张、焦虑，对极度礼教压抑下滋生的反叛和变态心理，作为一种“另类”的电影元素融入了作品中去，结果竟然出人意料地大获成功。他就是世界著名的悬念大师——“现代恐怖片之父”希区柯克，一生共拍了53部电影，几乎部部著名，其中《精神病患者》等经典影片为他赢得了世界性的无上声誉。

生活，需要你用心理解，用心感悟。在某一时刻，尽早地发现它的真实，在拥有平和的心境、合理的思维的同时，给它以微笑，你就很容易越过障碍，注视将来。

在大文学家雨果的眼里，生活，就是自己身上有一架天平，在那上面衡量善与恶。生活，就是有正义感、有真理、有理智，就是始终不渝、诚实不欺、表里如一、心智纯正，并且对权利与义务同等重视。生活，就是知道自己的价值，自己所能做到的与自己所应该做到的。

能够如此透彻、理智地理解生活、面对生活，实属不易，而现实生活中的我们，特别是对于二十几岁的年轻人，在不能懂得生活的真谛时，把握好自己的人生，给自己以鼓励和宽慰，积极地行走在艰辛的生活路上，幸福的出口就会越开越大。

美国著名歌唱家卡丝·戴莉有一副动人的歌喉，唱起歌来婉转美妙，像百灵鸟一样，但她长着一口龅牙，十分难看。她在参加歌唱比赛时，总是顾及自己难看的龅牙，尽力避免将口张得太开，一方面要放声歌唱，一方面又要极力掩饰自己的缺点，所以她的表演失败了。几乎每次参赛都是如此，她渐渐对自己感到绝望了。只有一个评委发现了她的歌唱天赋，告诉她："你有唱歌的天赋，你会取得成功，但你必须忘掉自己的龅牙。"在这位评委的帮助下，卡丝·戴莉渐渐走出自己的心理阴影，终于在一次全国性的大赛中，以极富个性化的演唱倾倒了观众、征服了评委，进而脱颖而出。

任何一个人，在来到这个世界上的时候，他的容貌是无法选择的，就像我们无法选择自己出生的国度、家庭、父母一样。也许，你长得并不够漂亮和帅气，但你不应该自卑。我们不能选择容貌，但可展现笑容，让生活拥有一抹亮色。

不做压力的奴隶，让自己更积极

当我们处于压力的困扰中时，找一个释放自己内心感触的港湾是一种别致的情怀，暂时忘却也是一种美丽的境界。

在闲暇时走进公园，在观赏美景的同时，放松一下身心，体味美好的生活。走近喷水池，看着高高喷射出的水花，我们不假思索地就会明白这是压力的作用。

就像喷水池我们经常见到一样，生活中的压力也处处存在。有压力才会有动力，有动力才会让生活有质感。话虽如此，人们面对来自各方的压力时却时常找不到自己，看不清方向。

即使你可以逃避，但也只是一时，问题仍然会在下一刻侵扰你的内心。压力给人以苦恼，因此有太多的人一直在寻求解密，让心在失衡的现代社会中找到属于自己的天堂与乐园。但是各种困扰会层出不穷地出现在我们的人生里，它们似乎变化着花样悄悄地来到我们的身旁，伴着岁月与我们一起成长。如果你能驾驭它们，就能成为它们的主人；如果你任由它们肆意增长，它们会成为你人生的一大主题，让你的悲情生活一遍遍上演。这或许就是生活的有趣之处。

在一次煤窑施工中发生了瓦斯爆炸，煤窑严重坍塌，唯一的出口被厚实的泥土严严地堵死，在矿井中作业的五位矿工深困其内。幸运的是，矿井里刚好有足够的食物和水源。这给被困矿工赢得了极大的生机。他们找到各自的位置，安静地坐下，等待着窑外的人们来救援。时间在死寂的黑暗中震颤着。一天、两天……一个星期过去了，他们支着耳朵，却始终没有听到渴望已久的声音。有人开始烦躁，有人发出凄厉的尖叫。大家已无法承受恶劣环境带来的巨大的精神压力，个个都快要崩溃了。突然，他们听到“啪”的一声。黑暗中有人吼叫起来，“谁，谁打我？”一个黑影朝四个伙伴咆哮着，四个伙伴都开始辩解。可黑影就是纠缠着他们不放，审犯人似的一个个详细审问，甚至问得有些不着边际。为了免受冤枉，四位工友还是认认真真地回答。直至个个哈欠连天，声称被打的黑影这才闭了嘴，没趣地倒在一旁呼呼大睡。过了许久，大家都睡醒了，又听到“啪”的一声脆响，这次挨打的是另一位工友，只见他捂着脸，怒不可遏地嚎叫起来，径直扑向第一个挨打的黑影。双方都不示弱，幸好其余三位工友眼疾手快，死死把双方抱住，两人才住手。为此，大家你一言我一语地理论起来。

类似的情况在每位矿工身上都发生过，其中一位脾气很好的矿工连续挨了三个耳光，最后忍无可忍，勃然大怒。就在他们整天为耳光的事纠缠不清的时刻，头顶一丝微弱的亮光提醒他们，有人来救他们了。至此，他们在井底足足被困了23个日日夜夜。你知道这几个工人，最终为什么能活下来吗？在黑暗中相互猜疑，以至于互相大打出手，在这种“自相残杀”的状态下，他们竟然存活了23个日日夜夜，这都是因他们处于压力之下，利用压力，转移了自身对恐惧的注意力。

能够控制压力，让压力给自己以积极的作用，你的人生才会大踏步地接近成熟。但生活中的很多人已经习惯了在可以选择前进时去选择无所作为，因为前方有太多的苦难要去面对。很多人在能够挑战自己、改变生活时选择了维持现状，因为现实的压力让他们觉得自己进退维谷。哲人说：“谁要是害怕走崎岖的山路，谁就只好永远留在山脚下。”谁要是不能在压力面前站直了、不趴下，谁也就永远只能在原地踏步，苦闷地思考自己为什么不能拥有收获的喜悦。

晓得控制和利用压力的人，是生活中的强者，即使你做不到这点，能让自己学会释放压力，让生活变得轻松、恬静，你也是一个善待自己的人。

压力与心态也是紧密相连的。把握好自己的心态，管理好自己的情绪，让压力减少到最低程度。适当地释放，会是一种很不错的调节心态方法。

如果你也把握不好自己的心境，或者你心乱如麻，暂时地忘却也是一种美好的境界。现实人生中，当我们处于压力的困扰中时，找一个释放自己内心感触的港湾也是一种别致的情怀。暂时忘却能让心得到抚慰和歇息，让心拥有一刻的洒脱，释放心中的苦闷，得到暂时的宽慰，然后你才能更容易正视自己，面对生活。

凡事看开一点，画一条幸福的底线

快乐和幸福与否，真的只在于自己。把自己幸福和快乐的底线定得低一些，你所感受到的快乐就会多很多。

我们总以为对人生的慨叹，以老年人居多，他们在行将日暮之际，回味自己的人生，恐怕会有万般感言。而在现实中，我们却发现很多年轻人对生活、对人生的抱怨和感慨要比老年人多得多。二十几岁的年轻人有很多的追求，遭遇很多的坎坷，在接近而立之年时，才会逐渐懂得人生不可能只有甜美，肯定会有辛酸苦辣。只有凡事看开点，人生才会更美好；否则，自己将会在怨气中度过一生。

有人曾问过一位活到120岁的老人，为何会这样长寿，他说："没有什么，只是要凡事看开点。"

两个水手因为船只失事而流落到一个荒岛。甲水手一上岸就愁眉苦脸，担心荒岛上没有充饥之物，没有落脚之处。乙水手却一上岸就为自己将要开始一段新的生活而欢呼。两个人在荒岛上找到一个洞口，乙水手为今晚可以睡一个好觉而庆幸，甲水手却担心洞里面是否有野兽。乙水手安然入睡，甲水手辗转难眠，不知道明天怎么度过。上帝可怜两个水手，竟然让他们在荒岛上意外地发现一袋粮食。乙水手高兴得手舞足蹈，而甲水手却担心怎么把生米煮熟，煮出来的饭是否咽得下。

岛上没有淡水喝，他们不得不喝海水。乙说："喝淡水喝惯了，喝海水换换口味。"而甲水手极不情愿地把海水咽下。每吃完一顿饭，乙水手总是很满足地说："又过了一天。"而甲水手总是叹气："唉，假如粮食吃完了该怎么办呢？"粮食一天天减少，终于被他们吃完了。荒岛上还有些野果，他们把它采摘回来。乙水手说："运气真好，竟然还有水果吃。"甲水手却哭丧着脸说："从来没有这么倒霉过。上帝不要我活了，竟然要我吃这样的野果。"终于野果也吃完了，他们再也找不到其他可以吃的东西了，只好挨饿。为了保持力气，他们只好躺在洞里休息。乙水手说："想不到我竟然什么也不用做还可以睡觉。"甲水手却绝望地说："死亡离我们越来越近了。"最后一刻，他们都坚持不住了。乙水手说："终于可以抛开一切烦恼，投奔天国了。"甲水手说："我还不想下地狱。"乙水手死了，脸上挂着微笑。甲水手死了，脸上充满悲伤。

死亡是每个人最终的结局，但路上的风景，却因选择的不同而差异万千。故事中乙水手不是不尊重生命，他充分享受到了人生最后过程的乐趣，虽然结果仍免不了死亡，但一切对他来说不是那么重要了，他死的时候都是快乐的，他没有留下什么遗憾。而甲水手与乙水手截然相反，明知道不可能的事情还是处处在乎，明知道得不到的东西仍然想得到，自己为难自己，自己勉强自己，时时刻刻处于忧虑、惶恐之中，最终仍不能摆脱死亡。但他最后的人生历程与乙比起来要差远了，没有得到任何的快乐，死亡的时候也无法瞑目。生活中，面临如此绝境的人实在不多，但获得快乐的体悟、处理事情的方法是一样的。凡事都看开一点，这是一种感受快乐的哲学。既然已经发生了，我们就坦然地接受。俗话说，是福不是祸，是祸躲不过。当不可预料的打击降临的时候，当我们无法改变悲剧的时候，那么，我们就好好地欣赏悲剧吧。我们无法改变世界，但至少可以改变自己，把握自己。人活于世，即使你再渴望平平安安、一帆风顺、事事称心， 最终都无可避免地会遭遇种种意外。所以我们有时会郁郁寡欢，有时会手舞足蹈，有时会暴跳如雷，有时又会欢声笑语。人生的路坎坎坷坷，伴随我们的心情也是千变万化的。

但不管怎样，一切都会过去的！对于好事来讲，一切都会过去的，好事是暂时的，不要沉迷于好事带来的喜悦中。好事告诫人们不要陶醉于成功的欢乐海洋里，劝诫人生不能骄傲自满，带给人们的是再接再厉的精神鼓舞。对于坏事来讲，一切都会过去。不要停留在往事的阴影中，相信总会有海阔天空、风平浪静的一天，告诉自己痛苦是一时的，不必总是郁郁寡欢。

著名作家史铁生曾经这样写道："生病的经验是一步步懂得满足。发烧了，才知道不发烧的日子多么清爽。咳嗽了，才知道不咳嗽的嗓子多么安详。刚坐上轮椅时我常想，不能直立行走岂不是把人的特点搞丢了？便觉天昏地暗。""等又生出褥疮，一连几天只能歪七扭八地躺着，才看见端坐的日子其实多么晴朗。后来又患尿毒症，昏昏然不能思想，就更加怀恋起往日时光。终于醒悟：其实，每时每刻我们都是幸运的，任何灾难前，都可能再加上一个'更'字。"……吃尽了疾病的苦头，才感悟到健康就是最简单的快乐。正因如此，他才把自己幸福的底线定得如此之低。现实生活中，很多人依旧我行我素地过活，等到某一天终于开始意识到什么是真正的幸福和快乐的时候，才发现生命留给自己享受幸福的时间已经少得不能再少了。

"熙熙攘攘为名利。"许多人一生都在茫茫的红尘中不停地奔走，结果深深地陷在名与利的泥潭里而不能自拔；"蓦然回首，那人却在灯火阑珊处。"等到悟出真正的幸福其实就在当初的出发原点的时候，却已为时很晚了。

钱钟书在《围城》里也有一段妙解：天下有两种人。譬如一串葡萄到手，一种人挑最好的吃，另一种人把最好的留在最后吃。前一种人永远快乐，他吃的总是剩下的葡萄中最好的；后一种人永远悲哀，他吃的总是剩下的葡萄中最坏的。快乐和幸福与否，真的只在于自己。把自己幸福和快乐的底线定得低一些，你所感受到的快乐就会多很多。“不以物喜，不以己悲”，能够看开生活中的悲伤、苦楚，甚至是不幸，快乐的感觉才会常伴身边。

对生活充满热情，让精神归属快乐

热情是快乐的秘方，是成功的催化剂。如果你是一潭充满热情的活水，你就拥有了日新月异的动力，你就拥有了热情四射的活力。

生活需要热情，那种平淡无味、死气沉沉的生活给人一种衰亡的感觉。上班族中很多人都是两点一线，朝九晚五，重复着简单无聊的日子。等到有一天突然回头，你会发现自己已过而立之年，却依旧碌碌无为，只懂得生存，不知道何为快乐。每一天清晨的霞光下，在一个个忙碌的身影中，有你，有我。一天如此，一年如此，一生都会如此。谁对生活更热情，更懂得品味和享受，无疑，他就更容易寻找到快乐的足迹。

杰克是美国一家快餐店的员工，每天的工作就是不停地做很多相同的汉堡，没有什么新意，但是他仍然非常快乐，从来都用满怀善意的微笑热情地迎接他的顾客，几年来一直如此。他的这种真挚的快乐，感染了很多人。有人不禁问他，为什么对这样一种毫无变化的工作感到快乐？究竟是什么让他充满热情？杰克回答，我每做出一个汉堡，就知道一定会有人因为它的美味而感到快乐，那我也就感到了我的作品带来的成功，这是多么美好的事情。我每天都会感谢上天给我这么好的一份工作。由于杰克的快乐心情，这家店的生意越来越好，名气也越来越大，最后终于传到了公司高层的耳朵里，于是，杰克得到了总公司的一个重要职位。

与杰克想法相反的是他的表弟奎尔，他是一家汽车修理厂的修理工，从进厂的第一天起，他就开始生气：修理这活儿太脏了，瞧瞧我身上弄的，而且没有高额的薪水。每天他都在不满的情绪中度过，认为自己像奴隶一样在卖苦力。他每时每刻都窥视着师傅的眼神与行动，稍有空隙，他便伺机偷懒，应付手中的工作，并且总是期待下班的时间。

转眼几年过去了，一同进厂的几个工友，各自凭借精湛的手艺，或另谋高就，或被公司送进大学进修，唯有他，仍旧做着自己讨厌的修理工作，仍旧沉浸在无法升迁的痛苦之中，碌碌无为地应付每一天。原来，缺乏热情、失去快乐的最大受害者，就是自己。

对于一个普通人来说，即便你坚信自己才华横溢，但如果你缺乏热情，你也只能停留在表面功夫的作业上，做一天和尚撞一天钟，既享受不到工作所带来的乐趣，又不会有任何升迁的机会光顾你。

生活中需要热情，快乐更是由热情点燃的。当你对生活全身心投入的时候，那份专注的热情会持久地温暖你的心，使你拥有燃烧着的快乐和付出后的满足。

在很多人的眼中，石头就是石头：它不说话、不唱歌、不生气、不兴奋、不做梦、不旅行、不期待未来、不挂念往事、不恋爱。它什么事也不做，只固执地想当个真正的石头。最后的结论是：石头真无聊。

但在台湾著名艺人杨林的眼里，石头却是这样的：石头说自己的话，唱自己的歌；它生气时只有自己知道，兴奋时非常低调，做梦时不让你知道。正是这种对待生活热情的态度，造就了一个不同于传统观念的艺人。杨林宣布挥别演艺转行画画的时候，曾引起了一阵哗然，很多人都对她的“挥别”与“转行”感到不可思议。不过，杨林却平静地向大家说道：“我只是选择一个让自己灵魂快乐起来、简单自在的工作罢了。”她坚信，对生活、对画画保有热情，所得到的快乐远比名誉和金钱要多得多。

但她的经纪人不死心，多次上门来说服她：“你看啊，随便拍个广告，15分钟就可以赚10万元，你干吗不拍啊？”杨林总是坚决地一口回绝，依旧执著地以画画为生，她曾以“撒旦”来形容这种赚钱的快乐与奇妙。在某次画展结束的时候，杨林微笑着对人说道：一张画，少则要画一个月，多则要画两三个月，最后顶多也就卖几万元，相比起拍广告来是有些少；可是呢，如果接拍广告的话，不但要很早从床上爬起来梳头、化妆，打扮美丽，还要一个劲儿地对着大家露出牙齿来强装着微笑，虽然转眼就有10万元，可以肆无忌惮地去买名牌吃美食，然后骗自己说这样活着其实还不错……但实际上，精神上的空虚，又有谁能够看得到呢？后来，杨林把自己的轿车卖掉了，而且还表示说，如果未来求学的经费不够了，就连房子也会卖掉的。她说："我很快乐，快乐就是做自己想做的事情。"

只有金钱才能缔造快乐，这在很多人的观念里已经根深蒂固。对于那些重视物欲享受的人来说，杨林是个不折不扣的傻子，然而这是一个真真正正会享受快乐的"傻子"，是一个让自己的精神归属快乐的人。她深深地懂得：在短若朝露的人生岁月里，只有把真实的自我释放出来，才不会白白地辜负自己。热情是快乐的秘方，是成功的催化剂。黑格尔有句名言："我们可以肯定地说，世界上的伟大事物都是靠热情来成就的。"一个精神萎靡不振的人绝对不会成为成功的人；一个怨天尤人的人也绝对不会获得快乐的体验。"问渠哪得清如许？为有源头活水来。"如果你是一潭死水，就只能等着变臭、腐烂、干涸；如果你是一潭充满热情的活水，你就拥有了日新月异的动力，也就拥有了热情四射的活力，那时，你对快乐的理解和体验将获得前所未有的升华。

命运给予你哭的境遇，也给了你笑的权力

事已如此，生气又有何益？把快乐坚持到底才是人生最大的成功。

每个人一早上睁开眼都希望自己能有一个好的心情，但要想做到"天天好心情"还真不是件容易的事。生活中会有很多突如其来的意外砸在眼前，令我们恐慌且不知所措，虽然大的意外并不多，小麻烦却接二连三。当这些麻烦、障碍物被命运无情地抛到你的脚下时，你可以悲哀、失望，甚至哭泣，当然你更可以选择微笑着接受和面对。

大文学家苏东坡在《定风波·沙湖道中遇雨》中这样说："莫听穿林打叶声，何妨吟啸且徐行。竹杖芒鞋轻胜马，谁怕？一蓑烟雨任平生。料峭春风吹酒醒，微冷，山头斜照却相迎。回首向来萧瑟处，归去，也无风雨也无晴。"

这是他在去一个名叫沙湖的地方的路途中突然遇到大雨时，“雨具先去，同行皆狼狈，余独不觉。已而遂晴，故作此词”。在被贬边城、人生遭遇不幸的时候，苏东坡依然旷达、乐观，不让外界的环境变化来扰乱自己的心境，改变自己向来乐观的人生信念。正如“莫听穿林打叶生，何妨吟啸且徐行”所描写的那样，当乱雨打叶、风波骤起的时候，何不把它当作生活中的一个小风景，在雨中慢慢走，慢慢吟诗，心情自然就不错。当一切风平浪静的时候，再回首看看那样的过程，也会带有一点享受般的惬意。对于像苏东坡这样处乱不惊、心如止水、不受外界干扰的人来说，其实人生本来就是“也无风雨也无晴”的。即便现在，我们仿佛还能看到苏东坡在雨中吟啸徐行的样子，看到一个天真烂漫、充满生命激情的人，在向我们展示着，生命原来可以这样洒脱。

不管什么样的天气，什么样的境遇，只要心中洒脱，看得开，保持一颗乐观豁达的心，对你来说永远都会是风和日丽、天高云淡的好天气。哲人说，把快乐坚持到底才是人生最大的成功。不轻易让悲伤抬头，不让糟糕的情绪长时间占据我们的心灵，是幸福人生必修的课题。

人活于世，随着对生活认识的加深，社会化程度的加重，难免会有意无意地去在意别人对自己的看法。或许是因为同事开的一个过分的玩笑，或许是早上上班因错过公交车而迟到几分钟……不管如何，总之，你今天看上去很不开心，对谁都是爱理不理，到哪都带着一副冷漠的面孔，总觉得天空阴沉沉的，如同自己的心情。

为何要太在意别人给予的评价呢？对这些小事斤斤计较，只会影响自己的心情，其他毫无裨益。常言道：人生在世，不如意之事十之八九。事已如此，生气又有何益？外界已经给自己带来太多不顺，太多的障碍，逃避是不可能的，坦然面对，“不为打翻了的牛奶而生气”，你才会感受到更多快乐。

唐朝著名禅师慧宗好种兰花。一次出外讲经弘法，吩咐弟子看护好种在寺里的数十盆兰花。弟子们深知师父酷爱兰花，侍弄得特别小心。但不幸的是，一天深夜，突然狂风大作，下起暴雨，拔树掀瓦，兰花被砸死了很多。几天后，禅师回家，弟子们忐忑不安。得知原委后，禅师说：“事已如此，生气又有何益？当初，我不是为了生气而种兰花的。”弟子们如醍醐灌顶，大彻大悟。“事已如此，生气又有何益？我不是为了生气而种兰花的。”看似平淡的话，暗示了多少禅机道理，蕴藏了多少人生智慧！不让过去了的事情影响自己现在的状态，能够做到这点的人，除了具有阳光般的心态之外，同时还应懂得控制自己的情绪。

大仲马曾经说过："你要控制自己的情绪，否则你的情绪便控制了你。"人活的就是心情，因为一些小事而斤斤计较，势必让自己的心丧失快乐和自由。米切尔·霍德斯做过一个极为有趣的实验，他将同一张卡通漫画显示给两组测试者看，其中一组的人员被要求用牙齿咬着一支钢笔，这个姿势就仿佛在微笑一样；另一组人员则必须将笔用嘴唇衔着，显然，这种姿势使他们难以露出笑容。结果，米切尔·霍德斯发现，前一组比后一组测试者认为漫画更可笑。这个实验表明，我们心情的不同往往不是由事物本身引起的，而是取决于我们看待事物的不同方式。情绪的好坏，完全取决于你的心态。我们在生活中，必须维持一份好心情——随时幽默、开怀、乐观的好心情，才不会被外界的消极影响所干扰。命运原本是一个盲人，横冲直撞地朝你而来，时而给予你欢笑，时而更会给你带来悲伤和痛苦。自己的心亮着的人，能够把握命运行走的方向，懂得微笑是自己的权利。也正因如此，他们的人生才显得异常绚烂，且充满欢声笑语。

把握自己，掌握生活中的平衡术

没有人可以得到这世间所有的美好，能够自由掌控自己，把握自己心态的人，最终才最易获得幸福。

相互攀比的心理在每个人的心中都存在，即使你拥有豁达的胸怀，只要你是一个积极进取的人，这种好胜之心就会让你在跟别人的比较中，或多或少地失去平稳的心态，失去本来的自我。在这个浮躁的社会中，能够把握好自己心态的人，就不必在乎他人的财富胜我多少、才气高我几许，因为人与人不仅仅有差别，而且有时是天壤之别。

能够明白"人比人，气死人"，就会洒脱许多，开心许多，轻松许多。这不失为生活中的一大平衡术。

各人的成长环境不同，天资不同，在若干年后，术业有专攻的局面必然呈现，用自己的强项和别人的弱项比，顿感优越感十足；而看到别人的某个方面比自己强，自己无法企及，就失魂落魄、垂头丧气，这样的人未免活得太累了。一个人心里的平衡就这样轻易地被打破，哪还有安宁和快乐可言？

一天，一位自以为才高八斗的穷酸诗人乘船过江。当船划到江的三分之一处时，这位诗人突然诗兴大发，面对滔滔江水吟起诗来，几首过后甚觉无趣，因为没有人能够欣赏他的诗。于是他问船夫："船夫，你懂不懂得诗词之美啊？"船夫摇摇头说："我哪懂得诗呀！我只会划船！"穷酸诗人叹了一口气："唉！连诗歌都不懂，你真是个大老粗。"船夫对这带有歧视意味的话，丝毫没有理睬。

船走到江中间的时候，穷酸诗人拿出一只笛子吹了起来，陶醉在自己的旋律之中。一曲完毕，穷酸诗人又问船夫："船夫先生呀！你不懂得欣赏诗句，那你总该懂得欣赏丝竹之美吧！"船夫摇摇头说："我哪懂得音乐啊？我一生只会划船！"穷酸诗人更加不屑地说："不懂得欣赏音乐，你的生活真是枯燥乏味，活着还有什么意思啊。"

突然间，天空中乌云密布，下起大雨，江水暴涨，眼看就要把船给打翻了。

船夫跑到船头准备跳下水，这时，他回头问穷酸诗人："秀才先生，那你会不会游泳呢？"穷酸诗人说："我这一生饱读诗书、欣赏音乐，哪有时间学习游泳呢？"船夫说："那很抱歉，不懂诗书和音乐，我没觉得我的人生缺少快乐，但你此时不懂游泳，恐怕你的人生即将全部失去了。"说完，船夫就跳进了江里。

可想而知，可怜的诗人会落得一个什么样的下场。船夫面对诗人诸多带有羞辱性的话语，依然面不改色，情绪毫无异样，这说明他阅历丰富。光顾炫耀才华的诗人，没有给别人留有口德，最后在危急时刻，空有一身才学，不懂得救生之法，也只能遗憾地了此一生。不随意贬低别人，也不因为别人的才学而感到自卑，这是诗人没有做到的，却是那个船夫心领神会的。一味想表现自己的人，在你夸耀自己的同时，你的心态就已经失去了平衡，就已开始伤害别人，最终很可能也会伤害自己。我们常说职业不分贵贱，就像船夫会划船、诗人会作诗一样，各自有各自的本领，不必过分炫耀或羡慕。生活中，我们会听到很多抱怨，什么别人穿得比自己漂亮、吃得比自己讲究、住得比自己舒适之类的。还有乡村的羡慕城市的，钱少的羡慕钱多的，位低的羡慕位高的，权轻的羡慕权重的……殊不知，比上不足，比下有余。古人云：“他骑骏马我骑驴，仔细思量我不如，回头看见推车汉，上虽不足下有余。”

我无鞋，我痛苦，我却发现无腿的人更痛苦。生活中总有比你更加不幸的人，这并不是让你去为别人的不幸而幸灾乐祸，而是让我们充分到认识人生的多变，从而去选择乐观。仔细想想吧，当你在羡慕或嫉妒别人时，你身边又有多少人在羡慕你有一份酬劳可观的工作或者有一个幸福美满的家庭呢？

曾经在网上看过一个帖子：北京人说他风沙多，内蒙古人就笑了；内蒙古人说他面积大，新疆人就笑了；西藏人说他文物多，陕西人就笑了；陕西人说他革命早，江西人就笑了；江西人说他能吃辣，湖南人就笑了；湖南人说他美女多，四川人就笑了；四川人说他胆子大，东北人就笑了；东北人说他性子直，山东人就笑了；山东人说他经济好，上海人就笑了；上海人说他民工多，广东人就笑了；广东人说他款爷多，香港人就笑了……虽然这个帖子没有什么深意，只是博君一笑而已。但是这却流露了一种心理：人比人，比得过来吗？天外有天，人外有人，我们只是其中小小的一个，怎么可能处处得到盛誉呢？再者说，世间不如意事十之八九，每个人的人生道路都不可能平平坦坦，毫无波澜。如果自己都不知足，用些无聊的谈资与周围的人攀比，伤心、失望恐怕也是在所难免的。拥有一种知足的心态，不要和别人盲目攀比，世上没有十全十美的事情，也没有十全十美的人，不要过分求全，不要始终拘泥于完美，没有人可以得到这世间所有的美好。能够掌控自己、把握自己心态的人，最终才最易获得幸福。

人生难免平淡，快乐生活需要营造

在“80后”一词由沸沸扬扬到渐渐远去的今天，很多人忽视了现在一代的年轻人，不管是“80后”还是“90后”，都是“电视人”的一代。在电视、电脑陪伴长大的背景下，他们眼中的生活变成了电影、电视剧中的扑朔迷离、跌宕起伏。

尽管电影、电视里极力渲染那些由枪伤、雪崩、生离死别、冤狱和绑架案等制造出的戏剧人生，然而，我们能有多大的缘分遇上这些事情呢？我们的生活无非是柴米油盐、生老病死，虽然庸庸碌碌，但这就是生活，正常的生活。

也有一些刚刚步入社会的年轻人，在单亲家庭的背景下长大，谈及个性都很强，其中的少数人越来越自闭，麻木和冷漠是他们的防卫本能。生活的平淡犹如微尘，微尘不断地叠加，最终覆盖了我们。怎样才能穿越这“生命不能承受之轻”？宗教传扬一颗平常心，诗人的药方是“保持几分童真”，男人呼吁浪漫，女人渴望情趣。

生活固然是平淡的，但快乐是可以营造的。只要你有营造幽默的心情，我们就能从司空见惯的环境中发现有趣的事物，也给身边的朋友带来笑声。

在人类智慧的财富中，幽默被认为是无价之宝。它能让你的话语柔中带刚，即使是一种批评，也会让对方听得很舒服。生活中充满幽默，让你、让别人不时地笑逐颜开，你的人生会变得更加富有。

人生难免会有尴尬的时刻，在那一瞬间，我们的尊严被人有意或无意冒犯，或者被恶作剧者当众将了一军。此时，有的人感到自己丢了脸面，无地自容，恨不得把头埋进土 里去。可是有些人却不，他们会以幽默从容处之。即使这种尴尬的境遇不是由自己造成的，有修养的人也会以自身特有的幽默来营造快乐的氛围。

杰出的英国戏剧家萧伯纳的名字几乎与幽默成为同义词了。一天，年迈的萧伯纳在街头被一个骑自行车的人撞倒，虽然不十分严重，但这一惊吓也非同小可。那个人立即扶起戏剧家，并向他道歉。然而萧伯纳打断了他，对他说：“不，先生，您比我更不幸。要是您再加点劲儿，那就会作为撞死萧伯纳的好汉而永远名垂史册啦！”

弗洛伊德说：“最幽默的人，是最能适应的人。”用幽默给人以台阶，用幽默缓和尴尬的氛围、排解生活的苦闷，学会对人生持有一份幽默，生活过得才会更有味道。生活中的幽默其实很简单，首先在于心态，遇事时要冷静、豁达。其次就是用语言表达你的幽默。比如恋人迟到了，你可以说：幸亏你来了，那只近视的鸟错把我当成一棵树，正打算在我肩上孵蛋呢！你的话语，可以像优美的歌曲，婉转动听，也可以像伤人的利剑，伤人内心。

幽默机智的话能使人产生喜悦满足之感，令人久久难忘。因此我们可以说，幽默的作用之一是在无法令人满意的情况下使人产生满足感，保证情绪的稳定，不致说出伤人的言语或做出过激的行动。做一个生活中的有心人，用心的人，即使你的生活很平淡、很寂寥，只要你怀有幽默之心，就可以轻松地营造快乐的生活。

参考文献

［1］李开复.做最好的自己［M］.北京：人民出版社，2005.

［2］林少波.我的人生我做主［M］.北京：中国纺织出版社，2005.

［3］金韵容.先斟满自己的杯子［M］.北京：中信出版社，2008.

［4］靳西.卡耐基人际关系学［M］.北京：燕山出版社，2007.

［5］尚阳，余闲.你在为谁读书［M］.武汉：湖北少儿出版社，2006.

［6］曼锹诺.世界上最伟大的奥秘［M］.海口：海南出版社，2000.

［7］郑法，郑鉴.二十几岁决定人的一生［M］.北京：中国纺织出版社，2008.

［8］赵倩.活出自己：永远不做大多数［M］.北京：中国纺织出版社，2008.